花园手册

图书在版编目（CIP）数据

花园手册 / (法) 让 - 保罗，(法) 科拉尔特著；孟蕊译．— 武汉：
湖北科学技术出版社，2015.6
ISBN 978-7-5352-6953-9

Ⅰ．①花… Ⅱ．①让… ②科… ③孟… Ⅲ．①观赏园
艺—手册 Ⅳ．① S68-62

中国版本图书馆 CIP 数据核字 (2014) 第 193674 号

责任编辑：曾　素　唐　洁　李佳妮
封面设计：戴　旻
责任印制：朱　萍

出版发行：湖北科学技术出版社
www.hbstp.com.cn
地　　址：武汉市雄楚大街 268 号出版文化城 B 座 13-14 层
电　　话：027-87679468
邮　　编：430070
印　　刷：武汉市金港彩印有限公司
邮　　编：430023
开　　本：1/16
印　　张：15
版　　次：2015 年 6 月第 1 版
印　　次：2015 年 6 月第 1 次印刷
定　　价：98.00 元

目录 Sommaire

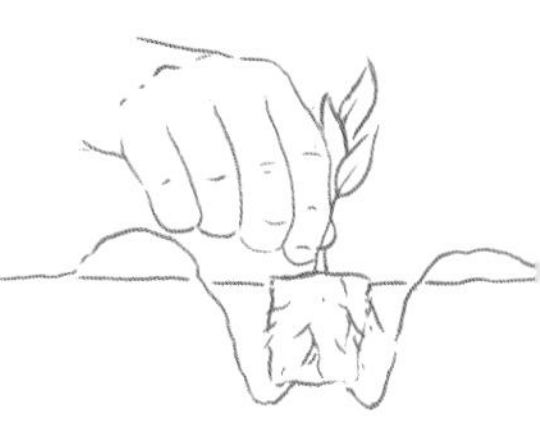

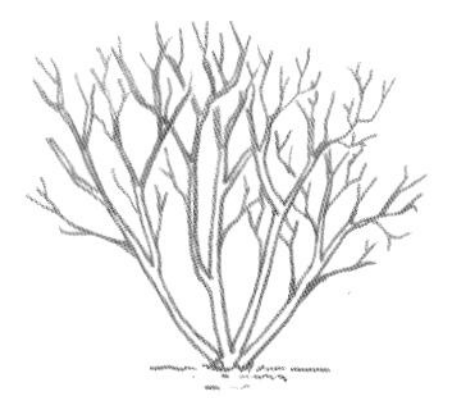

打造独特的花园

种植计划

巧植花卉

发芽啦！

[法] 让－保罗・科拉尔特/著　孟蕊/译

花园手册

欧洲最畅销花园百科全书

拉鲁斯花园百科全书

长江出版传媒 | 湖北科学技术出版社

自家小菜园，美味有保障

轻松园艺巧布置

易打理的花园

前言

园艺带来的快乐，可以缓解饥荒、战争、污染、失业等诸多因素带来的烦恼。基本原则是：每一回轮作时种下尽可能多的欢乐与自由。去草原、去林间，与大自然亲密接触，体会园艺带来的乐趣。跟胡萝卜说话，与旱金莲交谈，听取荨麻的哀叹……

悬挂在空中的蜂巢，播种香蜂草和薄荷、葡萄风信子和紫罗兰的美好经历与回忆，这些都能唤醒你对园艺的热情。开满鲜花的枝条，布满青草的绿地，让身心得到尽情放松。然而，这片土地也并非无忧无虑，它兼有沉重之轻，与混沌乃至无序共舞。

在花园入口处便能感受到扑面而来的大自然的气息，让人神魂颠倒，眼花缭乱，坚韧而柔和，感性又不乏理性，既能满足我们的身体需要，也能为我们提供不可或缺的精神食粮。这也是一座赋予了自己独特个性的花园，可远观亦可近赏。总有一天，我们要在四处都照着它的模样建起园子来，并对自己说："这就是地球啊！"

皮埃尔·留塔吉

Pierre Lieutaghi

获作者本人与杂志创办人暨主编阿兰·埃尔维（Alain Hervé）的友好许可，上面这段文章引自《野生》杂志（1980 年夏季刊）。杂志于 1973 年创刊，1991 年停刊。可访问 www.lesauvage.or 获取更多信息。

皮埃尔·留塔吉是专门研究人与植物关系的大师。仅用寥寥数行，就向我们传达了一则讯息。虽说是描述 30 年前的情境，放到今天，也具有一定的现实感。事关园艺，还有比这些文字更美好的激励吗？当代最伟大的园林设计师吉尔·克莱芒（Gilles Clément）文字里也有类似的描述。他们以为，园艺这项单纯的娱乐活动其实拥有众多美德，放松身心就是其一。

很多异国游客常常把法国比作一座大花园，身处在这个国家，这种说法自然都深信不疑。可是，光辉 30 年（trente glorieuses）[①]那段岁月，生活平淡无奇，令人沮丧，园艺传统很快便衰落了。后来，随着各种植物博览会重新兴盛起来，园艺传统也卷土重来，并且伴随着植物种类的多样化。这些都是非常令人欣喜的。新一代园丁（尤其是女性园丁。女士们，花园就好比你们一位不会开口的知心好友，我非常理解这种热爱）都积极地投身于工作中，以重拾这片旧地的繁荣景象。

今天，园艺远远超出了私人、私密，甚至是自恋的范围。园艺不再局限于家园、乡村、城郊，城市居民也跃跃欲试，他们要在房地产商的势力压迫下争回方寸之地，只为能对着一抹绿意赞叹

① 光辉 30 年（trente glorieuses）：指 1945—1973 年，二战后发达国家所经历的一段快速经济增长期。

神往。写作这本书的时候，我经常会想到这些人。我愿借此书使大家的劳作更加愉快、安心和轻松，并教会大家尊重植物基本的需求。说到植物的基本需求，现在，我们对植物的了解日益精细，学校里却不再教授这样的知识了。好在教学型园艺的重兴又再次强调了随季节变化观察土地的重要性。因此，我大胆地在书中插入了若干科普小品。植物的耐受力是非常强的，这点可能有人会觉得惊讶：它们其实比我们想象的要强大。所以，面对各种假想敌时应当放下武器，采取一种非暴力、少干预的策略。

如今，栽种花草时，我们已经不能够再漠视地球的未来了。否则，日后咱们的后辈弥补前人的蠢举时，面对两座庞大的工地，今日我们对人造物质的滥用多半会让他们发笑。我们究竟是怎样走到这一步的？竟愚蠢到相信万物的答案藏在合成分子间，藏在技术里，几个按钮一按就可解决？对科技进步的信仰不足以开脱一切。理解得当的园艺是一种对各种生物机制不动声色的观察，它引领我们走向无为。无为不是放任自流，而是一种充满幸福感的放手。就拿家住法国北部的布鲁诺·卡尼亚（Bruno Kania）来说，他在自家花园里操持园艺只用到一把最简单的小折刀，保证操作精确足矣，剩下的大部分工作都交给大自然完成。大自然的自发性常能给人带来巨大的幸福感。凑近了仔细观察，我们总会为一朵牵牛花，甚至是一根狗牙草的蓬勃生命力而倾倒。就这样，我们将逐渐学会放弃争取。但这不能算是放弃，而是顺其自然，静静等候属于自己的时刻来临。

园艺能教会我们尊重物种多样性。所谓物种多样性指的不局限于植物园，比起大自然物种真正的丰富多彩，植物园只能黯然失色。园艺还能传授我们接受各种不同的做事方法，教我们去发现，每一个人是如何给这片空间和各种做法烙上自己的印记的。这会带来无穷无尽的惊喜。为此，本书中我用了不少篇幅来设计“心愿单”，里边有的点子初看可能有点怪。比如“千层面种花”，抑或“锁眼种花”，设想“摩天菜园”，或是“打造露天淋浴”，这些点子一开始可能会为您赢得“与众不同”的美名……再接下来，就该被大家争相模仿啦。我还特意向英美技术取经，比如梅尔·巴塞洛缪（Mel Bartholomew）的九宫格菜园，魁北克时兴的屋顶花园。这样正好能略微摇撼无可匹敌的法国园艺传统，催促它赶上咱们生活方式转变的步伐。

毫无疑问，新一代园丁，特别是年轻一代，亦怀抱着同样的热忱。不要因为缺乏工具而灰心。靠着回收再利用，不用花多少钱就可以打造出一片充满诗意、植物长势蓬勃的园地。在这里可以宴客，可以小睡，可以创造一片新天地，少了这些就不成其为花园了。但别忘了，美始终还是一座花园的核心。一草一天堂，一花一世界。

让-保罗·科拉尔特

打造独特的花园

面对气候

园丁最担忧的问题莫过于天气：明天天气怎么样？气候是一项不为人力左右的限制因素，我们也只好随机应变啦。

气候对植物的影响

您一定注意到了植物与动物的不同，植物无法迁徙，只能生长。不久之前，全法大部分国土仍被森林覆盖，日积月累的腐殖质造就了今天肥沃的土壤。所以，今天我们所说的“草原”一般都指开垦草原，只有高海拔处的草原如高山牧场，才是自然形成的。这种条件下，一旦照料疏忽，灌木继而乔木就会乘虚而入。园丁天性好奇，不满足于当地自然生长的植物，而偏爱远道而来的奇花异草。然而，让这些花草适应当地水土可是一门学问。刚开始，大家一般会小心谨慎地对待它们，导致长期以来，山茶花都是温室盆栽保育的，直到后来发现，山茶花也能耐受法国 2/3 地区的冬季平均温度。同理，要是事先知道日本跟中国的冬天平均温度，我们也就不至于这么小心

有用的读数

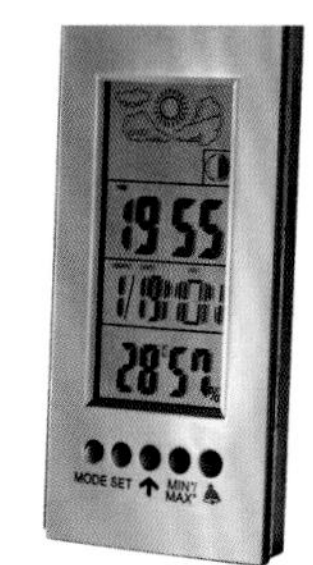

安装一座小型天气预报站吧，并养成每天至少记录两次的习惯。设身处地站在植物的立场上来考虑，下面这些数据是比较有用的：

● 最低温度：一般出现在日出前后：此时霜冻最重，特别是晴朗的夜晚。

● 最高温度：一般出现在下午 4 ～ 5 点钟，具体时间取决于天空中云量多少。这段时间到傍晚是植物叶片的休息时间。

除此之外还有年数据，比如极端最低温度就是判断哪些植物室外过冬，哪些植物室内过冬的依据；还有终霜期的日期也很关键。过了终霜期，就该将避寒处过冬的娇贵植物移出栽种啦。

美丽的植物啊，告诉我你老家在哪儿……	我会知道你在我家花园成功安家的概率有多大
本地原生法国植物群落（但地中海气候地区除外），以及原产欧亚大陆的植物（自大西洋至韩国）	抗性方面没有太多问题。夏天出现短暂的生长停止现象实属正常，这是植物应对旱季的适应手段，也解释了不少多年生植物其貌不扬的原因。
季风带（中国与日本）或温热带气候	耐寒性没有问题，但除布列塔尼地区、巴斯克地区与山区外，其他地区都无夏季降雨。因此，巴黎周边（年降雨仅 550mm）的杜鹃花总不如布雷斯特或巴约讷开得好。夏季可增加灌溉量。
地中海地区地中海沿岸（还有加利福尼亚州、智利、澳大利亚、南非）	这些植物喜干热，但强霜冻天气时应小心，若是土壤水分充足那就更应小心。及时排水对植物的良好生长很重要。应在地势较高的地方栽种，避免低洼处种植。
热带及赤道地区（特别是墨西哥，不少夏季开花植物都原产该地）	这些植物只适宜夏季引进。法南地区夏季可长达 7 个月，北部的夏天却不超过 4 个月。等到土壤回暖后再栽种。有时得等到 6 月初呢。

晚些起步更理想！

有时候，街道上哪家收获西红柿也成了一场竞争。对不少植物而言，其生存最重要的环境因素是土壤温度，因此播种早不一定收获就早。植物根系的生长很大程度上取决于地温，而非气温。

栽种娇贵植物时可使用一种简单工具来判断时机，那就是探针式温度计，堆肥亦可使用。对于老家在安第斯山脉的西红柿来说，土壤温度 12℃是最理想的，而来自印度次大陆的茄子呢，15℃才是最佳温度。因此，两种植物的播种时间应相差 2 周左右。

了。所以说，事先了解植物原产地的气候条件是必要的。

一年中的关键时刻

气象学家认为植物种植最关键的季节是冬、夏两季，这种说法是有道理的。冬季寒冷导致植物种植时选择余地比夏季要少，因为夏季的炎热可通过浇水来补救。3 月至 6 月这段时间也很关键，因为此时是某些不耐寒一年生植物的播种期，因此，确定当年有霜期最后一天的日期就很重要了。一定要把这个日期准确地记录在园丁日志里哦！

海洋性湿润气候：全年降雨频繁，牧草的王国！

四季更加分明，仅滨海地区降雨较少。

冬季严寒，夏季炎热，大陆性气候的影响更为显著。

气候温和，但夏季较干燥。

山区降雨更加充沛，气候视海拔与地区情况而有很大不同。

地中海气候：降雨不规律，阳光充沛。夏季植物生长出现停滞。

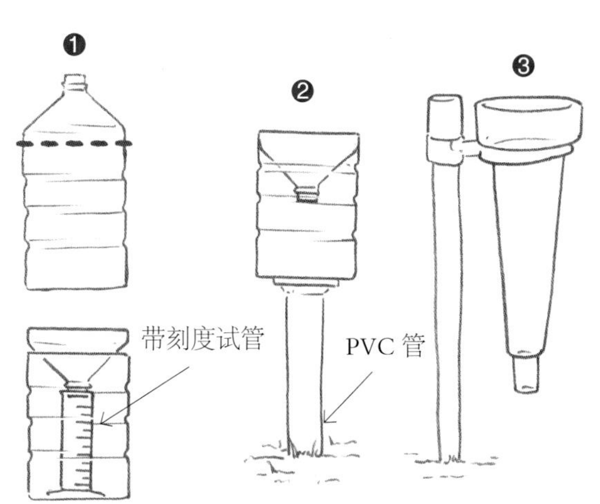

自制雨量器

❶要想准确知道某地区降水量究竟是多少，也为了让孩子们在某个无聊的下雨午后有事可干，最好的办法莫过于自制雨量器了。将一只大水瓶剪开（例如 8L 的矿泉水瓶），作为集雨容器，再找一只带刻度的试管。

❷校准时，用采集的水量除以采集面积。8L 瓶子横截面积为两条边的乘积，16cm × 20cm 的乘积为 320cm^2），集雨量若为 320ml，则相当于降水量 10ml……这点雨量滋润的土壤深度还不到 5cm。

❸数学没学好怎么办？一只基本款雨量器还不到 5 欧元呢……

园艺：如何应对污染

有时天空的颜色真让人担忧，城市和郊区究竟还能不能种花呢？

植物的人患

城市空气里的各种污染物会形成一层“壳”，夏季尤其明显。其中除了一次污染物（CO_2、氧化亚氮、硫化合物），还有日晒作用产生的污染物，其中最出名的就是臭氧了。无风时污染物主要集中在市镇，一起风它们就被吹到郊区，连乡村也在劫难逃。所以，导致森林面积缩减的罪魁祸首——酸雨，才得以在污染物排放地十几千米开外的区域肆虐。

与其他生物一样，植物对人类活动排放的这些化合物也非常敏感。植物光合作用可吸收其中的主要污染物二氧化碳，但对二氧化硫和氮氧化物就一筹莫展了。叶片上的气孔打开时，这两种物质可长驱直入叶片内部，给植物带来损伤。因此，苜蓿、烟草、玉米、地衣等植物可用作污染指示物，因为它们对某种污染物比较敏感。污染造成的影响不一定是立竿见影的。首先表现为植株生长衰退，然后出现褪色（缺绿症），接下来出现斑点（枯斑）、叶片早凋的症状。另外，植物的抗病虫害能力也会下降。这也就解释了为何行道树如此羸弱，而且寿命比正常情况缩短一半。

臭 氧

臭氧可以是一种可怕的污染物，也可以是一种保护物质。我们所关心的，身为植物头号杀手的臭氧，是大气下层中不稳定化合物在太阳光照作用下产生的。受影响最严重的市区及污染最严重的时期（相关信息可咨询当地空气质量观测站），树叶会呈蜡质，颜色银白，这是因为叶片细胞坏死而被气泡所取代。

天然臭氧层位于海拔高度 15 ~ 35km 处，是强烈紫外线照射氧气反应产生的，它能过滤紫外线，使我们免遭可怕的紫外线致癌效应。大气下层产生的臭氧太重，与天然臭氧层之间没有物质传输，因此无法补偿上层臭氧缺失。

“绿色”标语

喜欢倡导素食的墙面涂鸦么？

► 制备混合物：取一把苔藓，两杯水，几匙乳清，半汤匙糖。将其倒入搅拌机，低速搅拌。

► 将混合物涂抹在岩石上、墙上、花盆表面……还可以用镂空喷字板喷字。喷涂表面孔越多效果越好。涂写时最好选空气湿润天气，定期喷水帮助苔藓生长。

城里种菜：不再顾忌

这种情况下城里还能种菜吗？请放心：上述问题有时的确会影响收成，但不会种出有毒蔬菜。植物是不会储存大气污染物的，除了铅。但幸运的是，铅作为汽油添加剂被禁用后，在大气中的含量已经少了很多。城里栽种的蔬菜和香草只需仔细清洗，洗净灰尘即可放心食用。

人类和植物谁更怕污染?

污染物	污染源	对人类的影响	对植物的影响
二氧化硫 SO_2	化石物质燃烧产生(煤、燃油、柴油……)。近15年来显著减少。	刺激呼吸系统(咳嗽)。对哮喘患者妨害尤其严重。	大气温度高的情况下可形成酸雨。削弱叶片光合作用能力。
氮氧化物 NO_X	车辆与供暖装置排放。催化转换器可在一定程度上减少其排放。	刺激呼吸道,导致哮喘患者出现支气管高反应性,以及支气管感染。	促成下层大气中的臭氧及酸雨的形成。与 SO_2 导致的症状相似。
小颗粒物	工业(水泥厂、焚化炉)粉尘,亦包括路面行车磨损产生的粉尘。柴油车亦有排放。	较小的颗粒可进入呼吸道,带来刺激作用。可能会致基因突变。	最常见的现象是叶片脏污。针叶树对此最为敏感,叶片覆有绒毛的植物也很敏感。
臭氧 O_3	空气中已有的污染物在太阳光作用下发生转化形成。城区和夏季多发。	刺激儿童与哮喘患者眼睛及呼吸道。体力活动可加重其影响。	妨害生长:造成叶片洞眼、枯斑,不可与病虫害混淆。果、叶早落。
一氧化碳 CO	来自燃料及其他可燃物不完全燃烧(慢速行车、供暖装置失调)	与红细胞结合,导致血液缺氧。可导致特定人群基因突变及致癌。	植物可分解一氧化碳。建议在室内放置植物,可进一步净化空气中少量的CO。
挥发性有机化合物	碳氢化合物及现代材料中大量使用的溶剂挥发而来。	妨害嗅觉,刺激呼吸道。可导致特定人群基因突变及致癌。	在大气下层臭氧形成过程中扮演着重要角色,随之对植物产生负面效应。但对植物很少有直接影响。
铅及其他有毒金属	老式焚化炉产生。无铅汽油的使用大大减少了大气铅含量。	在器官中蓄积可导致慢性或急性中毒。可影响多种生命功能。	富含腐殖质的花园土壤可吸附固定重金属。应拒绝使用未经检验的净化站污泥。

园艺垃圾焚烧

在法国,点野火焚烧花园垃圾是明令禁止的(除非当地另有临时规定)。生火,包括焚烧枝叶在内,都会向空气中释放有毒化合物;特别是当园丁趁此机会把花棚里的累赘物事扔进去一起烧的时候。

不可忽视的阳光

阳光是植物光合作用唯一的能量源，这一点太容易为我们所忽视啦。光合作用真是静默续航的好例子啊。

阳光与色素

植物缺了阳光是无法生长的。通过光合作用的复杂程序，光子能量被固定在糖分中，糖分是一种用来维持生命的能量。叶片就是光合作用实验室的总部。甚至可以说所谓园艺就是给叶片创造最理想的条件，帮助它们完成光合作用的使命。

人类要是跟植物一样的话，就得随时随地逐日而动，同时还得估算光照的强度：阳光过多也会造成伤害。不仅是因为红外线过强，还有可怕的紫外线，紫外线具致突变性，会引发人类的黑色素瘤。

斑叶植物不能晒！

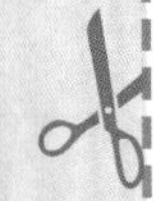

不是所有植物都喜强光。不耐强光照的植物有斑叶植物，这种植物的某种基因突变影响到了叶绿素的合成。

●植物的基因突变一般不影响整片叶，只涉及局部，例如斑叶芒的变异就是形成条纹状色带，斑叶凤梨薄荷则是叶片边缘产生颜色变化（见下图）。

●白色意味着叶片不含保护色素，因此对紫外线格外敏感。作为教训，请勿让斑叶植物暴露在 12 ~ 15 时的毒辣日头下。它们真的会烧伤哦。

植物不会晒黑，但这是因为它们在光照下合成的不是黑色素而是其他保护色素。这些色素通常都被叶绿素的绿色给掩盖住了。在没有叶绿素的部位，例如花瓣里，它们就很显眼啦。阿尔卑斯龙胆花花冠，那迷人的蓝色正是来自花色苷。高海拔处紫外线经空气过滤较少，因此格外强烈，这种环境下，花色苷是植物一种很好的保护物质。

多让蔬菜晒太阳

有一类植物对阳光的要求特别高，那就是蔬菜。这没什么好奇怪的，因为我们最看重的是收成，没有太阳哪儿来的光合作用呢？古人非常了解这一点，所以他们会将果树跟菜园分开。但对于阳光非常充沛的地区，就没这个必要啦。请将园子里阳光最充沛的位置留给蔬菜吧，它们会很开心的！城市种菜最好是在露台上，露台光照条件比地面更好。

喜光植物的特征

一是叶片具有银白或浅灰色光泽，这是因为叶片上长有很多绒毛。绒毛的作用是为了防止水分蒸腾流失，另一个作用是储存精油，以摈弃植物天敌（很多芳香植物都是这样）；绒毛还能防止昆虫叮咬，因为昆虫只能在绒毛较少的叶片背面驻足。

喜日照花卉

别墅的新修花园和西南朝向的阳台与屋顶露台都有一个共同点：日照充沛。这里的花草都喜欢懒洋洋地晒太阳。

● 遮阴：像甘蔗这样的大型热带植物或是广适性香蕉树，在适应种葡萄的地方都适合栽种。

● 赏花：广义地中海气候地区（包括南非）植物群的花卉都很适合。天竺葵各品种都喜阳。勋章菊、马缨丹、非洲万寿菊和凉菊，夏初开花明艳，随后休眠，到 9 月再次开花，其间不落叶。

● 赏香：应多种植岩生花卉：神香草、薰衣草、迷迭香、牛至、鼠尾草、墨角兰……名单长着呢。花期过后应不吝修剪，保持植株矮壮，这项工作简直近似于园艺造型，也替代了植物原生地山羊跟野兔的啃食。

● 耐旱：最好选择广适性多肉植物，尤其是 3S 植物：虎尾草属、景天属、长生草属。在周围摆放一些砾石作为装饰。若想给夏日增添一抹色彩，还可点缀一些露子花属、冰菜、马齿苋等植物。

二是叶片略带一种微蓝的色调，植物学家们称之为青绿色，这种颜色是由蜡质层反射部分光线所致。这层不透水的蜡质层阻碍了蒸腾作用。例如青松原产阳光充沛、干燥的环境，圆白菜也是，圆白菜最早是生长在悬崖上。

全天日照一览

▶ 早晨日照。夏天早晨空气湿度高，可形成露水滋润叶片，有利于光合作用，此时的光合作用也是最强的。冬天，将植物坐北朝南放置有利于其逐步解冻，可保护半广适性植物的细胞组织。

▶ 中午日照。自 12 时始（太阳时间），若是夏季，又值阳光普照，大多数植物都会休眠，期间叶片气孔关闭，蒸腾作用减到最小。有的叶片会枯萎，但无需担忧。

▶ 晚上日照。一直要等到 20 时，植物才能重新开始跟外界交换气体。有的花卉此时会开花，散发出香气吸引夜行昆虫，比如烟草花、紫茉莉……

“银毯”绵毛水苏叶片带有银色光泽，说明这种植物喜日照。要想证实它的隔离作用，最好的证明莫过于盛夏时节用手轻抚叶片，会有触手生凉的奇妙感觉。

背阳处也可大有作为

阳光被建筑物或者是篱笆挡住，晒不到太阳的地方也就多了，花园的平均面积缩小了，说不定这还是一件幸事呢？

阴凉大不同

阴凉这个概念其实还是因人而异的：有的人非常讨厌晒太阳（也有人没法晒太久），有的人则是因季节不同喜恶各异。酷暑时，阴凉处非常宜人，冬春两季晒不到太阳会导致有些人神经衰弱。背阳处通常都是建筑物投下的阴影，太阳越靠近地平线，建筑物的影子就拉得越长。要细分的话，直接投射的阴影也不同于另一种程度轻得多且城市里常见的阴影，即具有墙面之间的相互折射的阴影。它能将光线折射分散，使本来阴沉的阳台也能沐浴在柔和的光线里，其作用令人吃惊。要判断阴影的强度，最好的指示物还是植物，尤其是开花期的植物。茎秆徒长，开花少且小，有时甚至花色减淡，这些都是非常明显的缺少光照的症状。

成功的适应机制

大自然是最优秀的园艺展示台。自然中也有背阳处，这种环境看似不利生存，却有众多植物蓬勃生长，并衍生出了适应机制。蕨类和爬山虎的深绿色叶片就不是巧合。深绿色的形成是因为叶片中的叶绿素较多，有利于捕捉光线里的每一个光子。还有叶片较厚，且叶片轮生排列避免了相互遮挡光线。但即使如此，背阳处的光合作用还是不如直射光下强。不过也没有太大损失：光照弱百倍的情况下，喜阴植物的生长速度只比喜阳植物慢 10 倍。这对我们而言倒是幸事，意味着照料喜阴植物无需太多

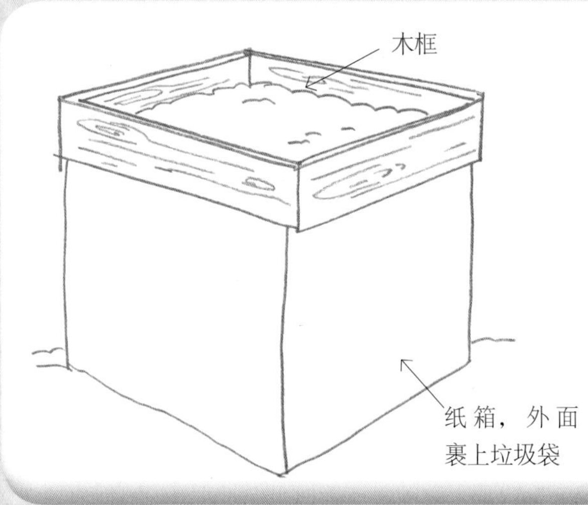

阳台种花小贴士

这里介绍一种阳台种花的办法，可以让植物尽量捕捉光照，打造一方迷你小菜园。

❶找一只长宽高各 60cm 的废纸箱，最好是双层纸板的。用胶带整形，再套上一只大塑料袋防潮。

❷在上面放一只 20cm 高的木框，填满花土。保证结实！

没有纸箱的话，矮凳或者胶合板做的台架也可以。菜园升高了，蔬菜和香草就能享受到更多的阳光。移栽和采收时也不用弯腰。

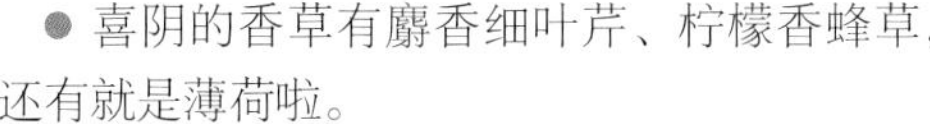

薄荷吧

● 喜阴的香草有麝香细叶芹、柠檬香蜂草，还有就是薄荷啦。

● 薄荷种类繁多，香型也各不相同，有菠萝味（凤梨薄荷）、佛手柑味（柠檬薄荷），甚至姜味（苏格兰薄荷）。还有真正意义上的薄荷，就是摩洛哥用来泡茶的那一种。

● 薄荷要分盆栽种，否则长势好的植株会压制其他植株。夏天可以在托盘中留点水，薄荷可爱喝水啦。

干预：修剪、浇水和除草。

这样一来，我们就能搬一把椅子，舒舒服服地晒晒太阳，笑看时间流逝啦！

植树好遮阴

大家一般都会觉得落叶树的树阴没有那么讨厌，因为一旦白昼开始变短，落叶树就会识趣地脱落树叶。可是别忘了，这种树树根的竞争力非常可怕，它们会尽力吸干周围土壤里每一滴水。因此，法国的灌木结构跟雨水充沛的热带很不一样。法国大部分喜阴植物就此调节出的适应机制是春季开花，它们会在春季有一段时间的积极生长，到了夏季再稍作休憩。因此，在背阳处，您可以这么安排空间：

若已有大树，不要动它；也不要动树根周围的土，可在大树周围放置盆器，铺上混匀的堆肥和花土，准备种植喜阴植物。

若想给夏日增添一抹亮色，可选择盆栽凤仙花、玫瑰海棠或斑叶玉簪。

喜阴多年生植物

背阳处常见：

●筋骨草　又名活血草。种类繁多，斑叶类最喜阴，紫叶类其次。

●岩白菜属　想要它开花，还是得先晒太阳。

紫露草

●荷包牡丹（荷包牡丹属）　5 月会开出迷人的钟状花。开花后进入休眠。非常适合跟蕨类间种。

不太为人所知的：

●紫露草　因为模样乖巧，是花园必备。选择淡粉与白花品种，让背阳的地方也生动起来吧！夏天可用枯枝落叶覆根，多浇水。

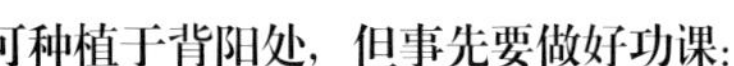

可种植于背阳处，但事先要做好功课：

●斑叶羊角芹　一定小心！大自然一次发威就可能让它全军覆没。

●落新妇　白花品种喜阴，外观清新，但一定要注意浇水。宜盆栽。

●喀尔巴风铃草　应选择白花品种，比经典的蓝花更显眼。

●多年生天竺葵　最喜阴的种类有结节老鹳草的丁香蓝花品种和大脚天竺葵，白花到深粉花品种都可，叶片有香气。要注意时常查看，因为这种花长势旺盛，很容易四处扩散。

巨根老鹳草

大自然中本身就喜阴的植物：

●耧斗菜　应选择蓝花品种的欧洲耧斗菜。

●香车叶草　可在大型乔木的树荫下生长。晚春开白花，很漂亮。

●毛地黄　喜在林间空地上生长。说明它需要一点光照。

●长春花　用不着花力气描述了。推荐斑白小叶的品种（银边小蔓长春花），较易掌控。

空间争夺战

植物之间可不是一团和气的，生存空间竞争激烈。竞争也不是全无坏处的。

逐光

园丁只顾着欣慰土壤被植被覆满，很少会考虑到随着植物生长，它们会开始争夺光照。鉴于大家都心知肚明的商业原因，园艺师跟育苗师对这一点目前强调得不够。他们推荐的植物种植间隔其实都该再添上 1/3 才合理。否则不仅浪费苗木，也无法保证植物健康生长。

大自然中又是怎样一番情景呢？大自然中种子萌发或许稠密，但接下来的间苗过程是无情的。只有最健壮的植株在光照、水分条件最好时才能存活下来。要是园丁不尊重这个选择过程，种出的植物就容易患黄化病，因此种花时经常要用到支架。例如紫菀，种在花坛中央的时候无精打采的，一旦将其移到花坛边缘，植株间再隔开适当间距，它顿时就精神焕发啦。用竹竿支撑不仅不美观，还得当心弯腰时伤及眼球！

多年生植物的常见特性		
“绿潮”和退潮 因为有匍匐茎，一些多年生植物会不断扩张。但扩张持续一段时间后，又会整片整片地消失。	所罗门印草、黑紫向日葵（向日葵属）、铃兰、蓍草、野芝麻、金鸡菊（大花金鸡菊）、矮生福禄考、蔓生月见草（美丽月见草）、桃叶风铃草、水杨梅、矾根、酸浆、长春花、卷耳、黄水枝。	都是很好的地被植物，但应及时移栽，避免出现难看的空洞。可以趁此机会改换一下植株位置。
需要维护的成本 植物会不断抽出边条。树芯最终会被掏空，但需时较长，有的要好几年呢。	大多数紫菀属植物（‘蒙特·卡西诺’品种跟野紫菀则丛簇较密）、紫锥花、多榔菊、德国鸢尾、蓍草、雏菊（滨菊属）、金鸡菊（轮叶金鸡菊）、管蜂香草、一枝黄花、羽衣草，大部分多年生天竺葵、假荆芥属、假龙头花，还有大部分蓼属植物（*Polygonum*）。	不少花坛栽种的多年生花草都属于此类植物，因此每隔 3 年左右就应重新分株。
稳健而平静的发展 每年春天，根茎都会抽出新生枝条，但很少横向发展。自播常常就足以保证植物向周边扩张了。	水甘草、宿根福禄考、羽扇豆、耶路撒冷十字架（皱叶剪秋罗）、高加索蓝盆花、耧斗菜、角蒿属、大花月见草、萱草、堆心菊、中国牡丹、日本银莲花、荷包牡丹（荷包牡丹属）、落新妇、飞燕草、飞蓬、东方罂粟、金光菊、老鼠簕属、蓝刺头属、多年生石头花、火把莲、蛇鞭菊、大星芹、大花风铃草、铁筷子、玉簪、大部分淫羊藿属植物（也有匍匐生）。	只要用堆肥覆根，保证根系始终生长在营养丰富的环境里，植株可在原处存活 10 年。

一拃

量一量自己的一拃（大拇指和小指尽量张开）是多长吧。一劳永逸，以后这就成了您的随身标尺啦。

一脚定律和一拃定律

要想种好花，一是要了解植物生长规律；二是要保证栽培密度适当。要是碰上没种过的植物，确定株间距并非易事。下面这条规律适用于多数高度不超 1m 的多年生或一年生植物：间距取约 30cm（约成人的一脚长度）。如叶用莴苣这类矮一点的植物，则应取一手张开的距离为间距，又称一拃。这样就不用带着卷尺到处跑啦。

间苗和分株

新手播种的胡萝卜苗床看起来往往犹如一片嫩苗矗立的小树林。大胆地下手间苗吧，使幼苗之间留出 2cm 的距离。过几周再间一次苗。这样就能种出长势喜人的胡萝卜啦！小红萝卜则需要方圆 4cm 的空间，否则它就光长叶子。为满足植物水分的需求，间苗前后应及时灌溉。

有人刚送了您一株长得很好的多年生植物，大约是几年生苗吧。可别一冲动就这么原封不动地把它给栽了。这样是无法收到立竿见影的成效的。植物移栽后会出现脱水现象，模样一般都很寒碜。最好的做法是立刻给它分株。

覆盆子的神奇旅程

园艺种植的不少小果灌木都原产林中空地，那里有多年积蓄的腐殖质，土壤肥沃，只要有大树倒下的地方，它们就趁机而入，蓬勃生长，并借助鸟儿食用浆果又随粪便排出而传播种子。黑莓与覆盆子一样，也是这类植物中的翘楚。

● 一旦幼苗生长到抽出第一条茎（又称主茎），扎根的过程就开始啦。这根柔韧的主茎在土壤中扎根，并生发出新茎，是黑莓的生长过程。还有一种是地下茎，又称根茎，生长过程是一样的，但更为隐蔽，覆盆子就属于这种情况。

● 人工种植野生树苗的方法其实一点也不尊重它们原本的生活方式。喜欢整齐的园丁会将覆盆子排列成行种植，可它们才不愿意长得老老实实的呢，所以这样算是白费力气啦！若采取这种做法，园丁修剪的就是新枝，可是新枝才是充满活力的枝条。剩下的老枝就只能在一片毫无吸引力的土壤里苟延残喘，土壤的养分也很快就耗尽啦！

每块地都是独一无二的

土壤是维系植物生命的介质，是至关重要的。土壤还能反映地质状况，这与地球的历史也是息息相关的。

快速分析法

您可以实地做一个小调查，问一问身边的园丁对自家土地是否满意？很少有人会给出肯定的答复。大多数人都觉得不是这个太多，就是那个太少。黏土太多啊，腐殖质又不够啊……有时又正好反过来！地质条件赋予了法国多种多样的土壤，只要不缺水的地方就有植物生长，只不过植物种类不尽相同，因为每种土壤都对应着独特的植物类型。

判断土壤成分并非易事，重点观察三种主要成分：黏土、沙土和腐殖质。几个简单的实验便足以揭示大量信息：取一撮土壤贴近耳边，用拇指与食指捻转，若听见嘎吱嘎吱的声响，则土壤含沙，因为这是沙粒相互摩擦的声音。还可以往土里掺点水，若泥浆变得光滑，则土壤含黏土成分。黏土含量很高的话，泥浆还会变得很有可塑性，它会粘在手上，使你的皮肤变得非常光滑。而土中含有机质则会使皮肤收紧，带来截然不同的感受。处理富含泥炭类酸性物质的花土时就会有这种感觉。

土壤改良的关键：腐殖质

大多花园土壤都享受着外来有机质的滋养，因此富含腐殖质。腐殖质是一个近乎神奇的字眼，它就像蓄水能力极佳的海绵，能抹去一切多余物质。正是因为有着腐殖质的存在，一座成熟的花园才能容纳各种各样的植物。

相反，想仅仅靠耕耘改善土壤无异于做梦。耕耘不过相当于翻松土壤，增加土壤空气，不会改变土壤成分。更糟的是耕地还有可能会干扰到土壤中的生态系统。

土壤结壳严重吗？

看着自己辛辛苦苦耕耘的土壤结壳龟裂，园丁真是再心疼不过啦！这幕令人头疼的现象背后却藏着两种截然不同的类型。

均匀硬壳，又称压实层，意味着土壤富含沙与细沙之类的不稳定元素。它们由雨水带来，一旦地势稍有凹陷，便形成一层外壳。一点阳光就能将它烤干，形成硬壳。它最大的问题在于播种后植物的幼苗很难穿透这层壳。可通过事先在地

三种主要成分

所有的土壤都是由以下三种成分组成的，只是比例不同，此外还有结块的腐殖质，水和空气就栖身在腐殖质中。

► 沙：颗粒最大的土壤成分，主要由石英颗粒，也就是硅元素组成。基本不含养分，无法维系生命。

► 黏土：土壤中最精细的成分。它会形成一层层薄页，中间可储存水分和盐，包括钙盐、钾盐、镁盐等。强大的黏附力使得土壤重量很大，较难耕作，但也含有很多矿物质。

► 粉土：一半石英小颗粒与其他矿物质混合而成，包括氧化铁与氧化铝。含养分但较不稳定。土壤未耕作的话，遇恶劣天气后易在土表形成结壳。

面堆覆一层一指厚的堆肥来缓解这种现象。

龟裂状硬壳是黏质土的特征。大雨过后，土表黏土干燥时会收缩，于是强度较小的区域就相应地出现了裂缝。土块都是中空的，因为外翻边缘处的黏土会首先干涸。

大旱后，黏土含量非常高的土壤的收缩缝是相当大的，宽度可达一指！只有未耕作的土壤才会出现这种裂缝，花园里这样的土质应当是很少见的。因此，使用土壤覆盖物是最好的保护。

土壤不同，气味也不同

取一撮泥土搓揉再闻一闻，这两个动作就能向我们揭示许多土壤信息：温度、湿度，还有气味。常见的泥土香气来自土壤真菌产生的分子，当它们溶于水时只需很小浓度就能被人类嗅觉所感知。比人嗅觉还厉害的是骆驼了，它能闻到70km 开外的水源气味。

这对真菌有什么好处呢？吸引来骆驼，真菌的孢子就能被骆驼皮毛带到别的绿洲，从而得到更广的扩散。现实生活中，若园中某块地一点气味没有，往往也就说明这块地产能低下，是土壤温度低还是缺乏有机质呢？

闻闻土壤

土壤的香气告诉园丁，这种条件对植物出芽、扎根有利。成熟的堆肥也具有这种清新的香气。这是正常的，是生命的精华。

石头怎么办?

关于石头有不少说法。不少园丁都认为它们会妨害根系，进而妨碍植物健康生长。过去的农民会将田里的石头剔出来筑成矮墙，矮墙的作用是为了划定牲畜放牧的地盘。这似乎也印证了这种说法：石头也能拿来搭简陋的地台，无需动用混凝土。

- 还有一种常见的说法是砾石会爬升到地面。有人认为月球的万有引力是罪魁祸首。但这种现象其实是耕作时土壤粉碎后下陷所导致的。石头看似升高了，但却是因为雨后细土钻进石头间导致的。
- 离地表最近的地下层，砾石跟石头既是组成部分，也是标志物。它们不会妨碍周围的根茎，地表砾石还能作为土壤覆盖物，起到局部保湿的作用。要想证明这一点，夏天正午时分将手插入砾石中，您会感觉到一股凉意。
- 结论：可让砾石留在原地。若妨碍播种，可用耙子耙出，捡起，像做大地艺术[①]一样将其堆成一小堆儿。

① 大地艺术（land art）：结合风景，与风景融为一体的一种艺术形式。

回填土也能种花！

所谓的市售花土只是一种概念，通常并不含有富足的营养，无法满足植物生长的需求。工地施工过后也会出现同样的不佳的土壤状况（建筑垃圾土）。

看似土壤　不是土壤

城市里的土壤能讨考古学家欢心，却没法遂园丁的心意。它们通常由若干层砾石堆叠构成，生长在这样的土壤里，植物也只能听天由命了。现在别墅施中，法律规定开工挖出的下层土壤必须保留，施工完后再均匀填铺地表，但即使这样也不太符合预期，因为挖土机不是总能分清下层土和珍贵的表层土壤的，况且还增加了许多建筑垃圾。

大胆地拿矿用撬棍种花

有时土地太硬，下铲不易。为何不干脆拿矿用撬棍来种花呢？这种工具非常重，不是所有人都会用，但重量正是它的优点。

❶ 高高举起撬棍，注意远离双脚，松手让它坠落，土地多半会被砸开一条缝。

❷ 转动撬棍，挖出一浅坑。往里灌水。然后重复步骤 1。即使是最糟糕的回填土最后也会屈服。

❸ 请注意：这样砸出的坑壁是光滑的。栽种西红柿等作物最好先用堆肥填满。

❹ 还有一种更好的办法，将一只事先剪去底的容器倒扣在坑里，往里填满花土，再来种植。这样，根系就可以享受厚厚的优质土壤啦。

水泥工程要当心！

泥工跟园丁之间真是存在着不可调和的矛盾。泥工天生就爱随意铺撒砾石，还喜欢在植物旁边拌水泥。园丁却不喜欢这些做法！可采取下列几项预防措施（个人施工也应自觉遵守）：

- 买一块篷布铺在水泥工程边保护土壤。
- 为更好地保护土壤，飞溅的泥浆要当晚清洗，工地也应当天打扫。

怎么办？靠堆肥！

没必要以新土来充数，什么新土都比不上旧土，还是使用绿色堆肥吧。为节省费用，堆肥可从附近的堆肥站取得。每立方土施肥 100L，这样起步就已经很理想啦。施肥时无需混合，否则会削弱肥力。应将堆肥铺在土表，然后直接进行栽种。别忘了还要预留一些浅穴方便灌溉。若使用的是干燥堆肥，浇水可不容易。干燥堆肥的好处在于其中一般不含种子。铺的厚度足够（两三指厚 5 ~ 8cm），还能阻碍原本藏匿在土壤里的种子趁机发芽。

绿色肥料的好处

要想栽种植物的同时提高土壤养分，最好的办法是种豆科植物，包括芸豆、豌豆、蚕豆和紫云英等。豆科植物的根须有许多根瘤菌。根瘤菌能吸收根和土壤空气中的部分氮素，并转换成氮肥供植物使用，因此种有这类作物的土地千万不能踩踏。作为回报，植物会将光合作用制造的糖分提供给根瘤菌。最后坐享其成的当然还是园丁啦！

红花三叶草

如何选择豆科植物

下面几种都是豆科植物中的翘楚，种子也很容易找。

● **绛三叶** 这种植物的花朵漂亮而有香气，绛红色的束状花冠。一般 8 月中旬播种，亦可春日播种（$3g/m^2$）。

● **窄叶紫豌豆** 外观近似于长势茂盛的香豌豆，开紫罗兰色小花。可阻止任何杂草的新生幼苗生长（3 月按 $10g/m^2$ 播种）。

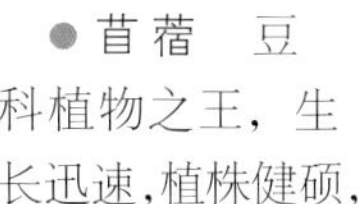

苜蓿

● **苜蓿** 豆科植物之王，生长迅速，植株健硕，可覆盖保护菜园部分土壤。剪后重生迅速，即使正值盛夏也没有太大影响，因为它的根系可以深入土壤吸取水分。3 月或 8 月播种（$3g/m^2$）。不宜选择白花苜蓿，因生长较慢。其中红豆草，又名驴喜豆，则喜石灰质土壤。

这是回填土上的一座花园，回填前与两年后的景象！

	第一年	第二年	第三年
当务之急	利用先锋植物占领地块。其中一年生花卉占较大比重。可使用绿色肥料的混合物，别忘了使用绿色堆肥。	第一个春季或秋季来临时，种下生命力旺盛且具自播繁殖能力，但又不至于全面侵占花园的多年生植物。它们将是构成花园的基础植物。	土壤已基本被植物覆盖。尽量少翻动土壤，即可免去不断拔除自生植物的必要。可以较清楚地观察到花园逐渐成形的各个重要环节。
这些植物是您的好帮手	金盏花、花菱草、牵牛花、“纯洁”波斯菊（植株较大的开花较少）、“香草冰激凌”和“瓦伦蒂娜”向日葵。	毛剪秋罗、西洋蓝花耧斗菜、滨菊属、蜀葵、西尔加香科、羽衣草。	寿命长、花朵美观的多年生植物：老鸦企、巴恩宝贝花葵、亮金光菊、蓝刺头、日本银莲花、中国牡丹……
应当避免的行为	商陆或大型蓼属植物等生命力旺盛的自生植物，不应放任它们生长。以后想要摆脱它们是非常不容易的！酸模也一样。	不要锄地或翻动泥土，否则会把种子翻上来。土壤及花园小径，可使用碎枝屑铺在硬纸板上作为覆盖物。	不应通过密植来快速占据空间。别忘了土壤是会逐渐改善的，植物的生长状况也会随之逐渐改善。

如何适应石灰质土壤

石灰质土壤一直以来都困扰某些地区的园丁。其实没必要跟它较劲儿，还是入乡随俗，好好了解这种土壤对植物的影响吧。

一种拥有强大生命力的土壤

某些园丁认为，最令人心疼的莫过于石灰质土。然而，心土本身就是石灰质的。它是一种岩石，由白垩纪恐龙消亡时期千百万年中沉淀下来的微生物骨骼构成。这种土壤通常多含石块，若含有黏土质，冬季会有泥土粘在靴子上，夏季则触手滚烫。

上述这些情况都可以补救，通过有规律地追加堆肥、发酵的粪肥，或使用剪草时剪下的草屑作为盖土。追施的肥料似乎一眨眼的工夫就被吸收了，因为土壤中含的钙（石灰质就是碳酸钙盐）会加快转换节奏。可以观察到森林里石灰质土壤上覆盖的落叶层比别处要厚，也证明了这种土壤加速矿化的作用。因此，只要注意有机质的添加，石灰质土壤还是非常有潜力的。

唯一的不足在于某些植物无法在石灰质土壤中存活。植株的不适症可通过叶片变黄、外观呈褪色苍白状来表现，也就是缺绿症。最好的办法是放弃种植这些植物，或者换成盆栽。盆栽注意要用雨水浇灌，因为自来水很可能也跟井水一样富含钙质。用泥炭土修一条沟种植也没什么用，因为在石灰质土壤中的杜鹃花就算不患上缺绿症，也常常会死于缺水。泥炭土实际上就是泥炭，其特点是容易干燥，且干燥后不易再次湿润。

石灰质土壤与蔷薇科植物：砧木法

蔷薇科植物最经济的繁殖方式就是扦插。砧木的选择决定了未来蔷薇植株的适应性，包括耐受高钙土壤的能力。在不了解砧木的情况下种植蔷薇，就好比不知是柴油车还是汽油车就盲目将油箱加满一样。

- **多花蔷薇**　生命力旺盛，扦插容易，因此是最常见的一种。亦可容器栽种，但对石灰质土壤敏感。
- **狗牙蔷薇**　一开始生长缓慢，但寿命长。
- **疏花蔷薇**　最适应石灰质土壤的品种。培育出的蔷薇植株具有很好的抗寒性。

若您擅长扦插，可要注意了，玫瑰和法国蔷薇都对石灰质土壤非常敏感。因此，这两种植株的砧木一般都选用狗牙蔷薇。换成其他类型的砧木说不定也能带来惊喜。

钙：毒药还是灵丹？

钙是石灰质中的活性元素，它与氮、钾、磷、镁、硫一样，都是维系植物生命不可或缺的元素。但钙元素不宜过多，否则它会从镁元素开始侵占其他元素的领地。与酸性土壤相比，石灰质土壤中的铁也更不易与其他元素结合（钉子泡在醋中会生锈，在石灰里则不会），从而阻碍了叶绿素的形成，造成叶片褪色。因为有嫩叶争抢养分，老叶褪色尤其明显。

- 为什么像杜鹃花这样的植物对此比较敏感呢？因为杜鹃花原本的生存环境是结晶岩构成的，钙含量极少。这就养成了杜鹃花吸收土壤中微量游离钙元素的能力。一旦移栽到富含石灰质的土壤中，它们就会尽情吸收钙元素而导致中毒。追加铁、镁元素的做法只能算是权宜之计：园丁一不注意，杜鹃花的根系还是会大肆享用钙元素的！

	这些植物都喜石灰质土壤：就选它们吧！	基本可耐受石灰质土壤	忌石灰质土壤
树木	合欢、野草莓树、桤木、南欧紫荆、山楂树、桦树、千金榆、榛树、鸡桑、杨树、椴树、冬青栎、枫木、皂荚属、花白蜡树、朴科、红豆杉、槐属、花楸树、总序桂属、刺槐。法国南部：桉树	红花七叶树、糙皮桦、山毛榉、枫香树、鹅掌楸（鹅掌楸属）	红栎树、栗木、海岸松
果树	榛树、核桃树、橄榄树、李树、葡萄、樱桃树（特别是以马哈利樱桃，又称圆叶樱桃作砧木的，再就是欧洲酸樱桃作砧木的，甜樱桃树作砧木的则不然）、杏树、黑加仑树、日本山楂、无花果树、石榴树、枣树、榅桲树、柿子树	猕猴桃、野草莓树	蓝莓树、桃树、梨树
灌木及蔓生植物	醉鱼草、丁香、山梅花属、绣线菊属、小檗属、黄杨、忍冬、岩蔷薇、小冠花、黄栌、栒子、金雀花、欧洲卫矛、木槿、女贞、溲疏、沙枣（茱萸）、染料木、茉莉、香桃木属、分药花、石楠、海桐花、接骨木、荚蒾（大部分植物，红蕾荚蒾与川西荚蒾除外）、常春藤、厚萼凌霄、铁线莲、西番莲、爬山虎、灌丛石蚕、络石（络石属）、牡荆、丝兰、委陵菜	六道木、木通、唐棣、楤木、日本榅桲、大花四照花（大花山茱萸）、蜡瓣花、十大功劳、木兰（星花玉兰）、南天竹、木樨、安息香	欧石南、山茶、桤叶树、吊钟花、佛塞木、白珠树、金缕梅、山月桂、马醉木、杜鹃、茵芋
多年生花卉	蓍草属（除长舌蓍外）、日本银莲花、欧石南（蓝珠草）、风铃草、旋花植物、大戟属、天人菊、山桃草属、禾本科、多年生天竺葵、石头花、臭嚏根草、蜡菊、萱草、屈曲花、牡丹、薰衣草、银香菊、糙苏属、多榔菊属、半日花属、古典鸢尾、常夏石竹、东方罂粟、石碱草、鼠尾草属（林荫鼠尾草）、虎耳草、高加索蓝盆花、缬草（缬草属）、香豌豆、牻牛儿苗、矾根、宿根亚麻、山羊豆属、岩白菜、毛蕊花（毛蕊花属）、金光菊、紫锥花	蕨类植物大部分品种、匍匐筋骨草、耧斗菜（尤其是大花品种）、细辛属、毛地黄、假龙头花属、桔梗属、延龄草、腹水草、落新妇、玉簪、唐松草、黄水枝、日本鸢尾	拉塞尔杂交混色羽扇豆、薰衣草（法国薰衣草）、鬼臼、富贵草、香车叶草、若干蕨类（紫萁、乌毛蕨）、琉璃菊
一年生及球茎花卉	香雪球、苋、桂竹香、唐菖蒲、番红花属、白叶蜡菊、花葵、白花百合、葡萄风信子、水仙、法国万寿菊和万寿菊、罂粟、绵枣儿、匙叶草、金盏花、郁金香、百日草、蜀葵、马缨丹、天竺葵、烟草、马鞭草、金鱼草、矢车菊、虞美人	葱属、旱金莲、银莲花（希腊银莲花）、雪花莲属	亚洲百合、羽扇豆
蔬菜	奇怪的是，只要保证水、腐殖质充足，不少蔬菜都喜石灰质土壤：茄子、胡萝卜、西芹、圆白菜、叶用莴苣、洋葱、豌豆、马铃薯、小红萝卜、西红柿	黄瓜、甜瓜、大豆、芸豆、酸浆、草莓	
香草	大部分香草都喜石灰质土壤，比较典型的有迷迭香、百里香、风轮菜、甜月桂、马鞭草、洋甘菊、茴香	芫荽、欧芹	唇萼薄荷

选用有机物

大自然最擅长回收再利用了，她制造的有机物都是再生化合有机物。土壤是最得天独厚的再生化合反应场，也正是这种反应造就了肥沃的土壤。

腐殖质 = 可持续肥力

自农耕以来，就发现颜色越黑的土地越是肥沃。法语中人（homme）和腐殖质（humus）两个单词的词源是一样的，这可不是巧合！

以任意土壤为基础，只要有水——植物良好生存不可缺少的要素之一，再加上足够的有机物料，便一切皆有可能。化肥问世前，为改善耕地条件，人们只能另辟捷径，去牲畜那里寻找纤维素和木质素，这两种物质正是构成活腐殖质的基础。修建厩圈，喂养牲畜，收集粪肥，这种做法能将来自森林与草原的有机物集中起来，供娇贵的植物享用。

在蚯蚓的帮助下，腐殖质能够与粉土、黏土等土壤颗粒结合。蚯蚓的使命就是制造腐殖质，它们大量摄入有机物，并利用自身独特的细菌进行消化。既分文不花，又不消耗化石燃料，任何机器都比不上它们。为了爱护蚯蚓，请尽量少翻动土壤！蚯蚓工作的成果是一堆面包碎屑状物，内含大量的活性菌和空气。腐殖质作为优秀的海绵状体亦储有水分，还含有丰富的、储于腐殖土和黏土中的矿物元素。

天然腐殖质作坊

大自然中，腐殖质会在森林中树下和草地土层中经堆积形成。简而言之，腐殖质是废弃的有机物质形成的，有的来自地面落叶，有的来自凋亡的树根。要知道根系经常能占到植株重量的一半呢。

- 与土壤微生物接触后，这种有机物会慢慢转化成腐殖质，堆积于土壤表层。因此包括粪肥在内的有机物不应掩埋，施铺堆肥的厚度也不应超过 5 ~ 8cm。
- 在森林中捡拾枯枝落叶行为会严重扰乱森林的生态系统，应被禁止。
- 若栽种花卉之前剪了 5cm 高的草坪，剪下的草屑可以用作堆肥。

适时服用磷酸盐

矿物元素里包括磷酸盐。根系最喜欢磷酸盐形式的磷元素。来自有机物的磷酸盐看似跟来自袋装全能肥的磷酸盐没什么区别，但前者并不是像方糖溶于水一样，通过简单地溶于水来释放磷素，而需要借助微生物吞噬有机物的反应来释放。跟植物一样，这种反应强度主要取决于气候条件：温度和湿度。植物光合作用效率高时会主动吸收土壤中的磷酸盐，这样就无需人工注射兴奋剂，只需尊重植物良好饮食规律即可。叶片中不会堆积糖分或氨基酸，从而避免致病真菌的生长，这种真菌能吸引昆虫叮咬。矿物肥过多也会使植物致病的！

稻草种花

给严重退化的土壤大量覆盖稻草可创造出非常理想的肥力条件。

储存树叶

剪下的草不应堆砌。草会迅速发酵，气味很快就像一个疏于照料的马厩，但落叶可以很方便地储存在鸡笼网做的筒仓里，它既不会迅速发酵，还可以一点点往上堆加。

铺上稻草好种花

有机物中最方便搬运的要数稻草了，但那种十几千克一捆的老式草垛现在已经比较少见了。

稻草含水量仅为13%，所以非常轻。成分包括纤维素（约40%）与少量木质素（10%～15%），一经细菌和真菌处理就剩不了多少腐殖质了。

有人设想过直接在厚度30～50cm的稻草里进行培育，再拨开稻草，在草里栽种。

无论哪种情况，最好的做法是将稻草球安放在硬纸板上，也可在四周围上硬纸板，使浇灌用水存留在稻草球里，避免水分白白浪费。

数月后，稻草会变成浅棕色并散发出蘑菇的气味。这时它已经具有良好的吸收能力，很快就变成腐殖质了。

纤维素与木质素

是所有植物的主要成分，因为它们是植物细胞壁的主要构成元素，又称植物的“内在骨骼”。没有它们，植物就无法成型。

▶ 跟淀粉一样，纤维素的基本构成成分是葡萄糖。只有细菌才能享用。

▶ 木质素更难对付：它是干燥木头中最后剩下的部分。虽说富含能量，但需要很长时间才能被真菌酵母分解。土壤与堆肥中，细菌与真菌肩负着分解纤维素与木质素、制造腐殖质的任务。

土壤知识小测验

❶ 改良土壤需要花上十几年的时间。

► 正确：对黏土而言的确如此。要让土壤质地发生彻底改变，就要使黏土和腐殖质之间形成微小团粒，保持土壤空隙。

► 错误：大多数情况都不准确，尤其是沙质和石灰质土壤。从第二年开始，土壤开始发生变化，要么变硬，要么变软。

❷ 土壤过重，最好的对策是掺沙子。

► 错误：这条建议平时生活中经常能听见，书本里也常见。只有有机质才能减轻土壤的重量，执意要用沙的话，你需要掺很多沙子，最终导致成品跟灰浆差不多。另外还应注意这种说法本身的错误，同等体积的情况下干燥黏质土壤其实比沙质土轻。造成重量差的是其中滞留的水分。

❸ 人为将土壤颗粒打碎得越细对植物根系越有利。

► 错误：颗粒细腻的土壤初看讨人喜欢，不费什么力气就能插进一只手，但实际上土壤被人为地脆弱化了，更易结块，而且翻土还会惊扰蚯蚓。植物的根本身具有见缝就钻、乘虚而入的能力，除此之外，还有根瘤菌的帮助，剩下的就由它们来完成啦。

❹ 松鳞盖土具有逐步改良土壤的作用。

► 错误：盖土看似具保护作用，因为它遮住了夯实的土表，但是在分解过程中，树皮释放的物质会扰乱微生物作用，这对蔷薇这样敏感的植物来讲后果可能比较严重：植株会变黄，如同它们

集中精力

与其从改良整座花园的土壤入手，倒不如先把目标缩小为蔬菜这样的高要求作物的栽培区域。

在强碱土壤中生存一样。要知道松鳞经发酵后一般都是酸性的呢。

❺ 季节不同，土壤性能也会随之改变。

► 正确：这一点只需用手指刮擦土壤便可感知。冬天土壤就算不结冻也坚硬得无从下手。一到过了 4 月份，气候回暖，再下几场雨，同一片土壤就会变得疏松。这是因为细菌和真菌又开始繁殖、活动了。

❻ 大量添加有机质也有害处。

► 正确：我们一般会倾向于回答“错误”，有机质再多都不过分，但有两个事实证明有机物适度为好：若按照一般推荐的做法将有机物大量铺在土表，它们会成为蛞蝓的温床，从而危害到播种发的芽。若堆肥之类的有机物是通过犁地方式与土壤混合的，其分解又会产生不利于发芽的

物质。因此，除了回填地块追肥时初次施用堆肥外，有机物厚度最好不要超过两指（约 5cm，合 50L/m²）。

❼ 种有作物的土壤不宜踩踏。

► 正确：空气是植物根系和土壤维系生命所需的要素，踩踏土壤会堵塞空气流通的缝隙。注意，人单脚踩踏的压力超过行驶中普通汽车单只轮胎的压力。

❽ 改良土壤最简单的办法是大量追加腐殖质。

► 正确：但这种方法既不经济又不环保。大部分市售腐殖质都含有泥炭，泥炭是一种化石物质，应尽量避免使用。市售腐殖质还是留着育苗箱播种用吧。改良土壤还是用堆肥为好。

❾ 草木灰对植物而言是好东西。

► 正确：前提是土壤酸性强。即便如此草木灰添加也不宜过多（每平方米不超过 1kg）。

► 错误：考虑到草木灰的主要成分是氧化钙（40%），一般土壤里很少会缺这种元素。草木灰亦含钾（20%），很多蔬菜与灌木植物都需要钾。草木灰应像撒盐一样施播，不可直接与树皮接触。

❿ 施播厩肥时注意一定要掩埋。

► 错误：虽说书本警告我们防范氨挥发造成氮元素流失，但是若直接掩埋厩肥，特别是深埋，有可能会导致肥料分解过程不可控：深度超过 10cm 土壤中的空气就不够了，使稻草无法分解。最好是将厩肥覆在土壤表面作为一层营养盖土，也可先发酵 3 ~ 6 个月，再薄薄覆施一层。

小窍门与舒适度

一旦花园里的地势高低确定，翻土就再没有必要了。园中所有植物都在伸手可及的范围内。走道应足够宽，方便轮椅通行。

资深行家教您耕作贫瘠土地

让－玛丽·勒匹那斯是 Inra（农艺学国立研究院）的退休工程师，他经营的菜园位于格拉芙葡萄酒产地中心，距波尔多市不远。这里的土地盛产优质葡萄酒，但对蔬菜而言营养就较贫乏。让－玛丽·勒匹那斯很会想办法。他的对策是：挖出多道小沟作为间道，土壤翻堆至两侧，以加深间道之间栽种带的土壤厚度。

每一季，他都会用灌木碎屑、草屑和堆肥覆盖，还在蔬菜间套种苜蓿，苜蓿的叶对土壤进行剪下又成为理想的追肥。成果就是这么一座自给自足，品种繁多的小菜园……园丁还能坐着种菜呢！

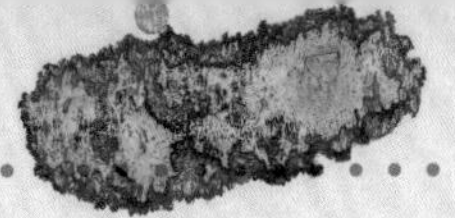

“千层面”法

土壤情形真的很糟糕，抑或是土地里长满顽强的杂草，怎么办？当然要靠千层面来救场啦！

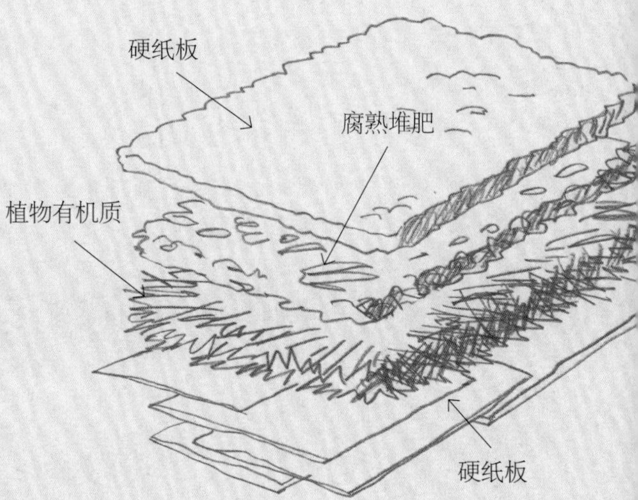

再利用之秘诀

最糟糕的情形大概要数土壤质量本身就不好，里面又长满多年生杂草。顺便提一句：成了气候的杂草，其实本该佩服它们惊人的生存能力。但是这些草刚好长在您种花的地盘上。本想整地，可一番尝试终以腰酸背疼收场？这时“千层面”法就派得上用场啦。这种技巧的关键是推翻传统做法，从头开始，用镰刀或灌木剪除机割去现有植被，用脚踏平也行，再覆上硬纸板。

“千层面”法四步走

❶ 首先在准备栽种的区域铺放若干层硬纸板，完全覆盖并超出该区域边界，以防万一。就算是最顽强的狗牙根草在纸板底下也无法成活。

❷ 取植物有机质在纸板层上连续铺覆若干层，“千层面”即因此而得名。植物有机质非常容易获取，如乡下的稻草、腐烂干草、落叶、蔬菜果皮、去根去种子的杂草、粗制堆肥、树枝碎屑等。每层厚 5 ~ 10cm，总厚度可达 30cm。注意使这厚厚一叠边缘对齐，方便日后栽种。切勿将“千层面”设在地势高处，否则以后浇水很麻烦。

❸用腐熟堆肥混合 1/4 的市售腐殖质进行整体覆盖，厚度 8 ~ 10cm。

❹ 大量浇水后在堆肥里进行栽种。您会惊奇地发现，无论种的是花卉还是蔬菜，它们的生长速度都快得简直吓人！

先驱者灼见

栽种前施覆大量盖土的点子可不是最近的发明。这种方法的理论是美国人帕翠西娅·兰姿（Patricia Lanza）提出的。她一开始是在自家客栈里做尝试，想将厨艺和园艺结合起来，要想成功，她很自然地用到盖土方法。使用纸板和蔬果皮的过程中，她发现了“千层面”这个诀窍。

极简式打理

几个月的时间里，随着规律地给种下的作物浇水，这堆材料会变成上好的腐殖质。严格说来，“千层面”其实并不怎么节水，但“千层面”是极佳的蓄水材料，同等水量条件下，普通土壤的蓄水效果跟它不可同日而语。

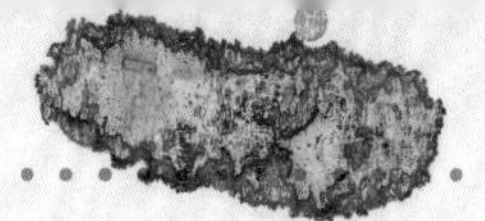

长势有保证！

几月过去，“千层面”出类拔萃的能力就能得到证实，这一点在贪养分的植物身上表现的更明显（向日葵、苋属，还有小南瓜），它们的个头能大到史无前例的程度。“千层面”中有机质会转化成腐殖质，养分非常充足。地里开始长的杂草呢早已湮灭在纸板下了。

接下来的年份里，只需每年春天往表面追加一层新堆肥，弥补材料的“消化”即可。您会欣喜地发现，现在可以徒手栽花啦！

宜人的工地

一片大型的“千层面”要用到不少物料。优先采用本地产品既能降低成本，又遵循了废物利用的原则。

铺覆时人手越多越好。因为有不少东西都得用独轮小车运呢，所以需要很高的积极性。将身边的人都发动起来吧，特别是孩子，他们都喜欢这种性质的比赛，至于奖品，最后的栽种就是奖品啦。

中途可以安排多次休息，最后再来场小小的落成仪式。事隔3个月，再聚欣赏成果，大家都会非常高兴的……说不定还能趁机再一起做一次“千层面”呢。

光尽情发挥想象力

考虑到移栽、收成，“千层面”宽度最好不要超过2m。但您也可以别出心裁，拒绝循规蹈“矩”。

“千层面”做法是非常灵活的：保证内部循环的前提下可以尽情摆弄，摆出各种各样好玩的形状，螺旋形，S形。未栽种的区域可用纸板铺覆，盖上刨花或是碎枝屑，免去日后除草的苦差。

堆肥正当时

堆肥这个字眼将会贯穿全书。下面介绍一下堆肥的基本知识，以助大家尽快投身实践。

以自然为鉴，而优于自然

不少园丁都只是简单地将废弃物料倾倒在花园一隅任其腐烂，变成黑色土壤。这种土壤比花园土更肥沃，作物非常喜欢。为什么叫“土壤”而非“堆肥”呢？近 30 年来，我们对堆肥有了全新的认识。堆肥是一种自然发酵过程的产物，近似于森林枯枝落叶层中的树叶腐烂后变成腐殖土。而我们还要设法将这堆富含水分的有机物打造含有充足空气的环境，以促进微生物作用，这与面包师傅将空气揉进面团里是同一个道理。堆肥的艺术在于原料的混合，保持细菌生存所需的高湿度，还有就是保证良好的通风，避免物料腐败产生异味。

用堆肥机比简单的堆垛更易控制湿度，发酵速度也更快。以前要花一年甚至更长时间，现在只需五六个月堆肥即可腐熟，成为充满活性和富含腐殖质的聚合物料。

各司其职

堆肥也是一种发酵过程，需要生物的参与才能完成。请放心吧，用于堆肥的物料里什么都不缺：没必要添加激活剂！执行任务的都是这些肉眼看不见的细菌和真菌。

细菌	真菌
于 5 ～ 60℃环境下活跃	于 0 ～ 35℃环境下活跃
要求高湿度环境	亦需高湿环境，但要求低于细菌
一开始繁殖迅速，释放热量	一旦高温阶段过去，即开始迅速繁殖生长
分解青色物料中的软质部分	只有真菌能侵蚀纤维素（木头的成分）
不制造腐殖质	制造腐殖质

堆肥旁边有时会出现土鳖、小飞虫（特别是夏天），还有红色肉虫，这就说明堆肥成熟了。有时还会出现白色肉虫，但都无需担忧：它们是一种叫做金匠花金龟子的漂亮甲虫的幼虫。幼虫会啮食发酵中的木屑，从而参与到腐殖质分解的过程中来。

“青色”与“棕色”物料的结合

有机废弃物含有比例不一的氮、碳元素。

- 氮是细菌生存、繁殖不可缺少的元素。细菌利用自身强力的酶侵蚀有机物，以获取其中的氮元素。
- 有机碳起着能量来源的作用。通过侵蚀细胞壁纤维素或储备粉，细菌和真菌以糖分的形式摄取碳元素。
- 青色物料富含水分，一般亦富含氮元素，可自行发酵，如草屑、蔬菜果皮等。
- 棕色物料干燥、坚硬、富含木质素，注意不要压碎，以保持肥堆空气流通和顺利地演变成可持续堆肥：枯叶、纸板、稻草、粉碎的树枝屑等。
- 所谓堆肥就是将青、棕色物料按相同比例混合到一起。棕色物料的比例可稍微高些，因此收集落叶就很有用。应注意避免青色物料切忌过多，尤其应避免堆垛过厚，以免引发下陷、空气不流通、腐败与异味。
- 棕色物料亦切忌过多，尤其应避免直接添加干燥棕色物料，否则会形成大型气囊，导致堆肥局部干燥。

混合小窍门

一开始添加的原料越是多样，做出的堆肥就越好。每次大量加入树叶或草屑时都应同时加入相应的棕色物料，使配方完整。

厩肥非常适合堆肥。为达到最佳发酵效果，厩肥质量必须达到临界质量。但堆肥机工作时肥堆高度超过 50cm 就会有一个升温的过程，因此应除去粪肥中包含的种子。高温过程能杀灭可致植物疾病的真菌。这点也跟简单的堆垛不一样，普通做法是摊开而不是往高处堆。堆肥机不仅能处理多种园艺废弃物，还能有效回收 1/3 的生活垃圾，包括纸张在内的有机物、植物垃圾，但肉类不行（会招引苍蝇）。可用园艺废弃物盖在生活垃圾上掩盖垃圾久置产生的异味。不少堆肥原料都来自厨房跟菜园，因此，堆肥机最理想的位置是位于两者之间。

堆肥里放些啥？	
下列生活垃圾适合堆肥	下列园艺垃圾适合堆肥
■破损蔬果，生熟均可，最好切成小块。还有瓜果蔬菜皮。 ■茶包，连同袋子跟订书针。 ■咖啡渣连同滤纸。	■枯黄杂草，事先除去根茎和种子。 ■切成小块的菜园废弃物。 ■凋谢的花朵。 ■落叶：不宜太干或太湿，厚度宜薄，与青色物料混合使用。
下列生活垃圾可少量用作堆肥	下列园艺垃圾可少量用作堆肥
■剩饭剩菜。 ■奶酪皮（应掩埋：小心老鼠）。 ■厨房用纸、纸张、食物包装纸盒，堆肥前一律剪成小块并用水打湿。 ■面包应仔细压成屑，且不可过量（有青霉菌）。 ■小块天然织物（棉、亚麻、羊毛）。	■修剪草坪时剪下的草屑：薄薄地铺一层（3cm），并与主要棕色物料混合使用。 ■带有根茎和种子的杂草：可埋进肥堆中心。事先曝晒几天更好。 ■修剪篱笆余料：用修枝剪剪碎或破碎机粉碎后使用，否则腐烂过慢，容易导致堆肥质地不均。
下列生活垃圾应避免使用	下列园艺垃圾应避免使用
■厨余中的鱼、肉类、奶制品（易招苍蝇）。 ■海鲜贝壳。 ■柑橘类果皮（果皮内含有的精油易拖缓腐熟过程）。 ■动物粪便（啮齿类除外）、除尘器袋。 ■壁炉灰（富含石灰质）	■狗牙根草：生命力顽强，即使堆肥数月也无法杀死。 ■荨麻：易自行播种，侵占花园。 ■锯末与刨花：含氮量极少，仅在有大量青色物料的情况下建议使用。经过处理的木材、复合木材与外来木材均含有毒素，不可使用。

堆肥小百科

成功做出堆肥的兴奋就跟吃上刚刚出炉的自制面包一样。当然啦，这两个过程都属于发酵嘛！

废物利用之秘诀

面包制作的成败与拿不锈钢盆子还是瓷盆揉面没关系，关键在于面粉品种、酵母功效、水分、面团透气性、手工揉面还是机器揉面、面团发酵条件和最终烘焙。这些条件原封不动地套到堆肥制作上也适用。堆肥制作的关键在于：原料选择、制备、加水（仅限于棕色原料，需事先置于独轮车内浸泡）、堆制或堆肥机填料。要避免出现气囊，但也要避免过度堆叠。数月后即可在堆肥机下方收取堆肥，或是扒开肥堆直接用园艺耙进行翻垛，很方便，然后再次覆盖等待最后一道工序完成。

选用堆垛还是堆肥机？		
	传统堆垛	堆肥机
优点	■可随时堆制大量废弃物，应季节而变。	■升温更理想。 ■每次加物料时翻垛更容易。 ■湿度较易保持。
缺点	■摊开面积比高度大：堆肥无法发热。 ■夏天不用篷布盖住的话易干燥。 ■翻垛是苦差事：当心腰酸背痛！	■特定时令堆肥机容量有限（秋天收集落叶，再或是春天修剪草皮。不过这两种原料都可以拿来做盖土。）

堆肥注意事项

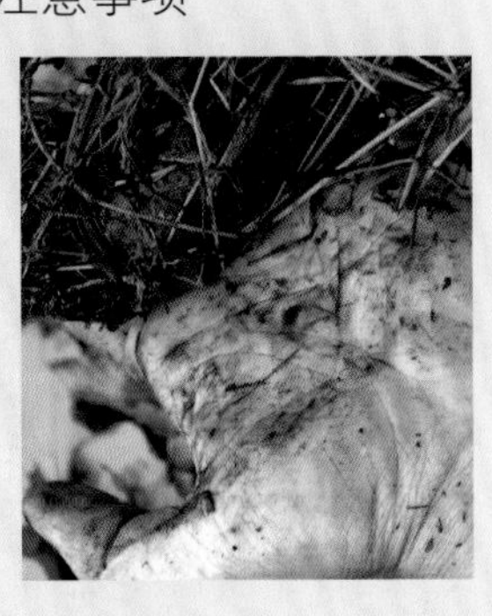

要想做出好面包，面团的发酵和烘焙过程需要时时检查一下。堆肥也是一样：应趁添加新原料的机会检查堆垛情况。于肥堆20cm深处取一撮尚未腐熟的肥料，用手揉搓。

- 肥料在指间揉搓时渗出水分是好兆头。
- 肥料具流动性的话就要小心了：水分可能太多。通常伴有可疑气味。应添加剪碎的硬纸板等干性材料。
- 如完全不觉湿润，则应添加富含水分的青色物料。这比给堆肥直接浇水来得有效。浇水的话，水会直接穿过肥堆，白白浪费掉。

若出现疑似腐败的异味，可扒开肥堆，找到水分过多的区域，添加棕色物料即可改善。有一种很聪明的办法，堆肥机边常备棕色物料（枯叶或灌木碎屑）用来掩埋蔬果皮等，这样就不怕招来苍蝇了，因为只有特定的气味才能吸引苍蝇。堆肥其实说白了就是在青色物料分解的同时堆积不会自行发酵的棕色物料，青色物料分解时会释放出氮，真菌分解棕色物料中的木质素的过程中，氮又是不可缺少的元素。大自然自有办法，这过程看似复杂，我们却无需担忧。

塑料还是木头?

若选择塑料箱体，应优先选择再生/可回收利用材质的塑料。注意检查活板门是否容易闭合，堆肥机是否能完全打开。要是能用木箱自己制作一个，木质堆肥机其实也不贵。堆肥机的密闭性越好，说明机器也就越好，侧通风孔其实没有必要。只有通过向青色物料中添加棕色物料才能保证肥堆结构的空气流通。

常见情形

	现象	问题本质
小型花园业主，1 ~ 2 人负责照料堆肥机。	“无底洞”：每次新添物料时都会发现肥堆高度保持不变。有时会招致苍蝇，尤其是夏天多用瓜果皮堆肥时。	添加物量少，且大多为青色物料，由细菌负责分解，这样一来社区需处理的量也较少。但棕色物料缺乏可导致出肥量过少。
蔬菜量消耗大的小家庭，还可能回收邻居的垃圾用于堆肥。	光是把堆肥机装满就得花上 4 个月。到时底部堆肥就已经成熟，可由活板门取出（之后要记得关上哦！），但也可能随季节不同。	堆肥机一直不停运转：上方加料，下方排空。需始终保持棕色物料湿度足够，且角落处不产生气囊。
小家庭，大菜园，还有草坪和几棵树呢。	堆肥机只需要 2 个月就装满啦：可以打开堆肥机（也可提升箱体脱出）进行翻垛，重新填料，根据需要加湿。2 ~ 3 个月后，大量堆肥就腐熟啦。	翻垛后候堆肥腐熟之际，可暂时用小化粪池将各种原料收集待用。这样堆肥机一旦清空就可及时填满，达到 50 ~ 60cm 的临界高度，才能保证一开始发酵效果良好。
大型花园或社区堆肥场（独栋住宅区、公用花园……）。可购买两架堆肥机并行使用。	■一号堆肥机作为暂时性的化粪池，时时检查。 ■二号堆肥机则在腐熟过程中。 ■二号清空后，将一号中的物料加湿、翻垛后倒入二号。	两架堆肥机比只用一架大的好。大号堆肥机不易填满，翻垛也非常麻烦。若物料量很大，可采用堆垛法，混合使用青色与棕色物料，并用篷布掩盖。

堆肥知识小测验

❶ 每人每天平均要制造多少垃圾?

a)500g

b)1kg

c)2kg

► B。每人每天平均要扔掉 1kg 左右的垃圾。1kg 是平均数字，具体情况因人及做法而异。这个数字也包括了公共生活制造的垃圾（商店、交通等）。

❷ 扔掉的垃圾里，可发酵废弃物占了多大比例?

a)1/4

b)1/3

c)1/2

► B。可发酵废弃物占了垃圾重量的 1/3。包装纸占的体积不小，重量却很轻。

❸ 堆肥大致需要多长时间才能腐熟?

a)3 个月

b)6 ~ 9 个月

c) 一年乃至更长

► 堆肥腐熟大约需要 6 ~ 9 个月，冬季持续时间长的话还要更久一点。堆肥站的堆肥一般 3 ~ 6 个月腐熟。

❹ 一开始加入含青色物料越多，最后出来的堆肥质量就越好。

► 错误：青色物料主要由细菌分解，制作时棕色物料越多，堆肥越是富含腐殖质。

❺ 木质堆肥机比塑料的要好，因为木质的“会呼吸”。

► 错误：这主要是个美观问题，也应考虑到木头的寿命比塑料长。可选择再生或可回收的塑料制产品。

❻ 下雨时应打开堆肥机盖，让堆肥吸收水分。

► 错误：这样收集来的雨水，跟雨后忘了关盖子的蒸发量一比，真是杯水车薪。给堆肥机内部加湿主要还是靠草屑这样的青色废弃物的分解。为防止产生异味，青色废弃物不宜铺得过厚，因此翻垛时还应浇水。

❼ 播种时，使用堆肥比用腐殖质要好得多。

► 错误：堆肥有可能会二次发酵，并在发酵过程中释放出对新生根系有毒的物质，腐殖质较之则稳定得多。换盆时根系已经成熟，此时可将堆肥跟腐殖质混合使用。

❽ 用堆肥种花前必须先过筛。

► 错误：恰恰相反，堆肥里未分解的物质一般是棕色物料，土壤里的真菌会非常喜欢。而且堆肥不是用来播种，不需要土壤颗粒细。

❾ 杂草的根不能往堆肥里扔。

► 这点取决于堆肥人的经验。一定记住，包括翻垛过程中，杂草的根最好是放置在堆肥机中心。牵牛花的根在堆肥机中心很容易就无影无踪了，狗牙根生命力却极其顽强。

❿ 花园里施用堆肥后应立刻掩埋。

► 错误：如果通风条件良好，土壤里的微生物系统能更好地利用堆肥。铺在地表的堆肥还能起到强降雨的土壤保护作用。

关于纸张和硬纸板的成见

油墨含矿物或植物油（大多是菜籽油或豆油），它本身即是一种漆，混合了油、树脂、赋以它颜色的颜料与添加剂（特别是稳定剂）。植物油墨的使用历史已经有20年了：它既是可再生资源，又不制造任何温室效应，还可生物降解……

唯一的问题就是颜料啦：

- 黑色（80% 的颜料都是黑色）由纯碳素构成，无毒。
- 今天，彩色色素基本都来自有机染料，取代了旧时的矿物颜料（铬黄、镉黄、钼橙）。

自 1998 年始，有法规对印刷用油墨和油漆中的重金属含量作出了限制，于是用印刷物堆肥也就无需担忧了。但还是应避免有光纸，这种纸面上刷有一层高岭土，能抵抗细菌侵蚀。杂志跟邮购目录的光滑封面也是一样。

硬纸板非常适合做堆肥，但应注意先揭去表面的透明胶带。瓦楞纸板的胶水是淀粉做的，亦可生物降解。

柑橘类果皮和堆肥

这类果皮含有的精油具杀菌效力，尤其是柠檬烯。因此，它们不易腐熟。但只要堆垛够大，温度够高，什么也挡不住细菌的脚步！不过小中等规模的家庭堆肥仍应避免大量使用柑橘类果皮。

绿色堆肥

刚开始经营花园的园丁手头没有现成堆肥可用，得等上几个月。与其干等？不如立刻动身去附近的堆肥站看看吧。

从花园到垃圾分类站

从家庭、社区垃圾中回收有机废品制作堆肥，这种做法由来已久。随着垃圾分类站的兴起，堆肥制作者一开始就会强行对垃圾进行更优的分类，从此再无需忍受夹杂有塑料碎片的低劣堆肥啦。垃圾分类站里的绿色罐槽是用来储存草皮和剪枝垃圾的，回收的垃圾就成了堆肥站原料的主力军。有的堆肥站负责垃圾处理的合营工会下属单位，有的则是私营企业运营，但它们外观都差不多：宽敞的混凝土空间，可收集足够雨水用于规律加湿堆垛。堆垛高约 3m，自行升温，主要由粉碎的青色物料构成。

堆垛也称条垛，应有规律地进行翻垛，4 ~ 6 个月后堆肥成熟。需常常给堆肥过筛，去掉里面的铁丝、大木块、塑料等物。这时的堆肥外观非常像腐殖土，有时也会造成一些问题。

使用注意事项

可能是因为真菌作用，城市堆肥储存在干燥环境下会严重脱水，变成疏水性，这时给堆肥浇水，水会直接穿堆而过。若将其用作播种基土，重新蓄水后还会形成对幼苗有害的有毒物质，这时就算堆肥中含有大量氮元素，幼苗还是会发黄，呈现缺氮症状。

鉴于这两种原因，城市堆肥最好不要单独使用，而应与普通土壤或花土混合使用，且只适用于过了萌芽期的植物。但纯城市堆肥可作为营养盖土使用，铺覆约两指厚（合 5cm 左右）。随着雨水、灌溉浸润，堆肥最终会分解，大大有利于延长土壤寿命。

污水净化站污泥：该用不该用？

这种污泥来自污水处理厂，包含了多种杂质、重金属、药效渣滓等。法国每年要制造 1000 万吨这样的污泥，合每位居民 150kg！其中有一部分干燥后焚烧，一部分作为肥料给耕地施用。用来施肥是为了利用其中的氮和磷。剩下的一部分则与青色物料混合堆肥。法律上是这么区分的：

- 仅使用植物类废料制成的堆肥（NF U44-05 号标准）；
- 与泥炭混合用作栽培基质。不少市售花土都属于这种，符合 NF U44-551 号标准；
- 含有污水处理排放物料的堆肥（NF U44-095 号标准）；

最后这种还是交给经验丰富的园艺师和园林设计师来裁夺吧。当然啦，如果负责基土的人不了解或是拿不出相关标准，那最好还是别用它了。也别忘了顺便帮它做点负面宣传。

最后，小心起见，先别急着把一卡车的绿色堆肥往自家花园里卸，拿几袋在见效快的植物身上做个试验吧，例如生菜。

第一次浇水：很关键

不要低估给城市堆肥加水的难度。最佳做法是事先浸泡，比如先在独轮车槽内浸泡，直至堆肥呈泥灰状，可与其他材质拌和。若已经铺了一层干堆肥，可将淋浴花洒接在水管上浇水。堆肥外观呈湿润状时可用指尖剖擦露出里层，这时你会发现里边还跟戈壁滩一样干呢。继续浇水，并一点点将湿润部分与内层拌和。隔一个钟头或次日重复上述操作。

综上所述，城市堆肥的最佳施用时间是秋季，这时的发酵作用非常强，没有任何种子能存活下来，杂草也就没有发芽的机会啦。

“千层面”酥皮

这种城市堆肥的最佳用途之一就是作为“千层面”法的最上一层使用。可混入少许花土帮助水分吸收。“千层面”下层也可以使用未过筛的城市堆肥，但要注意堆肥中的塑料碎片不宜过多，要一一细心拣出。

分析要求

所有工业堆肥站都必须按期对成品进行分析。

应注意的几个关键数值

■有机质含量百分比	45% 左右
■pH 值（酸碱度）	7.6 ~ 8.5 之间
■C/N（碳氮比）	16 ~ 20
■氮总量（N）	干料（MS）16 ~ 20mg/kg
■磷含量（P）	干料 6 ~ 8mg/kg
■钾含量（K）	干料 8 ~ 14mg/kg

这些数据可变，但堆肥的本质就是由它们界定的：氮 / 磷 / 钾含量不够，只能算土壤改良剂，不算肥料。不过堆肥里可不缺有利于土壤寿命延长的物质。

好的堆肥站不会有恶臭气味。

人类的，就是肥料的

仅为冲走一次小便就要浪费好几升水，在下一代人眼里，这多半要算我们这个时代最严重的一种浪费。更何况这对花园而言，是求之不得的天赐的免费食粮。

十九世纪的厕所

多年来，旱厕始终都是瑞典的一道风景线。在法国，各种环保节与非主流节日场合也可见旱厕的身影，除外它还见于一些信奉环保或非主流人士家中。旱厕的原理其实很简单：去掉水箱，用刨花、锯末这样富含纤维素与木质素的干燥材质覆盖大便、厕纸。这种做法很令人称奇，整个过程不会制造出任何管道噪音，静默无声。

容器满后应清空，将内容物倒入专门的堆肥机，覆盖锯末，任其自然腐熟一年。这样每人每年可节约 10 吨可饮用水。这个数字不算小，而且污水处理也非常繁琐。旱厕种类繁多。在网上逛一圈，您会发现喜欢动手的人都很富于创造性。还有人会将大便跟小便分开。不过，就算只是尽量常用一只桶小便后拿来浇灌植物，这样就已经可以大大放慢旱厕填满的速度了。成人平均每人每天要排泄一升半的小便，大便却只有 150 ~ 200g，而且大便本身就含有 3/4 的水分。

不言而喻，厕纸也可用于堆肥，我们本来就大力推荐堆肥时一并加入干燥的硬纸板，因为这是一种优秀的纤维素和木质素来源，城市里也随处可得。刨花跟锯末呢，应注意选自仅加工未处理木材的车间，避免合成板、压缩板及使用有毒胶水的胶合板。找不到的话干燥枯叶也非常合用，事先压碎即可。

刨花的挑选

刨花、锯末的来源选择要谨慎，尤其是来自细木加工车间的刨花或者锯末。来自异国木材和经过处理的木材都不行，各种复合板和压缩板的话就更不能用了。

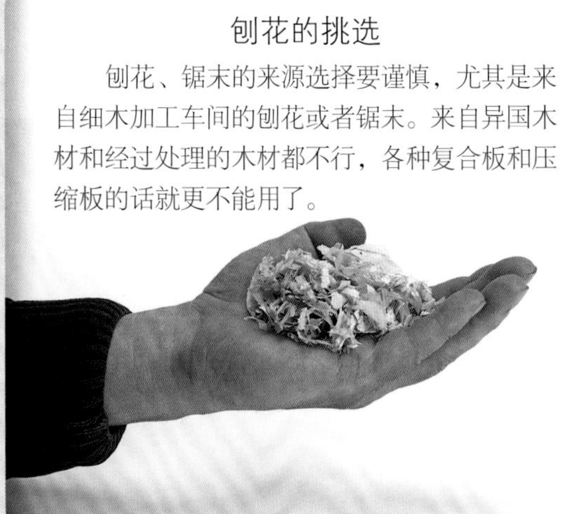

无需担忧疫病！

旱厕内容物制成堆肥后跟别的堆肥没有任何两样，气味也没有不同，即便再灵敏的鼻子也闻不出它的来源。理论上这种堆肥应优先给装饰性植物或草坪施用，但经过堆肥过程，恐怕没有多少致病细菌还能存活。虽说不少园丁都会直接施用新鲜厩肥，还自以为有理，但是无论如何，堆肥腐熟后使用都比直接使用好。旱厕堆肥跟旧时的粪肥不可同日而语，也绝不能算是一种退步。

尿液最重要！

大家一般可能都想不到，人类排泄物里尿液是最有用的。尿液含有尿素跟磷酸盐，它们既是污水跟江河的污染源，也是宝贵的肥料，其中含有植物所需的氮与磷。而且尿液是无菌的。只要及时利用，新鲜尿液稀释后（约 1 体积尿液兑 10 体积水）是没有气味的。

据瑞典研究员证明，两名成人排泄尿液所含有的矿物质就足以保障第三人所需的粮食生产了。

如有可能，在不惹恼邻居的前提下，可以直接在桶中或是花壶中小便，满足叶片宽大的挑剔植物的养分需求。

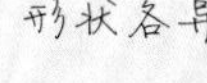

形状各异

原理却始终如一：一只容器、纸、刨花或者锯末。

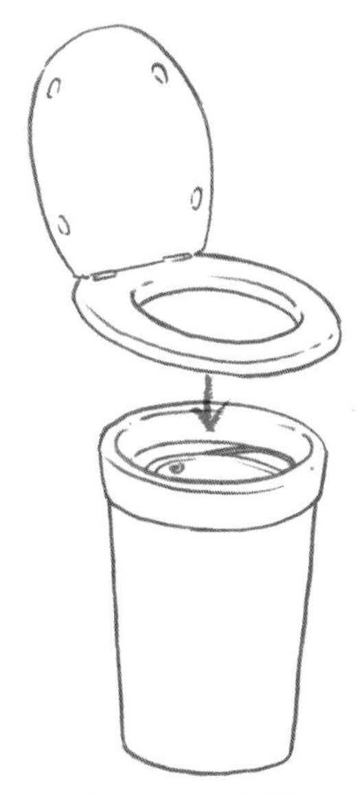

手工傻瓜教程

就算不擅长木工，您还是可以凭借创造力来轻松地克服困难。可以去一家兼售 DIY 跟园艺工具的商店看看。

❶ 找一只合心意的带盖马桶圈，一只 10L 的桶，再去陶器货架找一只高度足够的容器，口径需跟马桶圈兼容。

❷ 树脂做的容器既轻又牢固。可以试坐。检查桶是否能套入外桶，且不超过外桶高度。

❸ 回家后还可稍作改进，在马桶圈底下粘上防滑垫避免它滑动。这样其实就已经很好用了，考虑周密的话还可以在后面拧上一只钩子，把它整个固定起来。桶底撒上一把锯末就可以付诸使用啦。

种植计划

从播种到幼苗

一袋袋种子就像袋神秘大礼包，每次总能带来惊喜。即便您的园艺经验是由育苗移植起步的，播种还是值得一试。就当是为了那份喜悦吧。

水 + 光照 + 热度

种子就是一株微观的苗：根、芽、叶都已存在，只不过生命节奏放缓了，而且还被好好地包裹着。播种其实就是赋予种子水、光，还有热量，让种子潜在的力量得到释放。这三种因素都比花土基质更重要，不过现阶段情况下，吸收能力好的花土仍是最理想的选择。既然基质所需量不多，那就在质量上下功夫吧。基质里不要加土，也不要加堆肥，因为这两种材料里经常含有杂草种子。

铺一层 3cm 厚的基质就绰绰有余了。每天少量喷水，保持土壤湿润，千万别用喷管，用带小孔莲蓬头的花壶即可。大多数种子发芽都需要光照。花土覆盖厚度切勿超过几毫米。有个好办法是买点蛭石，蛭石是一种膨胀云母，用它来吸收水分恰到好处，又不会妨碍幼苗的生长。

有分寸的耐心

多几次播种可以避免焦虑感，播种次数越多成功概率也就越大。大多数种子 1 周内都能破土，有的种子还得多等一等，例如多年生花卉。要是过了一个月都还没动静，那还是将花土回收换盆重新播种吧。这次可以改换一些条件，比如把温度调高一点。还要小心蛞蝓，它们只需一夜工夫就能毁掉一片苗床。有一种对策是用托盘将苗床抬高……但这么一来蜗牛又会在托盘下方栖身。

简易播种法

有一种播种方法不费事，非常简便，它利用的是种子自然出芽。您若喜欢耧斗菜，可以等它花谢后长出蒴果，6 月下旬蒴果晒干，贴地连同叶子一块收割，拿着这一捆在整个花园里四处摇晃。之后会有很多幼苗破土而出，其中大概能长成十来棵成株。留大部苗原地自生自长，8 月中旬起一批移盆培育，秋天移栽、送人两相宜。出芽后，成株周边经常能发现很多这样的自播苗。

播种与废品利用

千万不要在花的品质上省钱，容器本身倒是无关紧要，只要有洞能排水就行：食品包装盒、剪成两半的饮料瓶、市售糕点的包装盒，这些都是很实用的小型温室。这种容器一般高度有限，可选择带编号的小标签，记得写上日期，还别忘了写播种日志。可为来年提供宝贵的借鉴，例如某个品种的番茄可能比其他品种动作慢、发芽需用的时间长。

播种畦

对大部分蔬菜苗来讲，这样就足够了：均匀洒水，再薄薄撒上一层花土。慢慢来，不要急，播种又不用比速度。

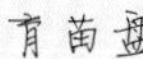

每格播种数粒种子。3周后，每格最多留2～3株幼苗。可免去一次移栽。

播种没有标签可不行

写上品种的名字，自标签露出花土的那端开始写。不要想当然地从尖头那端下手。

一年对应的播种时令					
1月/2月	3月/4月	5月	6月/8月上旬	8月中旬/9月	10月/12月
■ **为时过早** 这是针对露天播种的大部分蔬菜而言。广适性的蔬菜如豌豆、蚕豆等除外。 ■ **正当时令** 适宜在阳光房或室内进行首次播种。	■ **为时过早** 夜晚气温仍然过低。芸豆和露天夏令花卉播种都太早了。 ■ **正当时令** 番茄和甜椒可于温暖处播种；广适性花卉（金盏花、桂竹香）、大部分夏令和秋令蔬菜可于有少量遮蔽处播种。	■ **为时过早** 亚洲蔬菜在白昼渐短时长势最好，此时播种还太早。 ■ **正当时令** 芸豆、西葫芦和花期持续整夏的墨西哥花卉（石竹、万寿菊、百日草、旱金莲等）以及大部分多年生花卉。	■ **正当时令** 速生多年生花卉（羽扇豆、牛舌草、常夏石竹、蜀葵等）。胡萝卜与冬令甜菜。 ■ **还来得及** 嫩芸豆和秋令生菜的分期播种。	■ **正当时令** 春令花卉（三色堇、欧亚香花芥、勿忘我）及速生秋令蔬菜，如大白菜、野苣。 ■ **还来得及** 绿肥作物[①]、芥菜、绛三叶、钟穗花属等都可直接就地播种。 ■ **为时过晚** 大部分蔬菜此时播种都晚了。	■ **还来得及** 盖上一层过冬的苫布，小红萝卜仍可播种。还有以幼苗形态过冬的广适性花卉，如香豌豆、金盏花等。 ■ **为时过晚** 别的植物都太晚啦。但您可以趁这机会收拾种子盒，给它分分类！

① 绿肥作物（engrais vert）多为豆科，适应性强，根瘤可固定空气中的氮元素。

成功移栽的诀窍

幼苗长出来啦，也开始相互妨碍了。但此时间苗还为时过早，中间必须进行一次移栽。幼苗看似弱不禁风，却很结实，无需为它担忧。

移栽的目的：开拓空间

幼苗长出 2 ~ 3 片真叶后就应分别移植到营养钵中。操作时一定要小心。这样的移栽看似粗暴，植物却总能很好地挺过来！移栽能赋予幼苗更多的生长空间，容它们自由生长，避免竞争过于激烈。

移栽通常使用口径 7cm 的营养钵，方便排列在购物后回收的木条箱里。别忘了附上园艺标签。不一定每只钵都要有，但至少要给两三只钵贴上标签，否则拿幼苗送人、交换时就会出现尴尬的情形。还有一种办法是用育苗盘移栽，能节省不少花土，每株幼苗还带独立土坨。方法同营养钵移栽，在小盆或育苗盆底部撒上少许播种用花土。首次浇水后土壤会自然慢慢压紧，无需手工夯实。在木条箱底铺上纸板或是整齐剪开的花土袋塑料布，然后将营养钵在箱中排列放好。这是为了浇水后水不会立刻流光。

紧贴盆沿最理想

移栽时不应将幼苗栽在盆正中央，应紧贴盆缘栽种。这样根就不会在浇水过多的花土中迷失，而是迅速爬满盆壁。这样还可一次移栽 3 株而非 1 株，等以后正式下种时再分苗。

小钵苗，大用途

● 现在的园艺师自己播种的越来越少，大多购买带有 2 ~ 3cm 迷你土坨的幼苗，从而节约了宝贵的时间。

● 特别是有了互联网以后，更能享受这种便利。唯一的不便是整板起卖。可以以批发价买回一整板的小苗，很划算！就算是用不完那么多苗，也可以和朋友一起合买，或和朋友交换品种。

每天洗个澡

刚移栽的幼苗如何养护呢？重点就是浇水。浇水应轻柔均匀，最好是早上浇。间隔时间可以不同，刚开始每天都浇，之后稍微降低频率。等到五六月热浪袭来，还是应当重拾每日浇水的节奏。花土中的养分一般足够保障植物正常生长了。几周后如幼苗发黄则说明缺少营养，铺一层几毫米厚的堆肥就能使其生长恢复正常了，不过到那

一只钵，十株苗

春天，香草植物一般都是以栽满幼苗的营养钵形式出售的。不要全部移栽，也不要担心分苗时破坏根须，先把苗分成5～8份，再进行换盆或直接种到园里，稍微弯折茎秆，将其埋在1cm厚的花土里。这一部分会抽出根须。

时它们大概也该移栽啦！

成功移栽的小道具

如有经常使用营养钵移栽的需要，可以将一只托盘改造成一张实用的工作台，填土就可以在盘里进行。空盆放在盘里，很容易将盆填满，这样桌面可始终保持干净。用一个木条箱铺上塑料布就够用了，喜欢动手的人还可以加铺一层折叠的锡纸。

移栽后前几次浇水非常关键：就算雨天还是有必要给土壤增加水分。带小孔莲蓬头的花壶最合适，它还可洗去叶片上残留的泥土，几周后再换成孔眼大点的花壶，增加流量，但也不宜太过哦。

盒装带土坨苗

带土坨出售的韭葱苗现已为盒装幼苗所取代，盒装可保留尽可能多的根须，更易成活。还可以进一步改善，例如移栽前事先用泥浆浸泡根系。

灌木：从零做起

扦插还是需要一节枝条，因此只能算"差不多"从零做起。扦插成功了能为您赢得"绿手指"的美名[①]。

恰当手法，恰当时机

许多植物的枝条切断后插入土中都有能力生发新根，扦插正是利用了这一点。两个季节特别适合扦插：一是初冬，但要等到 5 月才能看到嫩枝抽出；二是盛夏 8 月中旬，此时植株成活率高，尤其适合扦插。但应注意为插条遮阴，避免下午日照，防止植株脱水。可以用一只半透明塑料袋套住扦插盆，防止脱水。将插条从基部剪下时一定要控制操作质量，目前剃须刀片仍是最理想的一种工具。为避免插条水分过度蒸发，一般会将叶片修去一半，若有新叶生发，扦插就算大功告成。新插条非常脆弱，首个冬天应遮蔽过冬，找一只填满干泥炭的木条箱安放在房屋附近一般也就够用了。插条瘦小，生发出来的灌木不一定就瘦小：因此正式扦插时一定要留出适当株距。

受保护品种：法律一览

● 苗圃师售卖的新奇品种都来自于育种师孜孜不倦的努力。育种师勉强可算新品种的作者，新品种再交给"编辑"，由"编辑"负责申请专利。于是，除个人用途外，以其他一切用途的繁殖都是被禁止的，所以插穗不能送给朋友，也不能交换（更别说出售了！）。受保护品种的标志是：标签带有"受保护植物"字样，并伴有 COV 缩写（Certificat d'obtention végétale，植物育种证书），名字后边还带有个小小的 ® 标记。

● 您也许会辩解说，灌木是邻居家种的，没有标签，又没人提醒，而且又不拿来卖……可要是碰巧撞上一位醉心园艺的警察，后果大概就是一笔高昂的罚款了。到时可别说没人提醒过您啊！

① 绿手指（doight vert）：英语"green fingers"的法译，多指擅长园艺之人。

将土壤在灌木基部堆成高约 30cm 的小丘。嫩枝会抽出根蘖，一年后即可与主茎分离。

压条法是中国人发明的，适用于多种软枝灌木。根须于叶腋处生发。

软枝植物与压条法

许多攀缘植物都非常适合使用压条法，包括大自然里许多植物都自行采用这种繁殖方式，枝茎一旦触及土壤也很容易长根。紫藤即是这样。新枝压条繁殖，开花要比播种快许多。

不止扦插一种办法

不少灌木生长过程中，基部会很有情调地抽出许多嫩枝。给这个关键部位追加肥沃的土壤与堆肥，可促进嫩枝根须生长。接下来就只需拿起一把结实的铲子，连根采挖嫩枝即可。采挖最佳季节是冬天。

压条法也许是被园艺人付诸实践的第一种繁殖技术。它的做法是将一根枝条压弯，部分埋入土壤，与土壤接触处的枝条会生发根须，几月后根蘖即可与母体切断。这种做法对攀缘植物尤其实用。

扦插易成活的灌木

■ 盛夏（8 月）
蜡实、醉鱼草、绣球、绣线菊、六道木、小檗、风箱果、欧亚花葵、南天竹、多花醋栗、墨西哥橘。

■ 初冬（11 月）
胡颓子、连翘、石楠、委陵菜、蔷薇科（往往要碰运气）、溲疏、女贞、黑莓、醋栗、黄杨、山梅花。

最好采用扦插法的灌木

木香花、软枝蔓生蔷薇（藤本蔷薇），以及大部分攀缘植物（忍冬、紫藤等）。

可使用分枝繁殖的灌木

莸属、醉鱼草、瑞香、日本榅桲、绣球、玫瑰、山茱萸属（红瑞木与红梗木）、绣线菊、柳树、棣棠、忍冬（郁香忍冬）、鬼吹箫、八角金盘属、接骨木、南天竹。

扦插：好的准备就是成功了一半

❶ 剪下长 20cm 的嫩枝。然后剪成长 15cm 的段，保留 2 ~ 3 片叶片。

❷ 于枝条底部，叶片生长处下方斜切。剪去叶片，清理出 10cm 长的插条。

❸ 插入花土与沙的混合物中。数根插条减少间距，其 长势往往能更佳。

❹ 浇水，套上塑料袋。生根需要 1 ~ 3 个月的时间，时逢冬季还需更久。

❺ 密切关注空气湿度，剪去发霉的枝条。随后将各插条分盆移栽。

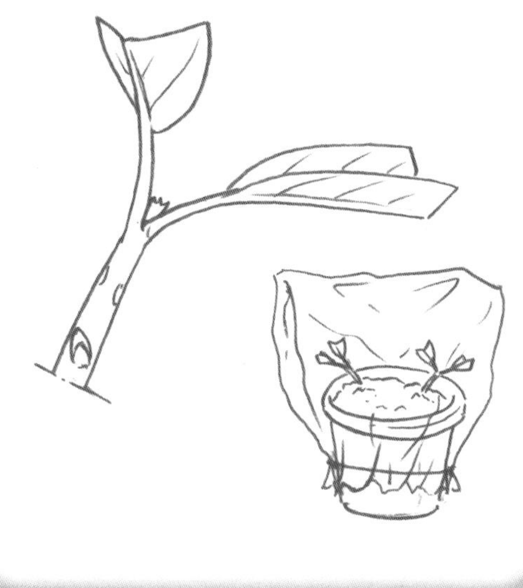

营养钵：有好也有坏

园艺用营养钵是用来栽花，不是拿来喝水的。塑料取代了陶土，这一做法印上了消费社会的烙印。

重复使用塑料制品！

营养钵、搁板、园艺标签……面对这一大堆塑料制品，您可得提高警惕了：可以的话跟卖场礼貌地解释一下，把没用的东西都退掉，自己家里的园艺用品可重复利用。最小号的营养钵一般都很薄，两年就用坏了，大点的寿命会久些。将它们重叠收纳也占不了您多少空间。

好习惯

用营养钵移栽时没必要将土一直填到盆缘。小号营养钵离盆缘 1cm 处就可以了，大点的，如 11cm 口径留出 3cm 都可以，可以节省不少花土，以后浇水也更容易，水不会从上面溢出而浪费。

园艺店除了出售单只营养钵，还能买到育苗盘。育苗盘各个苗穴口径大约 6cm。使用育苗盘还可进一步减少花土量，多风地带也不用担心狂风把营养钵吹倒。

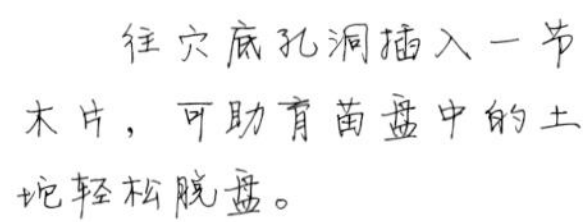

往穴底孔洞插入一节木片，可助育苗盘中的土坨轻松脱盘。

能否不用 chromos 标签？

这是多米妮克·佩尔的意见，她是一名来自阿列尔日（Ariège）的优秀园艺师（个人网站：www.bonplant.fr）。她认为："chromos 标签"（一种带有彩图的小卡片，被誉为绿植指南）有不少优点，但卡片大多都属于不可回收材质。这种标签的用途是有争议的：它们明确地表明了绿植种植与销售中市场营销所占的比重。卡片背面列出的寥寥几条建议都是纯粹的陈词滥调，还经常重复。chromos 是商家的最爱（园艺店和大型零售业），有了它们，不开花的植物，不了解习性的植物，都会被一无所知的顾客买走。育苗师想了解自己培育的植物也不见得就需要这么一张额外的塑料纸片。

泥炭营养钵

泥炭制营养钵是作为塑料营养钵的生态替代品出现的，但这一做法也遭到了若干反对意见。泥炭跟石油一样也是化石燃料，更新换代需要 5000 年时间。容器跟植物一起埋入土中，无法重复利用，从而资源也就白白浪费了。而且此种营养钵上缘露出地面的话，营养钵内的土坨会比土壤干得更快，使得植物生根困难。即使用号称可生物降解的覆根毡也无济于事。

多种色彩更实用

大多数情况下营养钵都是黑色，其实营养钵也有彩色的；给同种蔬菜的不同品种进行区别移栽时彩色钵就具有优势。可以用不褪色的黑色水笔将品种名标注在营养钵上。黑色营养钵上也能写字，但这就得用到白色水笔了。

营养钵与回收利用

► 多数营养钵都是聚丙烯（PP）或聚苯乙烯（PS）材质，具体可通过钵底印的符号查知。有些塑料材质理论上属于可回收材质，实际上是很难做到。因此营养钵一般是焚烧处理。

► 可以通过重复使用营养钵来改善自己的环保收支状况。幼苗移栽完成后要养成将营养钵摞起来放置的习惯。若天气原因，需优先播种，可暂时将营养钵用一只大口袋散装，然后再拣选分类。收拾营养钵也是一个给自己打气的好办法。

► 为何不将营养钵收拾整齐送到园艺师处呢？说不定还能换来几株苗呢。设想园艺店也加入这个过程中来呢？

► 大家都不会想到要将搁板束之高阁。无论是园艺移栽还是友邻换苗，用搁板运输营养钵都很方便。铺上一层杂志封面，它又成了理想的播种盘。

同是 2L 花土，能够填满……

育苗盆的24眼苗穴（直径6cm）。

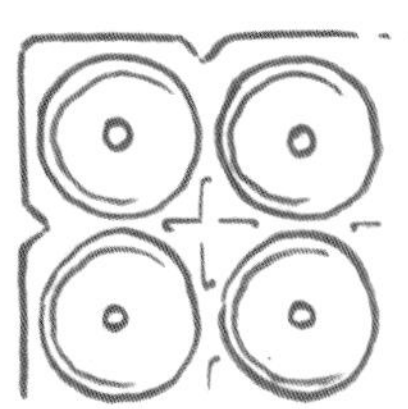

适用于一年生速生蔬菜和花卉，正式栽种前育苗1个月。

12个边长7cm的方形营养钵。

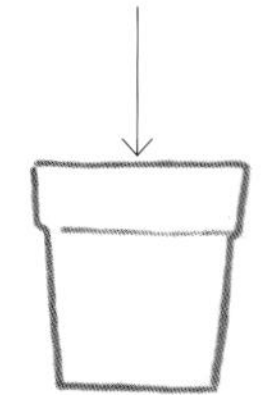

适用于花卉或蔬菜的首次移栽，正式栽种前育苗1个月。

5个边长9cm的方形营养钵。或5个直径10cm的圆形营养钵。

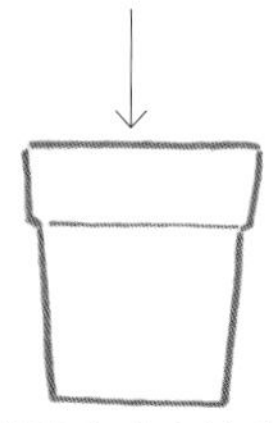

适用于对土壤养分要求高的蔬菜（西红柿、茄子等）及多年生花卉，育苗期3～5个月。

2个边长11cm的方形营养钵或2只直径14cm的圆形营养钵。

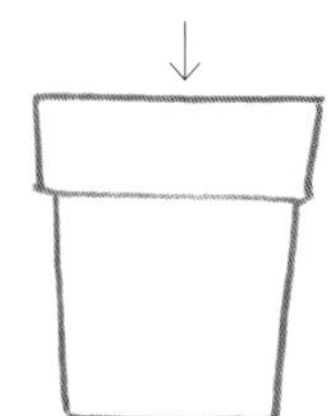

供多年生植物或灌木插条暂时休憩，为期4～6个月。

育苗盆与窝根现象

育苗盆因其实用性而为大家所接受，20世纪70年代得到普及，有了它四季都能进行栽培，运输时也不会弄脏后备箱。但育苗盆也是有副作用的。

小心盘根

一棵栽在育苗盆里、长势喜人的灌木，多诱人哪！只消看一眼绽开的花朵，就不由自主地掏腰包了。这很正常，卖家的用意本来就在于此。接下来栽培时您会发现，脱离育苗盆后的土坨硬得就跟木头一样，根系盘成了一张厚厚的毡子，业内人士给它起了一个恰如其分的名字叫“窝根”。窝根会妨碍不少灌木的成活，虽说它能避免灌木在移栽过程中受到伤害，却也会导致成活的步伐放慢。树木的窝根现象还会导致其他更可怕的后果：根系会多少残留这种强加的盘旋形状的记忆，因为周边土壤质量必然劣于育苗盆中原本的花土，根须会懒于去探索周边土壤。更糟糕的是最早期的盘根还会硬化，形成一种土质球窝，削弱树木抓地力，所以说护林员最怕窝根了。还好咱们有对策：首先，购买灌木时，应选择未在育苗盆中搁置太久的植株。购买前先观察根系，根须应呈浅棕色、带部分白斑，绝不应呈棕黑色、质地软塌，因为这说明经过育苗盆中的暴晒和冷热交替，树根已经变质了。

21世纪的育苗盆

现在市面上又有了一种新的解决方案，那就是控根容器。别被它见所未见的形状给吓住了，抓住枝干把灌木或树木提起来，看看那长势良好的根系再作评判吧。为何不尝试一下呢？说不定从此就再也不愿换用别的容器了。

提防花草陈货

检查苗木时，慢慢来，不要急。有些征兆是骗不了人的。

● 绿植瘦弱，根部裸露，这棵蔷薇明显不在最佳状态（见左图）。它在角落里搁置太久，持续的浇水又冲走了花土的养分。它被人给遗忘了……

● 根须拱出盆面。这种情况常见于绣球花。几乎可以肯定存在窝根现象。植物受苦不超过半年的话还来得及补救。

● 土壤呈赭石色而非黑色，质地往往沉甸甸的。灌木或树苗本是就地栽种的，上市出售前一年挖起换盆。这种做法比土坨要干净一些，但土壤并不适合盆栽。应打听清楚是多久以前换的盆。不超过3个月或是超过1年换盆的情况都应小心。

星形盆尤其适合栽种树苗。倒锥形与各个切面给幼苗提供了稳定性与舒适性，可防止窝根现象，这一点对苗木非常重要，因此深受护林员青睐。

适用于灌木幼苗与多年生植物的控根盆：高度较高，有别于传统的营养钵。内部的翅片引导根系向下延伸，底部开有洞眼，有利于更好的排水。

空气盆上带有凸起，凸出处开孔。这种盆买来时呈长条片状，只需自己动手将其卷成圆柱形，用两颗螺钉固定即可。可无限制重复使用。

看似无情，却能救命

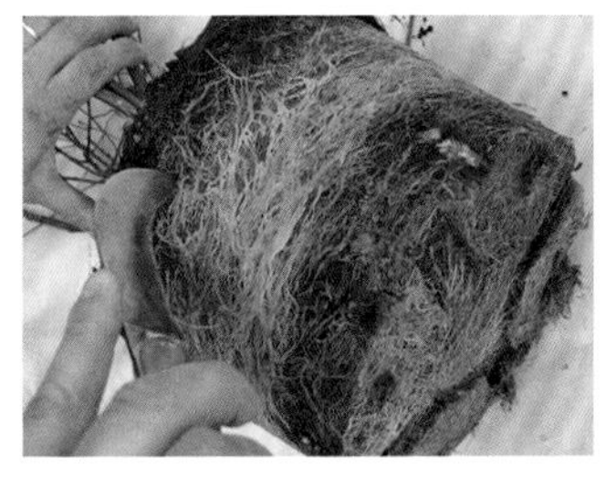

一时冲动买下了的植物，直到栽种时才发现根须紧紧盘成了一窝。补救的最好方法是，找一把锋利的刀，在土坨外壁割上个四五刀，甚至干脆切掉底部 2cm 的土坨，这样新生的根才能自如生长。

根在育苗盆中的生长方式

▶ 传统育苗盆

第一代根系触及盆壁后会沿着盆壁生长，绕着自己盘旋。到最后，整个容器的土壤都无法得到很好的利用。这样形成的窝根是有害的，一年后根须还会硬化，到时危害更大。

▶ 控根式育苗容器

控根容器的形状相当特殊，有着凹凸不平的平面，还有很多透气孔洞和缝隙。根系穿过透气孔后接触到空气就会停止生长，于是又能生发出新根，使整个基质都得到很好的利用。植物移栽后，根系很快会在新土中开始生长。

裸根，并未过时

大家太习惯育苗盆了，偶尔看到一株裸根灌木就觉得稀奇。其实裸根这种形式既经济又实用，下面就为您展示一下。

永远的潮流

勒诺特尔（Le Nôtre）[①]究竟是如何布置凡尔赛宫园林的？要知道，当年这可是一片不毛的沼泽地呀。他的做法是：从远至好十几千米开外的苗圃甚至至贡布涅森林（forêt de Compiègne）调来树木跟绿篱，一批批送往凡尔赛。树木于落叶后挖出，且挖出时小心不伤到主根。这种形式被称为“裸根”。为了防止干燥，根会被仔细包扎，“裸根”这名号因此并非名副其实。赶在树木或灌木休憩期内及早栽种，能将移植的损伤减轻到最小。裸根法可以杜绝窝根现象，因此果树、葡萄一直以来都是采用这种方法栽种的。裸根法一般用于幼年树木，起苗已经机械化，无需大量人力，非常实惠，而且因为无需搬运大量土壤，运送成本也低。

算好栽种时间

这一点经常被忽略，那就是苗木也享受着跟咱们一样的生长季，因此苗圃存货的最佳时段是秋季。趁秋天到来，尽早预定自己想要的树木吧。植株不会立刻被挖出，要等到12月，有时甚至是1月份才被起出，到那时立即栽种是没有问题的。但是一过3月，裸根树木就不能用了。另外，裸根常绿树种也不能用，不过用于扦插的黄杨苗除外。

根系保护

根的使命是深入土壤寻找水分，因此对缺水非常敏感，根须拔出后一旦接触空气几分钟内植物就会枯萎，因此保护措施必不可少。一只大号垃圾袋就行，没有的话可以随便抓只桶、找块旧床单，反正只要保持树根湿润就行。若树木只能

① 安德烈·勒诺特尔（André Le Nôtre, 1613-1700年），法国园林景观设计师，路易十四的首席园艺师。

“珍宝珠”土坨

有一种树苗根盘像“珍宝珠”棒棒糖一样，其土坨轮廓分明，有的外面还包了一层铁丝网，价格跟同规格的育苗盆装植株比非常有竞争力。要是有人向您推销长势喜人的树苗，说立刻就能够拿来装点花园，这时就得小心了：这种土坨很有可能是机器挖出的，完全不顾及是否伤及根系，买它就相当于花大价钱买了一坨土。因此，要问清楚这些树苗在苗圃里是不是间种的。要是对方给不出肯定的答案，那还是换一家供货商吧。好的育苗师每隔3年就会给树苗修剪根系，这种情况下大可放心。参观苗圃的最佳季节是秋初，此时最适合进行苗木拣选。

光靠包装种不出蔷薇

在法国，蔷薇是卖的最好的灌木，销量一路遥遥领先。出售形式多种多样，有的蔷薇是裸根形式，带土坨、分颜色出售（通常是东欧进口的），也有的根系用布袋包裹出售，防止水分流失。

但是购买蔷薇最重要的还是看它的生命力，看它分枝是否粗壮，别的全都是商业噱头。不管包装上是怎么写的，栽种前都应将包装纸剥去，就算只是一张网也别放过！

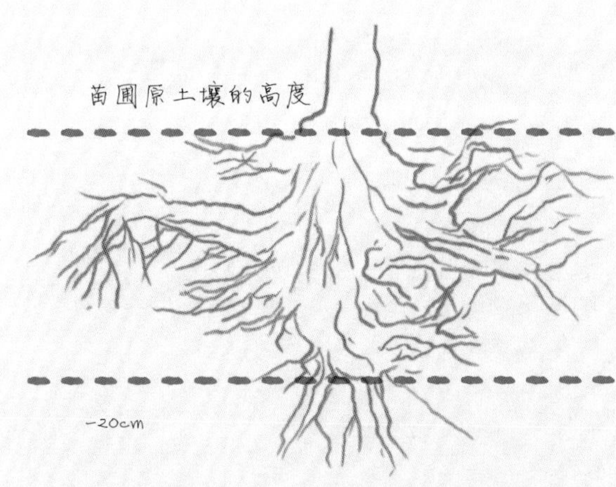

从这棵刚自苗圃起出的树木就可看出，大部分树根都长在土壤的上层 15cm 内。

绑在车顶运输，保护措施还应相应加强。一定要尽快栽种！

首选一年枝！

扦插、嫁接法培育出的一年生幼苗称“一年枝”，通常裸根出售，价格非常有竞争力。栽种常绿灌木作树篱，或栽种大量小果实灌木做罐头，一年枝是最理想不过的选择。育苗师多半会向您推荐育苗容器栽培的树苗，同样是一年枝，不过是多培育了一年，价格比裸根苗贵，您如果需要量大的话，购买裸根形式更加划算。一年枝成活容易，生长速度更是令人惊叹。

自己动手移栽

大家都有过几年后才发现当时栽种密度过大的经验。正值幼年的树苗或灌木移栽不算难事。

❶ 移栽前一天晚上给植株浇水。用磨快的铁锹绕植株脚边划一个 30cm 直径的圆圈（树高超过 2m，胸径则是 40cm）。

❷ 将铁锹斜插入土壤，尽量将根全数切断；再加一把劲，切断直根。

❸ 起出土坨，立即重新栽种，并大量灌溉。

❹ 用草皮覆盖土壤。移栽后第一年度夏时多浇水，成活基本就没问题了。

球根：一球聚能量

球根花卉不用费多大心思就能栽种成功，这真是园艺新手的福音。资深园丁也很喜欢球根花卉。它们占地面积不大，又能给花园增添一抹色彩。

环境不同，球根也不同

球根克服困难的能力得益于其结构：植物采用球根这种形式是为了应对艰难环境，如在郁金香的家乡，那里的冬季漫长而少雨；再如法国林下灌木丛，夏天，拨开森林里的落叶层，会发现那里的水分极其稀少。1—6 月，栎木银莲花、风信子和绵枣儿就停止生长，耐心等待秋日带来的降雨，雨后再继续伸展根系。过了 6 月，只有来自夏日降雨充沛地区的球根花卉才能继续开花，例如深谙季风习性的亚洲百合，在法国需要灌溉才能度夏。

干草原也为球根花卉所偏爱，例如唐菖蒲和北美百合，它们叶片、花葶细长挺拔，能压倒禾

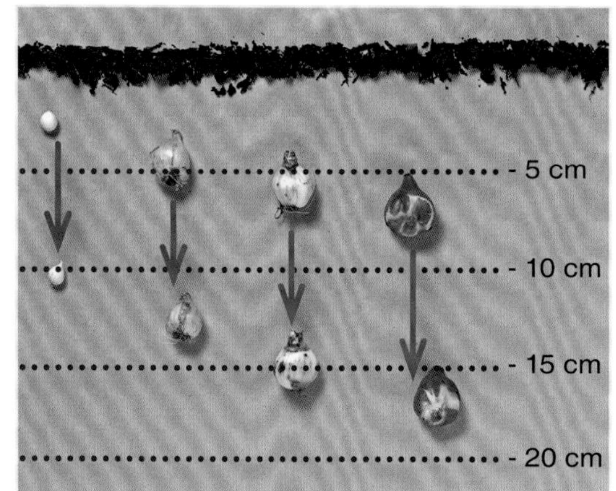

栽种深度得当，球根花卉适应当地生长环境的概率更大，说不定能存活好多年。

深挖深种

我们一般觉得土壤横推力可怕，不敢将球根种得太深，别忘了，球根可是享受着万能的水浮力的。

一般球根掩埋深度为自身高度一倍半。小型球根植物（番红花、黄花矮鸢尾、葡萄风信子、雪光花）埋深也可为 12 ~ 15cm，大点的球根植物（郁金香、水仙花、风信子、百合）埋深 20cm，这样更加理想。深埋亦可免去冬季蛞蝓与田鼠的侵扰，这是球根植物死亡的主要原因。另外，春季生长期内，根系所处的土壤水分也更加丰富。深埋还可避免球根分裂成小球，全部养分都集中在同一个新球根内，极易开花。

本植物一头。其他的如水仙花这样的球根植物则偏爱土壤肥沃的草原。山沟的环境条件像极了南非山脉水分充足的坡地，整个夏季都有番红花和马蹄莲盛开。

挑结实的！

购买球根花卉就跟菜市场里挑洋葱差不多：拍拍摸摸，掂掂分量。软塌塌、轻飘飘的都不靠谱。个头越小（有的是极其正常的现象）的种球营养储备越有限，播种季也就越早。番红花、葡萄风信子、雪光花和黄花矮鸢尾都属于这种情况。

摒弃常规

球根花卉喜欢的原始生长环境，无论是草原还是林下，都与城市花坛里和球根搭配种植的常见花卉不兼容。后者的花期是人为安排的，是为了春天同时开花，一旦花谢只能全盘换掉。三色堇和桂竹香喜欢多石土壤，不要指望与它们搭配。春天开花的小型球根花卉可以栽在灌木旁边，也可安插在多年生花卉中间；禾本植物则可配水仙花、花贝母和番红花。这样的效果要自然得多。

储备优先

花期已过，又该重新着手储备种球啦。有时春末天气热得比较早，可能导致植物生长停止，这时可剪去正在成型的种子囊，浇几次水，延长叶片生长期。水仙花的叶片则必须保留。所以说水仙花应栽种在牧场一隅，7 月前不宜进行剪割。

百合种植分步走

构成百合种球的是多肉叶片。它的包裹方式跟郁金香不大一样。

● 因此，储存时应注意防止种球脱水。建议购买袋装种球，袋内填充有泥炭或锯末。

● 种球底部的根须必须保留。它们能起到固定种球的作用，掩埋过浅的情况下还能助植物根系进一步往下延伸。

● 栽种时，种球上部应距地面 15 ~ 18cm。手边现有的种球可埋入沙中保存。只有圣母百合应浅埋栽种，种球甚至可稍微露出地面，因为它的叶片就跟多年生植物一样，是呈莲座叶丛状生长的。

植物学小知识

► 我们统称的球根，植物学家却不是都这么叫它们的。唐菖蒲是球茎(corme)，养分都储备在球茎的短茎里，短茎顶端或侧面还长有芽。将小球茎一个个掰开其实就相当于分开一组根须。

► 大丽花“土豆”一样的根块其实是贮存养分的根。根块顶端会露出一段短茎，上面生长可成活的苗，没有短茎根块便会腐烂。因此大丽花还是推荐购买成苗。

栽培密度：花草数量与种类

过度密植会造成植物争光，太疏了呢，又会露出土壤，让杂草乘虚而入。掌握合理的栽植密度，要经过无数次探索才能学会。

应避免的两种极端

无论是播种、培植幼苗，还是选择、购买优质幼苗，都需要细致、用心，但其最终目的还是栽培。栽培应当先思考一下植物未来的成长。我们都知道争夺光照对植物来说相当关键，因此植物栽培时不宜过密，否则以后就得花费大量时间修剪、疏枝、搭支柱，这些工作都不省心。如果幼苗是买来的，栽培过密还会增加成本，一定程度上也是一种浪费。而栽培过疏则无法形成茂盛的观感，不用地面覆盖物的话杂草就会乘虚而入。但是如果用地面覆盖物，视线看到的是大面积的覆盖物，这可不是本来想要的效果呀。就算种了多年生植物也要等到第二年才能获得视觉上的美感。所以，可以采取梅花形种植，或将速生小型植物与生长起步较慢的大型植物间种，这样既能避免显得过空，又能保留植物各自的生长空间。

1900 年式集约耕作法

19 世纪，给各大城市菜市场供货的菜农，会利用每一小块可利用的土地来种菜。那时的土壤时时都有马粪肥滋润，是很好的腐殖土。菜农会将花菜类生长缓慢的大型蔬菜跟两三月即可收割的生菜套种。花菜收割完了还有时间种上秋季收成的芜菁、野苣和皱叶菊苣。胡萝卜也可采用这种方法跟小红萝卜套种。可以沿用这种思路经营一片集约耕作的小菜园，别忘了经常浇水哦！

梅花形种植

要想最大限度地利用空间，最好的办法莫过于梅花形种植了。具体的做法是将幼苗沿平行线排放，逐个错开，上下排两株幼苗之间还可栽一株另一种植物的幼苗。不少植株的树冠都近似圆形，这种种植方式既能让各株植物各为其政，又不会留出太多空隙让杂草有机可乘。

地面覆盖物很重要

稠密间种的花草有一种附带的，不可忽略的优势：植物开花期间我们总爱前去欣赏，顺便也就会慷慨地给植物浇水、铺设地面覆盖物，进行必要维护。植物间已经有了对光照和空间的争夺，如果再加上水分争夺战就真是火上浇油了。

6 月，意味着蛞蝓肆虐的危险季节过去了，这时可以铺上一层腐熟堆肥或剪下的草皮作为地面覆盖物，非常有利于维持各种植物的生长。应注意选择营养盖土，千万不要使用松鳞之类的覆盖物，因为它们会阻碍植物生长。

空隙里种点啥?

营养钵培育植物幼苗移栽时不应过密，大部分多年生植物应留出30 ~ 40cm的株距。间距安排得过大，第一年里花坛往往会显得空荡荡的，而我们老希望能早点看到一抹亮色。这时可选择不会妨害多年生植物的一年生小型花卉间种。以下是三种可行的选择。

金盏花，3月即可栽种，花期可持续至酷暑的7月。

法国万寿菊和它的表亲小花万寿菊，及时去除枯萎花朵，避免结籽，可盛放一夏。

旱金莲（见上图），4月下旬就地分组小规模播种。大花品种侵略性太强，不宜选用。

和谐共生

间种的艺术就在于控制植物生长节奏，维持和谐。

福禄考＋多年生天竺葵

前者高大直立，后者成片生长。这是一种理想的共存状态，但别忘了用一层堆肥覆盖土壤，给福禄考打一针“兴奋剂”。

野芝麻＋矾根

前者铺满地面，后者则成簇生长。要不想让矾根被盖住，7月时可以对野芝麻稍微疏一下苗。

西红柿＋法国万寿菊

两种植物的生长活力都需控制，株距至少应为40cm。万寿菊的好处在于可以抑制链格孢菌的毒性，这是一种可怕的真菌。

栽种前的小测试

❶ 种子预先浸泡一夜有助发芽。

► 错误：不可一概而论。原因是种子的种皮泡软后不会妨碍到种子吸收土壤中的水分，但这又符合少数传统园艺作物的情况。经过多年培育，种子已经具备了容易出芽的能力。事先泡过的豆子入土后往往容易腐烂。种植欧芹则需要耐心。根据季节不同，种子应保湿 2 ~ 3 周。

❷ 个头大的种子出芽往往比小粒种子快。

► 视具体情况而异，但这种说法往往是错误的。出芽的同时，子叶中的养分也被调动起来。越是肥厚的子叶需要的出芽时间越久。出芽速度也是一种遗传特征。个别科的植物以出芽速度著称（圆白菜与小红萝卜都属十字花科植物，种子个头相对也较大），有的出芽则不疾不慢（伞形科中的欧芹跟胡萝卜种子颗粒都比较小）。

❸ 可以在腐熟堆肥床中进行移栽。

► 完全可以。

有风险。

只要堆肥彻底腐熟就可以。

该说法值得商榷。大部分情况下幼苗都非常喜欢腐熟堆肥（肥龄 6 ~ 8 个月，气味近似森林腐殖土）。但个别植物以饮食节制而闻名，像是薰衣草和茴香就会觉得这种饮食太过“油腻”了。刚刚成熟的堆肥极不稳定，也不推荐使用。

❹ 要想让韭葱幼苗更易成活，最好先将幼苗晒干。

► 错误：这种错误的说法仍然流传甚广，同时还有无数证据力挺它。但这一切都只能说明一个事实……韭葱幼苗经得起折腾！绝非通过水分胁迫提高其成活率。菜农会通过后期浇水来防范缺水。

❺ 灌木扦插苗不如播种苗好。

► 这种说法可能是正确的。因为插条跟播种的幼苗根系并不完全一样。但这种差异很快就会消失，只需几周时间。再说不少品种是无法通过播种进行繁殖的，所以放心大胆地去扦插吧。

❻ 方营养钵比圆的更好用。

► 正确：方形营养钵可以一个挨一个地安放，不会浪费空间。但这种优势是次要的，所以用过的圆营养钵也别扔。要是营养钵培育时间较长，圆营养钵反而更有优势呢，它可以加大各植株周围享有的空间。

凡“试”不过三！

据某位著名英国园艺家晚年时透露，他驯化稀有、娇贵花草时经常会遭受挫折，但不试满三次决不罢手。当然啦，此期间他会推想植物需求，据此更换供货商，改善光照条件或改良土壤。不过，如果超过 3 次尝试都不成的话，那还是放弃吧。这和人与人的缘分其实有点像，有感觉就是有，没有就是没有。

经验之谈

种植初始都是要经过摸索才能找到合理的株距，植物生长过程中又不能随意干预。可是不犯错怎么能从中获得教训呢。

成功定律

引进新品种植物时至少应购买2株，把它们分别种在花园中两处环境条件截然不同的地方，至少光照条件应不一样。若其中1株不适应环境，另1株却生长良好，那么你只需一次移栽，就能圆满成功。如果你只有1株植株却没种对地方，满意指数就只能直接降到零啦。

❼ 陶土盆不会出现窝根现象。

► 错误：窝根现象是光滑盆壁导致的。不管是陶土盆还是塑料盆内壁都一样光滑。根须先绕盆壁一圈，再绕着自己打圈，最后在浅浅一层土壤里满布根系。窝根现象会削弱植株长势，浇水略有不慎就很危险。

❽ 果树一年枝不易培育成树。

► 这种说法大多数情况下是正确的，尤其是培育多干形的苹果树或双龙干形梨树时候。但核果类一年枝（李树和樱桃树）只消几年就会生长成树。但碍事的下层枝条应剪去。

❾ 球根花卉花朵的颜色有时会随年份而改换。

► 错误：这种情况有时的确会出现，这是因为不同花色的球茎混合栽种后所致。有的花色对应的是大自然里原生植株的花色，这种植物生命力往往更加顽强。所以，白、黄花水仙能够存活，而橙、粉花水仙不够强大易消亡。

❿ 幼苗最好奇数栽培。

► 正确：我们也说不清为什么，但从审美角度出发，奇数栽培的确比偶数来得自然。

栽种前的准备

很多植物节和园艺交易会都在五、六月份举行。此时新买的品种不一定来得及一一种下，还是老老实实做好准备工作，来年再种吧。

有益的过渡期

仅因时间不够就随便选个地方下种，这种做法本身已经够糟糕了，要是再加上天气不对，你就注定失败。最好将植株安放在花园里特意留出的一角寄养过渡。实在找不到地方，买菜剩下的木条箱也行。时值夏天，应置午后阳光照不到的地方，相反，如果是冬天，寄放处阳光应尽量充足。将营养钵和育苗盆聚到一处，方便日后照料，尤其是需要经常浇水的情况。

木条箱底不要铺塑料布，否则会积水，导致烂根，根是不能泡水的……当然水生植物又另当别论。箱底铺上一块硬纸板或是几层报纸就够了。

防腹足纲害虫

植物在这样的安置下往往能重新抖擞精神，有时营养钵里不起眼的小苗会长成蓬蓬勃勃一大丛，只能将其移栽到育苗盆里。

恰到好处的幼嫩植株，再加上持续潮湿，周边的蛞蝓跟蜗牛自然会不请而来，饱餐一顿。对此有两种对策：一种是播撒抗蜗牛颗粒药。面积小的话一般几汤匙的量就够了，但需要不时地重复用药；还有一种办法就是人工捉虫。捉虫应在早上，依次抬起营养钵、盆，捉出腹足纲害虫。捉到的虫可以送去鸡棚，心软的话那就远远的丢到花园一角吧。一般抓几次虫就可有效减少害虫数量。

如何贮存春植球根

若因为搬家或栽种过密等原因，春植球根花卉需要移出，最好选在5月叶片未落时进行。前一天晚上给植株浇水，第二天用宽齿耙将整丛植株连根挖起，整个装进木条箱，置于半阴凉处，大量浇水直至6月下旬（注意防范蛞蝓！）。之后就可以分拣球根了，可别忘了贴上品种名称的标签哦。

救命的遮阳棚

到6月，气温赶超30℃的日子不再罕见。盆栽待种和处于缓苗期还没来得及扎根的植物，浇水就成了难题。只要忘记一回，它们立马就蔫了。搭一个遮阳棚就可以减少这种情况的发生，它对绿植的保护效果简直是立竿见影。用几根桩子，一面旧床单，再加上一节绳子，就可以将遮阳棚搭好了。遮阳棚可以搭得高一些方便日后浇水。

某苗圃里学来的小诀窍

用几根桩子简单地架起一面遮阳网，营养钵中的植物就可免受夏日阳光暴晒之苦。还可进一步改善，在阴棚中央插上第五根桩子，比其他高出一头，形成帐篷之势，这样暴雨时积蓄的雨水就能被顺顺当当地排到外面。

回收木条箱

买完菜后顺手把木条箱也捡走吧。这些箱子大小形状各异，用途也各不相同。

● 装鱼用的聚苯乙烯箱有系统回收，现在越来越少见了。

● 胡萝卜箱：箱壁很高，箱体结实。可防范营养钵被风吹倒。（50cm × 30cm）

● 小橘子箱：实心箱壁具有隔热作用，填上一点刨花就成了理想的过冬容器。

● 水果箱：非常适合长势良好的营养钵。为保湿最好是在箱底铺一层硬纸板。

● 苹果箱：箱体结实，但对营养钵和育苗盆来说有点太高了。开口向外一个个叠起来用作工具房储物架倒是很实用。

救生盆

现在还能见到这种漂亮的马口铁盆，可能是因为底下破了一个洞已经没用啦。刚拔出来、没有多少根须的植物，或是几月后待栽种的盆栽植物，用这种盆来装真是再适合不过啦。

● 往盆里填入 10cm 厚的花土，将插条、幼苗甚至是待种营养钵植物埋入，土壤深度至容器一半即可。

● 这些植物移栽后很容易成活，但可别忘了浇水呀。并保持盆体凉爽，可形成一个对植物生长有益的小气候环境。

● 这种废弃盆也无损阳台美观，何乐而不为呢！

巧植花卉

栽植前的准备

传统园艺书籍都强调栽植前要整地。这其实属于常识：栽植总不能在一片疮痍满目的土地上进行吧……对植物而言，哪些是必需的，哪些是没必要的，您知道吗？

格林锹（Grelinette），又称空气锹，这种工具既能耙松土壤，又不会过度翻扒。

为何准备？

几百年以来，栽植这门手艺一直都受着传统的约束：一是早早制备好栽植穴或是场地；二是松土。这一切小心翼翼、如履薄冰的进行着。不少人都觉得按章办事能提高成功的概率，还有人会一丝不苟地遵守种植的特定日期，例如著名的圣卡特琳娜节（Sainte-Catherine）。然而，卡特琳娜圣女本是理发匠、磨坊主、小学生、公证人、哲学家，还有待字闺中少女的守护神。她究竟是怎么赢得这美名的那就无人知晓了。圣卡特琳娜节在 11 月下旬，以前很多大型农业博览会都选在这时候举行，直到今天，它还是个具有标志性的日子："栽种就趁圣卡特琳娜，棵棵树木发新芽。"树根在 11 月份并不特别活跃，不管年中哪个时节它都能照样生长。而对新栽的蔷薇来说，3 月才是至关重要的季节，阳光照射下，土壤回暖根系才能生长。因此栽种后比栽种前更为关键。

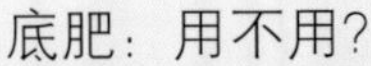

底肥：用不用？

现今事先撒一把底肥也成了栽种仪式的一部分，就好像是给幼苗打点气，鼓励它在园里尽快安顿下来。底肥对植物的成活——也就是新根的生发——究竟有什么帮助？

● 这一点是有疑问的。植株成活主要取决于两个关键因素：一是根系的良好状况；二是土壤水分。根系不能缺水，也不能窝根。冬季水分充足，土壤水分不宜过多，但 4—9 月这段关键时期水分一定要充足，别的都没必要。追肥可日后通过土表进行。使用营养盖土改良土壤也不分时令。

花土无用论

为促进幼苗生长，有人推荐在挖穴回填土内混入花土，或干脆用花土填满植物根系周围的空隙，说是可以形成一种从育苗盆土坨到园土间的过渡。可这种做法实际上等同于室外盆栽，只会减缓植物的适应过程。新根越快在浅层活土中展开对植物越好，道理就这么简单。补充养分最好的办法还是营养盖土。

栽培时令关键点及限制						
10月	11月	12月	1月	2月	3月	4月
+ 各苗圃备货完毕。气候温和。降水作用下，土壤恢复疏松。	+ 市面上开始有蔷薇苗和裸根植物出售，是预订新品种和供不应求品种的最佳时期。	+ 可以要求一棵树苗或灌木苗当做圣诞礼物。此时树叶已落完，剪草也停了，有时间和精力从事栽种。	+ 年份、地区不同，天气也不同，有时会出现一段少雨无霜期，很适合栽种。	+ 一出太阳，就让人有侍弄花园的愿望。待种地块上若是事先盖了硬纸板，现在就是播种的时候了。	+ 趁着两场雨夹雪之间的空隙，种下秋、夏两季开花的多年生花卉吧，虽然累人，但是值得。	+ 夜晚气温一上升，土壤就恢复疏松了［法国农民管这叫“多情”现象］。尤其常绿植物应趁时令赶快栽种。
– 大家都更愿意欣赏花园晚秋的景色，无心种植。此时市售的裸根树苗和蔷薇苗拔出都太早了。不要买。	– 这段时间往往多雨，土壤湿润。	– 此时大家都忙着准备过节，白昼渐短，可能没有种植的心思。	– 天气太过寒冷的话是挖不了坑的。树木只能在车库里暂存过冬。	– 这个季节若翻动土壤，会造成质地紧密的冻土，直到开春才能融化。	– 东风和随之而来的少雨天气会对新栽的灌木不利，尤其是常绿灌木。连叶一起浇水。	– 落叶树木和灌木类应只买带容器的植株，不要买裸根植物，就算打折也别买。裸根只适合秋季。

懒人版整地法

❶ 10 月，用硬纸板覆盖地面，压上几块石头或树枝防止其被风吹跑。

❷几月后植被消失，土壤松软恰到好处，适合栽植，2—4 月间可择时进行。

非常规植树法

栽植得当，苗龄越小成活概率越大，日后生长也越快。植树其实并不难。

对“古罗马天井”说不

森林里常常会见到一些树扎根于岩石缝中，其根须基本全暴露在土壤外。这既是树木应对极端环境能力的证明，也是对下面这种成见有力的反驳：植树挖坑深度不得小于 50cm，直径不小于 1m。这不正是古罗马土木工程里最后在房顶上挖出的一口作冬季蓄水之用天井吗，其实没多少树会欣赏这种“天井”，特别是处在关键的成活期的树。

一节旧烟囱既能防范兔子的利齿，又可避免剪草机伤到树颈。

“火山口”植树法

抬高植树法虽不常见，却也可避免“天井”的不便。这种办法不用深挖坑，只需将土堆放在一层与土壤混合的优质土之上，如有必要还可使用腐熟堆肥改良土壤（但不宜使用花土）。接下来只需修整出一圈凹地，方便灌溉，整个成品有点像一座火山口的模样。插支柱时注意离树干远一点，为防止擦伤还可使用废旧橡胶内胎来包裹树干。然后需要大量浇水，并用草屑、硬纸板、碎木屑任一种或三种混合覆盖土壤。根颈是树木的关键部位，剪草机或灌木剪除机工作时不得靠近。

支柱有必要吗?

没人比护林员更了解树木。可他们从不给树木搭支柱！为什么呢？幼树其实完全有能力自己应付多风气候，风在摇晃树苗的同时也让它们站得更稳了。问题是我们种的往往是苗圃里密植培育出来的苗。新生根须还不够发达，这样的树木就需要支柱了。搭好支柱需要以下条件。

- 不止一根支柱，应准备 2 ~ 3 根。一根支柱安放时容易贴近树干，造成擦伤。
- 打桩要结实。桩直径应远大于树干。
- 选择有弹性的捆缚物（内胎等），以免伤到树皮。
- 整套支柱 1 ~ 2 年内应逐步拆去。

该不该修剪

树根在植物栽种前可予修剪。如根已受损，可尽量剪短，新根会很快生发。地上部分千万不要碰，特别是末枝，它是决定树木日后生长的部分。

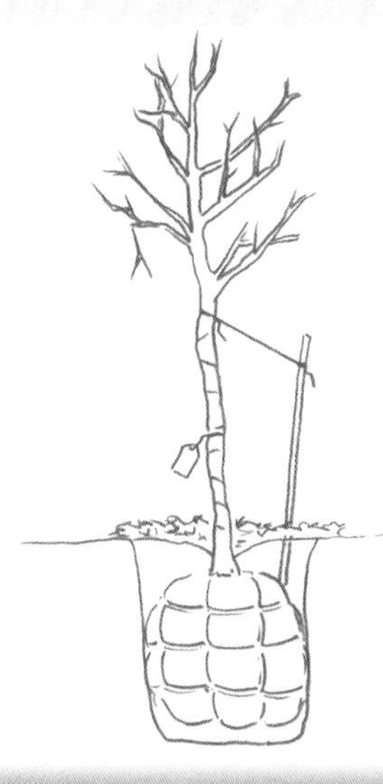

常见植树方法之一　真可惜!

▶ 地上:

● 标签未拆，线会勒住树干。

● 支柱太过纤弱 + 金属捆缚物 = 树皮受伤。

● 高处枝条与主枝的修剪都过于随意，会导致以后生长不均衡，树形不规则。

▶ 地下:

● 根土坨埋得太深，都触及洞底了，若赶上频繁降雨，根系很可能会泡水。

● 土坨外包的网未拆，说不定就连包裹用的稻草也没拆。会妨碍根系生长。

常见植树方法之二　还不错!

▶ 地上:

● 支柱较结实，捆缚物较有弹性，标签系到支柱上了。

● 土壤面上铺覆一层有机覆盖物，但不与根颈接触。

▶ 地下:

● 土坨摆脱了各种障碍物，但位置仍然埋得过深，位于坑底。

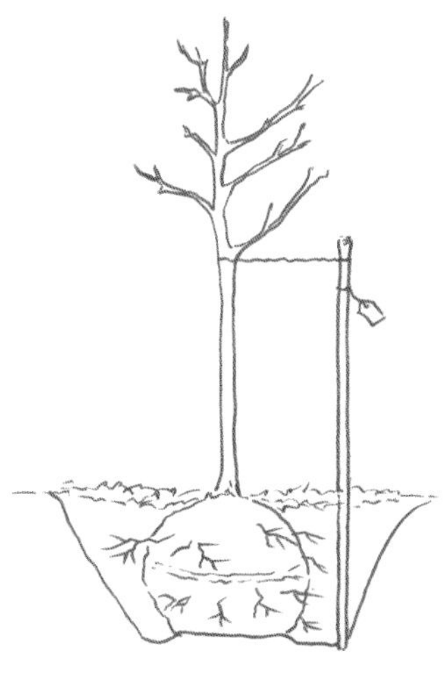

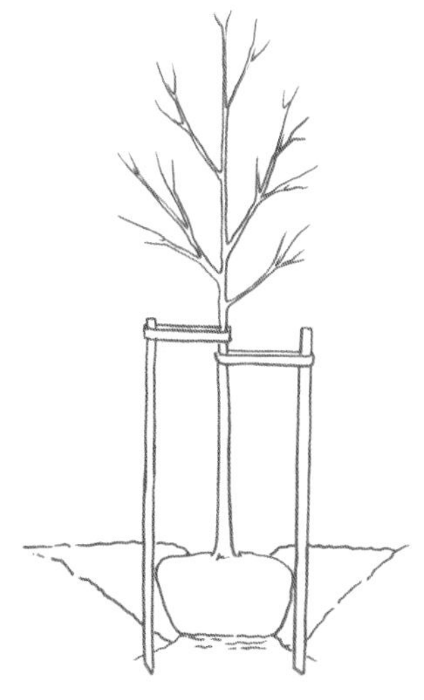

常见植树方法之三　最佳方案!

▶ 地上:

● 用了两根结实支柱，且捆缚物具有弹性。

● 修剪得当，只剪去了损伤的枝丫。

▶ 地下:

● 土坨被安放在一个土丘上，略微高出土壤，地面留出一坑，方便浇水。

灌木的种植

灌木好就好在其成活与否几个月就见分晓。没能成活的可挖出植株，观察根系状况。

20cm 的空间盘桓了 80% 的根

乔木与灌木扎根的模式很相似，都是抢先占领 10 ~ 20cm 深的上层土壤，因此栽种方式上也没多大区别。10 ~ 20cm 处的土壤条件有利于有益菌生长，像是细菌啊，真菌啊，它们会形成一道根菌构成的“铁桶阵”，对促进灌木的生长非常关键，因此松土时不宜深挖，应将土坨从育苗盆中取出，直接于 10 ~ 20cm 处掩埋。花土的成分主要是泥炭，作为真菌介质不太合理，因此追加花土不见得就好，最好是使用坑土回填，如有必要可用腐熟堆肥作基肥。

对塑料说不

您肯定见过社区是怎么种花的。大多是在耕过的细土上铺上一大块绿色的苫布，苫布上开口，供种植灌木用。以下是几点针对此的异议：

- 这种绿色苫布往往是非生物降解的。几十年后谁负责把它们给揭下来？到时又该拿它们怎么办？
- 这些苫布说是为了免去除草的苦差，却只能导致杂草集中生长在灌木周围。那里恰恰是最该避免杂草竞争的地方。
- 浇水大大复杂化了。

冬天，就算土壤不像饱含水分的样子，防范措施也必不可少。种植灌木时应将树苗放置在土丘上，使苗木稍微抬高。新根主要占据土壤上层 20cm 的厚度。坑土回填完后切勿将地面踩实。之后铺上一层 10cm 厚的堆肥，并挖出一圈浅坑，浇足水，然后用草屑盖土。

这丛灌木还未成气候，此时，欧亚香花芥与野生耧斗菜就是很漂亮的补白。不久以后它们就会把地盘归还回来。

灌木种下后可围上硬纸盒，防止杂草竞争。

自然效果的树篱

栽种树篱时，即便是混合树篱，我们也经常会按照传统方式，沿花园边缘栽上一圈完事。为避免这种"一堵墙"的外观，可将几株灌木零星栽在篱笆前面，制造一种立体效果。这样剪草虽然麻烦一点，但整体效果却自然很多。

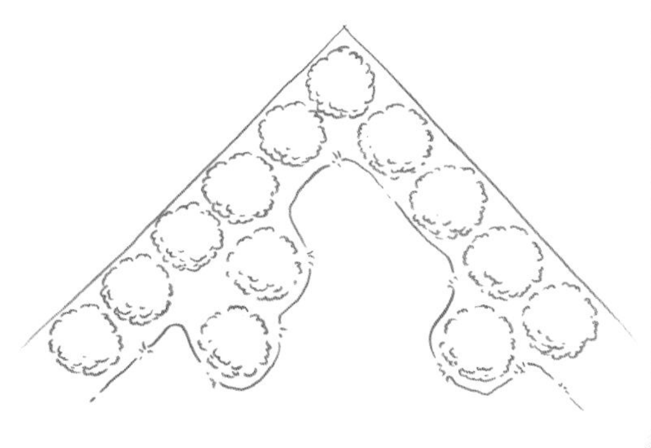

适合的株距

灌木苗看似瘦小，栽种时还是应留出足够的株距。大多灌木都能长满前后左右 3m 的空间，矮生型除外，矮生型植株高度不超过 1.5m，购买前一定要咨询清楚。生命力顽强的一年生花卉（大波斯菊、芥属、金光菊）最适宜用来补白，多年生地被植物与球根花卉搭配更加理想。随着灌木逐渐长大，成片花草会向边缘逐渐散开。

地上部分修剪

灌木与乔木不同，地上部分是可修剪的，但并非必需。苗圃里的植物受到精心照料，移植后水分条件往往不如以前，因此种植土壤条件不好或栽植时机过晚时建议修剪，减少灌木对水分的需求。还与乔木不同的是，修剪灌木不会导致植株日后生长不均，它本身就会有规律地更新换代，这一点在本书"修剪"部分内容中还会讲到。人工修剪仅仅是为了帮助植物渡过难关，若各种条件都很理想，修剪工作完全可以省略。

让土坨喘口气

乔木与灌木都最易产生窝根现象。给育苗脱盆时，经常会发现土坨里根系密密麻麻地盘成了一窝。

● 第一，这说明灌木在育苗容器里待的时间太久了，从地里起出后到现在都没有换过盆。

●窝根还会严重妨碍有生命力的新根勃发。不要心软，拿起整枝剪或结实的刀子行动起来吧。窝根现象较轻的话在土坨上割几刀就可以了，有时则不得不去掉 1/3 的根须。别担心，灌木的生命力非常顽强，恢复是易事。

攀缘植物的种植

育苗盆里的攀缘植物往往一副弱不禁风的模样，实际上它们的生命力是非常顽强的。这点可要记住了！

令人叹为观止的根系

要是知道多年生攀缘植物的根系能与同规模灌木打个平手，您对这种植物的看法肯定就完全改变了。观察一棵50年生的爬山虎或是紫藤，会发现它们的茎干比大腿还粗！

根的体积与植株大小是成正比的。不过无需担忧攀缘植物的生命力过分旺盛，它们会贪婪地寻求水分，无暇伤害深处地基，而且也更偏爱在花园中生长。盆栽攀缘植物一开始就应选用大盆。等到素馨花和忍冬爬满了阳台栏杆，那时再换盆就来不及啦。

铁丝网加固

很多植物都适合用铁丝网做支撑物，但刮风天气铁丝网也易遭遇袭击。应不时检查铁丝状况，如有必要还可额外用铁丝加固。

您最看重的是……		
花香最重要	冬夏常青	背阳处亦能生长
风车茉莉（络石） 素方花（但迎春花不行） 铁线莲（小木通花期4—5月，威灵仙花期7—8月） 忍冬（比利时忍冬、格雷厄姆托马斯忍冬、荷兰忍冬、但布朗忍冬、淡红忍冬和金焰忍冬不行） 紫藤（中华紫藤）可以，日本品种（多花紫藤）不可以。	素方花（络石） 风车茉莉 常春藤 铁线莲（小木通） 注意：若是靠近房屋栽种（绿廊、露台等场所），可考虑冬季多留一点光照。	应优先选择叶片颜色浅的品种与斑叶品种： 斑叶常春藤 金叶啤酒花 白花植物则有： 铁线莲（‘冰美人’） 藤绣球（冠盖绣球）
没有花架也能攀缘	与灌木搭配	阳台盆栽
爬山虎（‘维奇’与‘粗壮’五叶地锦） 爱尔兰常春藤（海伯尼亚常春藤） 藤绣球（冠盖绣球） 凌霄（厚萼凌霄）	大部分小花品种的铁线莲都行，但蒙大拿品系的生命力过于旺盛了，因此不可以。 忍冬属都可以，金银花与娇红忍冬太具侵略性，不予考虑。	铁线莲（‘H.F. 杨’、‘多蓝’、‘幼隼’） 素方花（络石） 小叶常春藤（‘银边’常春藤） 素馨叶白英 三角梅（搬入阳光花房过冬）

寻找肥沃土壤

我们通常会将攀缘植物贴墙栽种，搭上一面花架任其自由攀爬。但花园墙角边缘位置的土壤是很差劲的：满布砾石，而且大半个夏天都水分稀少。因此，栽植穴最好与墙根保持40cm的距离，也可用“千层面”法搭一只小花坛（见30～31页）。如果这些方法都太复杂，还可选用口径高度均在30cm以上的大花盆、花槽进行栽种。多年生攀缘植物的花盆还应注意选取不易冻裂的材质。

豇豆

乔木与藤本植物：相彰得益

在树边种一棵攀缘植物，便于藤本植物寻找攀缘方向。这种想法诱惑力的确很大，实际上却会造成攀缘植物与已有树根形成竞争之势。大自然中，除非是遇上一棵气数将尽的树木，否则藤本植物是占不了上风的。我们看见常春藤缠在一株衰老的果树上会觉得非常担心，但真正的伤害其实在地下而非表面。常春藤的茎是平行而非绕圈生长，无法扼杀它的支撑树木。

蓝牵牛

壮年期树木跟藤本植物只在很少的情况下能够长期和平共处，只有紫藤、藤本蔷薇这样生命力顽强的藤本植物才行。一株紫藤攀绕的50年树龄红花七叶木，花期都是5月，刚好一起开花，到时景象真是蔚为壮观！

蔓金鱼草

一年生攀缘植物

● 结实易种的品种

金鱼花　5月下旬栽种，在花架上攀缘迅速，花期持续大半个夏天，开黄红双色纺锤状花序。

金鱼花

荷包豆　几周内便可窜到3m高。花期后结肥大豆荚，跟豇豆很相似，豇豆开淡紫色花。等到6月上旬就地播种。

大花旱金莲“喷火”　夏末长势最盛，叶片丰厚，间杂红花，覆盖面积广泛。

蓝牵牛　经典品种，但从来都很好种。栽种位置选对了，4月末它就会开开心心地发芽。

● 需要细心照料的品种

羽叶茑萝　因叶似羽毛而得名，衬托出猩红色喇叭状小花格外艳丽。适合近赏。

大花旱金莲

蔓金鱼草　紫花白心，垂坠有如飞瀑。看似娇弱，却很平易近人。最大的问题是幼苗、种子不易找。

● 仅能在温暖处种植的品种

大花山牵牛　6月下旬栽种，沿花架攀缘迅速。扦插成活的植株比播种的开花更多。

● 脾性难以捉摸的品种

电灯花　大片大片的蓝紫色钟形花，但欣赏要趁早，一过9月下旬就没了。

紫钟藤　这种美丽的墨西哥原产植物既畏寒冷又畏酷热，需要遮蔽。不容易栽培成活。

星果藤　往往还来不及观赏花就已经凋谢啦。

蔷薇科植物的种植

在法国，喜欢栽植蔷薇科植物远远胜过其他植物。种植时有几点需要注意，但无需过分小心。蔷薇科植物跟犬牙蔷薇[①]可是表亲哦。

挑食的老饕

看看蔷薇科植物二年生苗培育出的根系就能知道它生命力是多么顽强。这是因为它是用犬牙蔷薇这样生命力旺盛的蔷薇科植物作为砧木嫁接培育出来的。但是为何有时这种潜力无法表现出来呢？

首先应注意选择优质砧木，且砧木应在高大育苗盆中培养至少半年。除此之外，常见的造成失败的原因往往与种植条件有关。请一定牢牢记住，蔷薇是一种对水肥需求大的灌木，在土壤深厚的情况下根系才能深入寻找水分滋养叶片。以前的蔷薇科植物到了夏天仅仅会抽发新枝以待来年开花，以节省养分。要想让植株在夏天开出繁花，就必须保证水分的供应。蔷薇科植物还偏爱腐殖质含量高的土壤，因为它的原生地林间空地环境就有大量腐殖质。不一定要用花土，堆肥其实更理想，它还可促进根瘤菌的生长。

嫁接点是否掩埋？

大部分蔷薇科植物都是嫁接栽培的，这通过嫁接点就能看出来。嫁接点通常位于枝条基部，带有典型隆起。

● 长时间以来，人们一直建议将嫁接点留在土壤外面，但大部分情况看来最好还是将嫁接点选在土壤表面的位置，这样有利于更好地稳固植株。

● 若选择砧木是为了增加其耐受石灰质土壤的能力，则上条建议不适用。

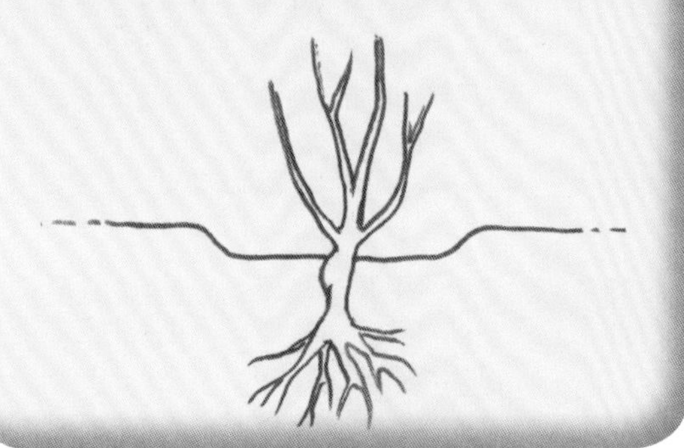

当心竞争

种过蔷薇的地方不能继续种蔷薇，其道理很清楚。蔷薇需肥量大，土壤养分已经被当年搜刮殆尽，严重影响下年的生长，所以，专营玫瑰的花圃每次新下种前都要换土。自家花园里呢，若不能另选地方，就只好增施肥料，尤其是有机肥。

蔷薇特立独行，肯定不喜竞争，至少前两年里是不喜竞争。因此蔷薇不宜与其他多年生植物栽种过近（至少要保留 30 ~ 40cm 的距离）。这其实无关水分、养分，更多是考虑到它们对光照的需求。

---

① 犬牙蔷薇（rosa canina）：以生命力旺盛而出名。

脆弱的根基

蔷薇的根系发达，但也是分脆弱。移栽时一定要带园土移栽。蔷薇不适宜盆栽，盆栽局限了蔷薇的根系生长，所以尽量种植在露天。

大家对推荐的栽培惯例怎么看？

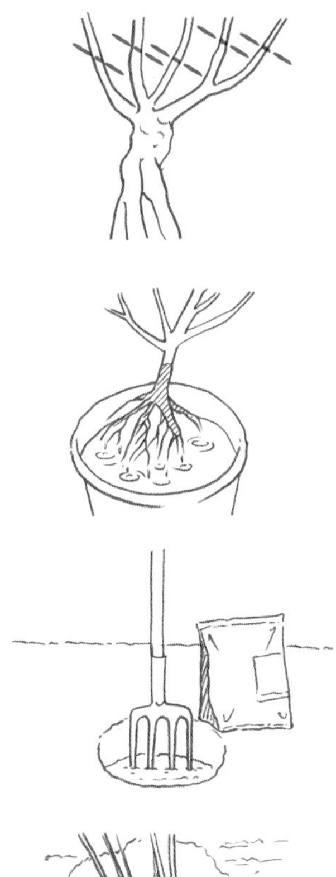

种前先修短

市售的蔷薇枝一般已经剪短到嫁接瘤上方 25 ~ 30cm 了。有人会建议进一步修剪，包括藤本蔷薇。

赞成	反对
蔷薇科的地上部分重新恢复原貌是靠生在根系附近的芽，此处养分比较丰富。	如果是藤本蔷薇，日后就得有选择地修剪新生枝条，留下较强壮的，修剪前可见。

用肥料窝种，保护根系

窝种的做法是用黏土、少许牛粪调成泥浆，蔷薇种植前在泥浆中浸泡根系。市面上现在可以买到现成的土粪调和浆。

赞成	反对
窝种可以保证根系水分充足，栽种时间过晚的话，自 2 月份开始浸泡，是很好的保障措施。	清水足矣。若想加强营养可加少许堆肥，反正这都是要碰运气的。

坑底铺一层花土

现代蔷薇科品种比以前的品种要求更苛刻，对土壤质量要求尤高。

赞成	反对
栽培蔷薇的土壤质量不一定好。若栽种是为了取代死去的植株，土壤质量更是不好。为什么不多给它一点成活的机会呢。	最优解决方案是将挖出的土和少许腐熟堆肥混合，并在地表追施堆肥。同一片土壤不能连续栽种蔷薇。

让根系尽情铺展

松开土坨后往往会发现根须很长。应该剪短？还是把坑挖得更深一点？

赞成	反对
根须伸展得越开，植株越能更好地享用地表的肥沃土壤。最好别动根须。	有人提倡修剪根须。反正它们在拔出的过程中都已经受伤了，还是指望新根来维持植株繁茂。

多年生植物的种植

多年生植物的能量主要来源于根系的吸收储存，栽种时可别忘了这一点。

用木屑盖土

下种后为避免一年生杂草自发生长，最好是尽快铺设土壤覆盖物。碎木屑比较适合做林下层植物的土壤覆盖物。堆肥富含养分，较适合叶片宽大的植物。

多年生植物的假“窝根”现象

根系的功能是汲取土壤水分，输送给叶片。除了传统的吸水作用，多年生植物的根还另具储备功能。它的重要性放到植物的原生环境中就很好理解了。

多年生植物一般生长在草原或林下空地上，经常需要与灌木、禾本植物争抢地盘。总之，这些地方的竞争异常激烈。多年生植物会用根系储备养分来对抗这种竞争，储备物主要是糖分。因此它的根常常呈肥大状，比地上部分要发达得多。

现今大部分多年生植物都换成了营养钵培育，营养钵空间比较狭窄，根系会在内部自己形成一只“钵”。这种现象不应跟育苗盆培养灌木的窝根现象混淆。多年生植物的这种盘根现象维持时间不超过一年，生长期一始，它们就会被自身名副其实地“消化”掉，为叶片提供养分。快速生长期过后新根又会生发，占据地盘，大量储备养分，待来年春天再次释放。所以若是发现多年生植物的肥大根须盘成一团，千万不可切断，就连理顺都不用。另外，使用多年生成苗进行根蘖繁殖时亦应选取外围抽发的新枝，它们接受的光照充沛，糖分储存也较多。

购买前先脱盆

►这株大戟属植物到秋天就已经长得很好了，其实它在营养钵里生活不到 3 个月，根须还很不发达，种植时应注意呵护。

►这棵雏菊在 2L 规格的育苗盆里已经长了至少半年，根系相当发达。就这么原封不动地下种，春天一定能开出漂亮的花。

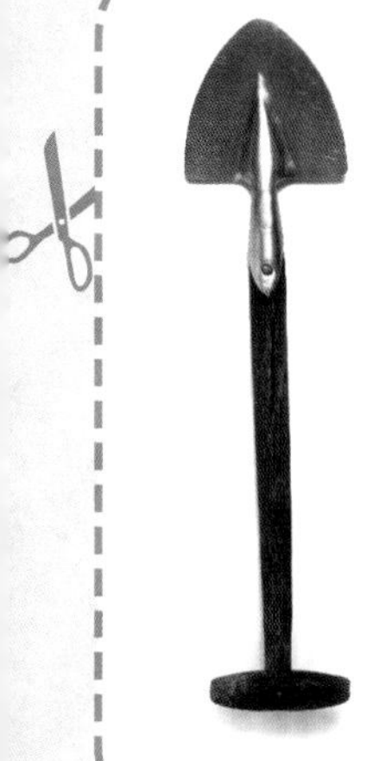

必先利其器

● 切断多年生植物牢牢扎根的根簇，最称心的工具是一把磨快的铁锹。它可挖出带有一两簇叶片、根须的枝条。优先选取边缘沐浴光照较多的枝条。

● 接下来的种植过程中可以用更少见却非常适用的长柄小手铲，这样不费什么力气就可以挖出安放土坨的洞。该工具也可用于栽种前剥离土壤。

多年生植物的种植

种植穴要挖得够大，否则土坨、营养钵没有足够空间安放。将土坨、营养钵放置在细土堆成的小丘上，有必要的话还可用腐熟堆肥改良种植土。多年生植物跟乔、灌木不一样，最好是栽种在浅穴，以方便前几次浇水。

如何给花坛补白

让一棵多年生植物的幼苗挤进一片早已牢牢扎根一两年的同类植物间，操作难度可就更大了。这时的土壤早已布满根须，就算是开一条沟填上花土、腐熟堆肥，周围的植物也会近水楼台先得月，抢先发现这片宝地，栽种效果也不能够有保证。

遇到这种情况，英国有一种混合花境（mixed-border）[①]——又名混合种植的做法是值得推荐的，即将盆栽直接埋入地下，给 6 月盛花期后的花坛增添一抹色彩。这样，花坛空白很快就会被填满。添新植株还是趁花坛每四五年更新换代的机会吧。趁这段时间可先在菜园一角试种新植物，这样你能对其生长状况有一个更好的评估。

① 混合花境（mixed-border），又称混合种植花床（mixed planting beds），树木、灌木、藤蔓、各种球根、一年生、多年生花卉混合种植。

最佳种植季节

● **宜春栽植物**

秋夏开花的多年生花卉，最好是 4 月份至 5 月份种植，以便给它们充足的时间来站稳脚跟：日本银莲花、紫菀、波菊属、菊花、紫锥花、禾本植物、大景天、堆心菊、薰衣草、花葵属、假荆芥、分药花、金光菊、银香菊、鼠尾草、蓝盆花、黑紫向日葵。

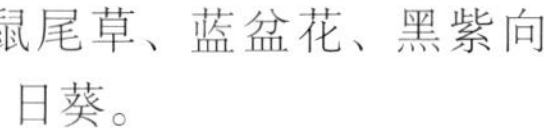

● **宜秋栽植物**

春季开花的多年生植物宜于花期结束后进行移栽、新植，大约在 7 月至 10 月间。

南庭芥及大部分岩生多年生植物：赛靛、牛舌草、荷包牡丹、多榔菊、天竺葵、矾根、玉簪、欧亚香花芥、野芝麻、羽扇豆、剪秋罗、雏菊、报春花、缬草。

一年生花卉的种植

这种植物的繁殖完全依赖种子，因此它心无旁骛，一心一意开花。这样一来，一入夏，咱们的花园可就享福啦！

高株还是矮株？

多年来育种师努力开发的一年生花卉主要是矮株型、开花早的新品种。现代波斯菊（见上图）最高能长到 0.8m，传统品种植株可高达 1.8m，花期迟至 9 月。但超矮型品种的活力不尽如人意（开花植株高 30cm），应谨慎选择。

品种繁多

大自然中，一年生花卉分布的范围比较广，坡地啊，不生树木的多石地区啊；不跟草本植物争抢阳光、养分等。一年生花卉一般喜阳，个别热带品种喜半阴环境，如凤仙花。

来自欧洲植物区系的虞美人、金盏花等会以莲座叶丛形式过冬，花期 4 月至 7 月。其他大部分原产热带地区的花卉都可由园艺师在温室大棚播种，培育几周后，4 月下旬至 7 月中旬分期移栽。

墨西哥美人

装点花园的一年生花卉大多原产加州—德州—墨西哥一带。法国万寿菊与万寿菊虽然法语名字里带有“印度”一词，但也原产这一区域，因为当时哥伦布误以为自己发现的是印度大陆。波斯菊、向日葵（见左图）、花菱草、金鸡菊、金光菊、醉蝶花、藿香蓟、三色旋花、百日草等，还有像电灯花、牵牛花这样的一年生攀缘植物，都原产这一带。这类花卉夏季不休眠，趁暑热盛放，带来各种来自新大陆的色彩。

影响一年生花卉生长最关键的环境因素是土壤温度，其次是夜晚气温。一年生花卉的生长习性其实跟电动自行车有点像，一开动就不适合时断时续。

于是矛盾就出现了：这种花卉晚点播种反而更节省时间。但是这条规律也有例外，像金盏花这种耐寒、不喜酷热花卉，1 月至 3 月就可移栽。而广适性一年生花卉呢，只要春天播种，并搭配勋章菊、金盏菊等地中海气候型品种，暑假前就可欣赏到一片五颜六色的花海。

仲夏就交给原产热带的花卉吧。只要保证根系土壤水分供应充足，对这类花卉来说，法国的酷暑根本不值一提。推荐用草屑作营养盖土。

一鼓作气，生长迅速

一年生花卉生长迅速，很快营养钵就成了它的限制，有时会导致根系盘成错综复杂的一团。不过请别伤到这团窝根，根系占领新基质还得靠它做基础呢。要帮助植物成活，可用细土包裹根部。栽种后及时浇定根水，浇水宜轻柔。不要手工夯实土壤，因为这种做法不仅没用，反倒会造成伤害。

有人建议摘去第一批花朵，以强健植株，但这种说法未经过任何证实。按规律摘除萎谢花朵既可美化整体效果，还能避免过早结实。要知道，一年生植物的繁殖是完全依仗种子的，结实才是它的首要任务。

两种有益小技巧

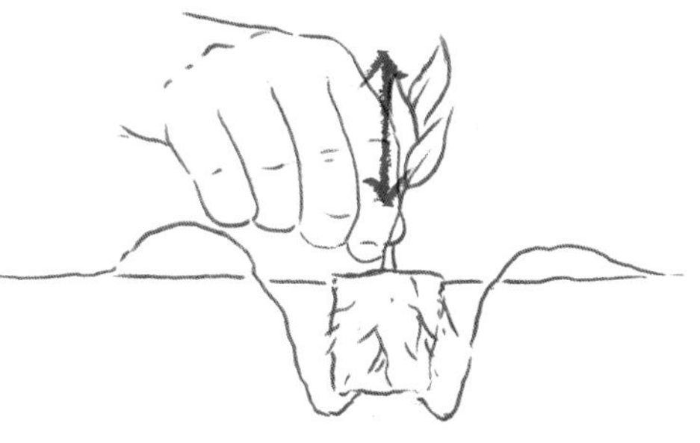

►一年生花卉栽种时应助它们迅速扎根，避免造成生长中断。

►将从营养钵中起出的土坨放在宽敞的栽植穴中，周围撒上少许细土，捏住根颈上下摇晃，将裹在根上的泥土晃掉。

►穴填满后，用一层几厘米厚的土堆成一小浅坑，以方便浇水。浇水宜轻柔。

何时栽种?

● **3 月起即可移植**

香雪球、矢车菊、矢车菊属、虞美人、一年生金鸡菊、金鱼草、茴香花、重瓣虞美人、翠雀花、香豌豆、蓝盆花、金盏花等，均属广适性一年生花卉，往往原产欧洲。花期早，不耐暑热。也可 9 月种植，5 月开花。

● **要等到 4 月下旬**

凤仙花、旱金莲、克拉花、波斯菊、花菱草、高代花、蜡菊、花葵、法国万寿菊、矮牵牛、马齿苋、向日葵、菥蓂等，包括不少常见一年生花卉，它们要等到土壤回暖才能生长。花期6月至夏末。

● **最好等到 5 月中旬**

苋属、紫茉莉、秋海棠、拟石莲花属、吊钟海棠、天苋菜、紫花凤仙花、半边莲、天竺葵、蔓长春花、长春花、烟草、一串红等，原产热带地区，不喜寒冷夜晚。种植后只需保持充足灌溉，它们即可生长迅猛，不畏暑热。

蔬菜的种植

蔬菜被人类驯化已经有很长的历史了。它的移栽一般都很顺利，胡萝卜则是例外……

如图，地势高的菜园回暖也更迅速：可以节省下两个星期的时间呢。

栽种太早 = 白费工夫

一到春季，园丁们无一不急于栽种，只怕菜园子填不满。近年来春季天气偏冷，回暖较迟，栽种最好分阶段进行。10℃这个数据可以作为基准，它既指黎明最低温度，也指表土下几厘米处测得的土壤温度。

温度达不到 10℃，最好还是等等再栽种。可铺一层增温膜，帮助土壤温度升高几度。膜可直接铺在土壤上，周边压上几块板子以防被风掀翻。就算有覆地膜，畏寒蔬菜仍不宜种植过早（见本章框内文字），即使这时栽种，1 月后再栽种的蔬菜最终也能赶上它的生长速度，3 月至 6 月幼苗的价格还会下降，所以说没必要着急。有大棚的话栽种时间倒是可以提前两周：巴黎地区，4 月 15 日左右西红柿就能栽种了。

冬季建议覆盖土壤，防止其受到侵蚀。要想土壤回暖更迅速，可去除冬天铺设的覆盖土，同时也一并除去了危险的黑蛞蝓的容身之所。

三伏天移栽小贴士

一过 6 月，大热天就多起来了，有的年份酷热还会提前。这时移栽比较棘手，特别是利用小箱子或菜园一角自己播种培育出的苗，它们习惯了阴凉环境里，起苗后根须稀少，移栽不易成活。

两条小贴士教您搭建临时遮阴篷

- 一只木条箱倒扣放置。压一块石头防止它被风吹翻。
- 栽培圆白菜这样株间距大的作物，可拿陶土盆倒扣过来罩住菜苗，用一块木片或石头将盆的一边略微垫高。

移栽最好趁阴天。遮阳保护措施几天后均可撤去。

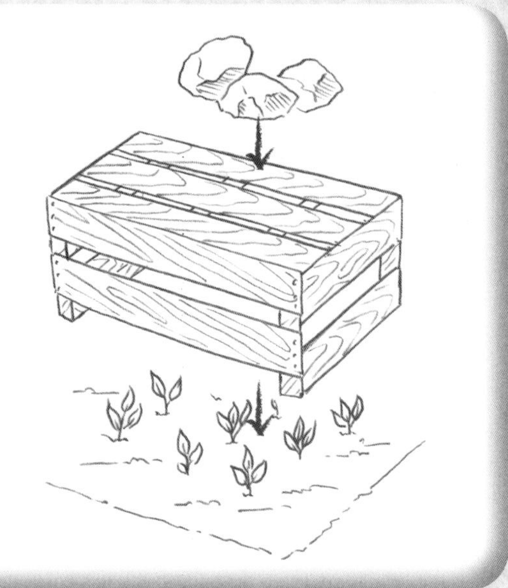

注意温柔移栽

园丁们总喜欢用力把苗向下压，以为这样能够帮助根须接触土壤，这种做法还是尽快摈弃吧。慢慢来，栽培穴挖深一点，将幼苗好好安放进去，用细土回填。然后再在植株周边挖出一个浅坑就更好了，它能汇集前几次灌溉，有利于苗株成活。

浇水宜分两步走。先往坑内浇约两杯水，再用莲蓬花洒润湿周边土壤。就算天气可能有雨，降雨量也是不稳定的。移栽后的定根水必不可少。

有一种栽种常规做法是浇水时掺入荨麻浆，这也是非常普遍的做法。这种配方能刺激大部分蔬菜生长，特别是西红柿。但是施用一次足矣。发酵提取物与水的稀释体积比约为 1 ： 10。每棵植株浇 0.25L。

罗马生菜

生菜枯萎之谜

刚买回家一盒生菜苗，兴高采烈地一股脑儿种下地。第二天一早，不管怎么浇水，到中午还是蔫了两棵苗。第三天又蔫了两棵。……然后发现是菜苗脱离了土壤，刚长出的叶子下边被齐根咬断。

- 凶手是一种肥胖的灰色肉虫，它是夜蛾幼虫，夜蛾是一种夜行蛾子。只要在一株被咬的幼苗的周围，挖开土壤，地下 2 ~ 3cm 处就可找到肉虫的踪迹。捉出来远远扔到菜园外面，听凭鸟儿处置吧。
- 买来的幼苗往往比原地培养的虫害更严重，这一点很奇怪。过了 7 月，这种病虫害的威力一般会逐渐减弱。

何时栽种?

- **广适性蔬菜**

细叶芹、苤蓝、家独行菜、菠菜、叶用莴苣、罗马生菜、芝麻菜。

如果用一层增温膜覆盖的话，2 月起即可移栽。不覆膜、又无倒春寒，3 月起可移栽。

- **畏寒蔬菜**

茄子、罗勒、佛手瓜、黄瓜、西葫芦、秋葵、甜玉米、甜瓜、西瓜、食用酸浆、甜椒、南瓜、西红柿。

这些菜苗虽说 3 月中旬就上市了，但是大部分地区最好还是等到 4 月下旬或 5 月中旬再栽种。寒冷的土壤会阻滞蔬菜生长。

茄子

- **深秋蔬菜**

刺苞菜蓟、苦菊、皱叶菊苣、意大利紫菊苣、玉兰菜、中国原产白菜（大白菜或白菜）、根茴香、褐芥菜、欧芹、甜菜（又名牛皮菜）、白萝卜。

这些蔬菜适宜 7 月中旬至 8 月下旬播种、移栽，这样能够保证 10 月至 3 月份的好收成。

- **“救兵”蔬菜**

西红柿得了灰霉病全死光了，土豆也收完了，9 月这青黄不接的季节，种点什么好呢？可种 4 月收割的韭葱，野苣、欧芹也行。还可以简单地播种绿肥作物，那种生长迅速，整个冬天都能铺满园地的速生植物，例如油菜与黑麦。

白菜

炫彩式种植

从播种或栽种开始就进行混搭，这样营造出来的效果是最自然，但其中涉及的技巧要求却非常严格哟！

搭配不同属的花卉

花坛里的花草如何配置，各个年代都有自己独特的习惯。19 世纪习惯将花卉排列成一个个同心圆，组成一只花环，往往呈凸起状。不少公共花园如今还会沿用这种形式，真是复古味十足。20 世纪中期，花丛组成各种颜色分明的色块，这种做法曾风靡一时。当时的人善用对比强烈的撞色，橘红配紫蓝，明黄配火红……视觉冲击力确实很强，但很快也就看厌了。后来，效仿英式园艺，多年生植物越来越多地取代了一年生花卉的地位，颜色选择上也多了一分稳重。人们开始发现各种明暗绿色的价值，还有不可或缺、为整体烘云托月的白色，也开始去迎接更多的创意。卢瓦尔河畔肖蒙城堡举办的国际花园艺术节（festival Chaumont-sur-Loire）成了最终变革的试验场。年复一年，来自各地的园林设计师在这里汇聚一堂，其中，埃里克・奥萨尔（Eric Ossart）与阿尔诺・墨里埃尔（Arnaud Maurière）发明了“花毯”技术。具体做法是沿着事先划定的纬线，花苗与装饰性蔬菜搭配栽种，就跟菜园里一样栽成行，但略微偏斜。逐渐生长出来的植物会覆盖地面，形成极其自然的分布效果，完全超出一开始的预期。而且蔬菜配花卉起到了绿叶衬红花的效果，这种不循常规的混搭，即使蔬菜也特别上相。

无论是春季常见的矮生花朵还是窝生花卉，“花毯”的效果都很理想。

针织式斜向种植

● 要填满花坛，作物的行不要沿着花坛边界，而应沿着对角线方向。这样的效果要活泼得多，也不会那么生硬。

● 花坛宽度若超过 1.2m，进入花坛中央时应垫上一块板，以免将松土踩实。

冥冥中总有天意

地块面积较小的话，可简单效仿美国画家波拉克（Jackson Pollock）的“滴画”手法，使用抛洒法：将幼苗随意散放在一只木条箱中，一棵棵丢到土里（动作切勿太过粗暴），每株前后左右均隔开 30cm 左右的距离。大型植物在旁边、小型植物在中间，这些都没关系，只管种就是！最后的效果会给您带来很大的惊喜，有的搭配还是预料不到的。这种方法非常适合“千层面”法栽种，因为土壤肥沃，蔬菜、香菜、一年生甚至多年生花卉都可尽情搭配。适合春季搭配的有叶用莴苣、报春花、装饰性大蒜、鼠尾草以及小花三色堇。

配色秘诀

配色建议多种多样，实践中只需注意选取个头不太矮小的植物，留出适当间距，让叶片有伸展空间，就能将大部分空间留给绿色。这样一来几乎所有其他颜色就都能和平共处。当然也包括双色花卉。

“自助餐”式花毯

❶ **布局** 不管幼苗是买来的还是就地栽培的，都可以跟自助餐台上摆放的菜肴一样按顺序排列。取一只空木条箱，按初始顺序一一排满，每株幼苗的邻居都是安排好的。

❷ **种植** 花坛栽种时，将幼苗按照同样的顺序，排列成平行线一一栽种，行末不用提行，直接转至下一行继续。

剩下的就不看人力看天意了。

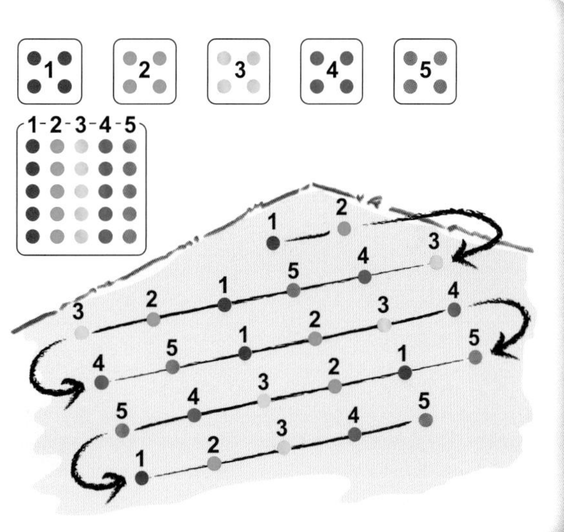

栽种失误的补救

哪些征兆说明植物正常成活？哪些征兆又值得担忧？植物有时还会出现可怕的生长中断，这些又都说明什么呢？

根叶间的拉锯战

关心复苏的人不止政客跟经济学家，园丁们也总是焦急地等待着积极征兆的出现。例如新叶形成，强健的新根生发——不过根一般都看不见——这些征兆都意味着植物的复苏。成功的第一步从土壤中开始。为促进新根生长，栽种后最好是及时用一层几厘米厚的细土砌成浅坑，可使水分集中在最需要的地方。水分充足与否只靠观察土表远远不够，可插入手指检查土壤 10cm 深处是否润湿。

原因先从根部找

如果天气良好，植物却没有任何动静（11 月至次年 3 月间各种植物都处于休憩期，生长停滞就再正常不过了），应先从根部入手找原因，甚至可将植株挖出观察。有时是因为忘了去掉营养钵（真的，别笑），有时是因为窝根现象严重阻碍灌木扎根，这时就需要无情地将根须割断。某些情况下，生长缓慢也可能昭示土地营养极度贫瘠，或是松鳞盖土阻断了养分的输送。

剩下一些无法确定的原因可能跟植物品种选择不当有关，或是因为环境胁迫，例如光照条件不适合。不要让植物受苦过久！先了解清楚该品种的基本需求，再小心移出植株，栽到环境条件适宜的地方。

网 笼

将细格铁丝网扭成一口钟形笼子，盖在植株上可防止兔子和鸟儿的啄食，轻巧又好用。弯折铁丝时慢慢来，免得搬动这临时保护器具时不小心割伤自己。

各种问题的首要肇事者

■移栽后数天内，到下午，叶片就会打蔫。这很正常，新根要长出来还得几天时间呢。夏季可进行人工遮阴（使用木条箱或芦苇席）。

■幼苗看似成活了，而且又是阴天，但不管怎么频繁地浇水，它最后还是枯死了。早上，将幼苗拔起、挖开几厘米深的土壤，会发现夜蛾的幼虫，又名灰虫，鳃角金龟的白色幼虫或是叩头虫的细长幼虫。不要手软，踩死、扔到花园偏僻一角、扔给母鸡都成。

■蛞蝓和蜗牛爬过的地方都会留下一道银色痕迹，那是它们的黏液。痕迹周边就可以捉到它们：白天大多藏身在木头或花盆下面，要么栖身在健康植株贴地生长的叶片下。

■一切似乎都很顺利，但突然发现欧芹、圆白菜和叶用莴苣生长停滞，然后变黄。刮擦根颈可见上百只蚜虫。这时可干脆将幼苗拔出，清水冲洗干净后重新下种。

■栽种后第二天，一切都令人抓狂：这是因为猫咪喜欢松软的泥土，觉得这地方特别适合大小便。放几根树枝就可打消它回来的念头啦。

几周过去了……

■生长突然停滞，并伴有叶片枯萎。红色警报！
莴苣和菊苣类生菜的这种情况属于真菌病害。种植太密会加剧病害。应及时收割。
西红柿患病的主要原因则是链格孢菌。这是一种让我们束手无策的真菌。快将患病植株拔出！
西葫芦突然枯萎多是幼虫暗地侵害造成的，幼虫吃得白白胖胖，栖息在植株基部。这时才发现病害已经太迟了……

■幼苗被啃食过，轮廓清晰，有时咬下的部分还留在原地。这种浪费也算得上是一种破坏了。说明欧洲野兔进食前总喜欢先尝一尝。只有鸡笼网才能拯救这一片作物。

洗刷蔷薇根！

一棵攀缘蔷薇要是都一年了还无法如愿抽出 2m 高的主枝，那还是趁秋天将它连根起出吧。

拿一把刷子用力擦刷根须，如同想把外层皮给刷掉一样，刷完后立即重新下种。一般这样做之后生长就不会有问题了。

这条建议是著名的比利时蔷薇栽培专家路易·伦斯（Louis Lens）提供的。据说，这么做能刷去蔷薇根上抑制生长的物质。

发芽啦！

园丁的准备工作

园艺有益心理健康，它能将脑子里不愉快的念头赶出去；只要方法得当，园艺对身体健康也很有益。

天气好时更适宜

请记住，园艺首先是一项能带来自我满足的娱乐活动。但使之成为一项令人愉悦的活动的首要条件是天时：天气最重要。活干到一半却因一场突如其来的暴雨不得不中途罢手，真是讨厌极了。无论是在翻地、剪草、修枝还是下种，中途下雨都会事倍功半。所以雨天还是趁机收拾收拾工具房，理理种子袋、空花盆吧。下面这条建议尤其适合那些只有周末有空的园丁：剪草是一桩苦差事？您不妨扪心自问一下，花园里的草坪真有那么重要么？或者说把草修剪得短短的真有那么重要么？春天每周拉出剪草机来遛一圈，与六、九月拉出灌木剪除机来收割两次干草，这两者之间差别可是相当大的。

完工之后

剪草后应将机身底部沾的草刮去。放着不管的话，等草干了处理起来就要麻烦得多。想想下次推出的剪草机焕然一新，整装待发，该让人多满意啊！

心理因素最重要

不要一开始就全身心投入工作。您可以先带上小本子去园中转一圈儿，看哪些工作最为紧要，并记录下来。门口、阳台与各个窗口看出去的景观无疑是最重要的。若有灌木刚好长在经常路过的小径边，又亟须修剪，对它的处理就该优先于园中更隐蔽处的树。简单吧？其实也不简单，每位园丁偏爱的角落都不相同。如果这些关键的视野区一旦精心打理好了，你的花园将四季皆风景。

每次从园里进屋，是不是都得花费时间来清理靴底的沙砾跟裤子上的泥？如果答案是肯定的话，通往花园的门、楼梯周边地带清理就成了亟待解决的要务。在硬纸板上铺一层碎木屑就做成了一只非常干净的筛子。再拿两只靴子相互撞击，脏东西就都跟变魔术一样，纷纷掉下来啦。

园艺日志：珍贵的工具

拿一只装订结实的小本，将每天的观察结果，如天气、播种、栽植、亟须完成的工作（列一张待办事项清单）、道听途说的意见、值得研究的书或是网站、待用或是刚搭好的花坛平面图等，一一记录下来吧。

这本日志将是您园艺之道上的一条必经之路，过几年随手翻看，将会非常有乐趣（时隔几十年也是可能的，笔者就找到了35年前写下的第一本园艺日志！）。换成电脑文件必定无法带来这种满足感……

呵护双手

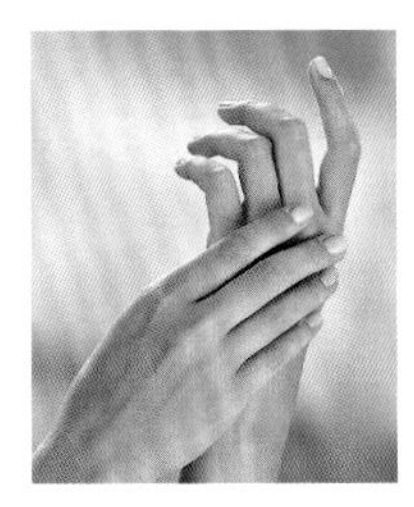

●手套能换，手可没得换！双手要好好呵护。与土壤和有些植物的接触不一定对皮肤有好处。

●洗干净手上的泥巴，可以擦一点市售的传统手霜，或含有金盏花 / 芦荟成分的护手霜。这两种成分都被证明有促进结疤的功效，非常适合园艺工作后使用。

园丁健身操

园艺这项活动老少皆宜，虽然它谈不上是一项体操运动。

❶事先做点锻炼，身体活动开了会更有精神。可手扶树干、工具做几个伸展运动。

❷翻土时注意托起的土块不宜太重，尤其是弯腰的情况下。正确姿势是屈曲双膝慢慢来，姿势不当会导致腰酸背痛。种植时也一样。

❸灌木剪除机和修边机应仔细调整至合适高度，以便作业时保持背部挺直。

靴子还是花园鞋？

●各人偏爱不同，鞋子穿着舒服就好。

●冬天可加一双保暖鞋垫。

●注意鞋里不要进水，如不小心进水应立刻倒掉、晾干，可避免鞋内出现异味。

●还可往鞋里放几朵薰衣草干花，可起到净化空气的作用。

绿色万能储物袋

●不一定每次去花园转一圈回来都得倒垃圾。经验证明，准备一只用来盛放刈下的草和四处捡来的落花容器，非常实用。

●现在市面出售一种“可收折”式塑料袋，它瞬间即可展开，容量很大。结构中有螺旋加固，可自行站立。收纳时折叠起来即可，轻巧又不占地方。

工地布局

不少人侍弄花园时都喜欢独自一人，最怕好几个人一起反而给花园添“麻烦”。其实这不过是一个统筹问题。

多人园艺有乐趣

20 世纪初流行的园艺方法与多年前的流行是有差别的。其中最大的差别就是大家越来越喜欢几个人合伙栽花种草了。社区花园①的成功就是佐证。且不说人口密集的城市，就是独栋住宅区也不乏全家人一起种花的场景。以前可不是这样的，那时的太太只管忙碌日常家务，所有电动机械活儿都是先生的专利。多人园艺怎样才能不彼此妨碍呢？

不忘标记

●播种、移栽工作完成后可别忘了插上标签。有了标签，才能分清各个番茄品种，记住金光菊或是某种长势惊人的紫菀属花卉的确切名称。好记性不如烂笔头。

●大家共商集体工作方案时，就该把标签先准备好。

●木质标签看似不起眼，事先拿亚麻油泡一夜的话其寿命是相当长的。建议用 3B 粗铅笔在上面写字。

分工合作

召集参与者举行一场小小的仪式，可以营造出良好的合作气氛。让大家轮流发言：该做什么；各人眼里的轻重缓急是如何排序的；哪些事情得票最高；怎样才能使园艺始终保持乐趣？最后，还有哪些人同意做什么，怎么做？然后根据各自偏好，或者干脆是就各人感兴趣的事情安排好轮班，这些都是需要一点技巧的（也可以说手段，不过目

① 社区花园（jardins partagés）：法国的一种实践，由社区居民共同经营一块花园。

未来职业

花园这方宁静的天地中，与大自然的一次早熟的邂逅，说不定能催生一位未来的生态农学家呢。

的可是正当的）。这个过程很有意思，大家可以相互沟通，相互学习，取长补短，而且还可能发掘出新的小技巧。分工合作最关键的是避免出现摩擦。

近即是美

经验证明，先从各个角度都看得到的区域着手最能鼓舞士气，也能给大家一个坚持不懈的理由。所以，应先着手整顿房屋周边吧，不要先急于投身整片工地。不如先将园子分割成一个个区块，这样大家齐心协力，很快就逐个旧貌换新颜了！

适合儿童的方案

要让小孩喜欢或是反感园艺都很容易。基本原则是：任务分配明确，每5分钟更换一次，尽可能鼓励他们独立完成任务，别老让他们跟您嚷嚷：“做完啦，接下来干吗呀？”而是要言传身教，进行正确示范，还得时不时回头检查他们做得对不对。

其实大家一般都想错了，浇水这项任务不该交给孩子来做。除了极个别的情况，孩子们一般都缺少必要的耐心，也搞不清楚杂草跟有益植物之间的区别，因此他们讨厌拔草。但是只要土壤够松软，孩子们都会喜欢种植的。对年龄太小的儿童，可以事先挖好坑，将种苗、填土的乐趣留给他们。劳作中还可以歇口气，散散步，用猜谜语的形式给孩子们讲讲植物名称，教他们采几朵花插进水杯，玩玩“谁认得的植物最多”的游戏。还可以利用小孩的贪吃心理引导他们种草莓、种自己喜欢的蔬菜。

不到10岁的孩子都喜欢园艺。过了10岁那又另当别论了……

社区堆肥场

不少园丁都觉得剪下的草屑碍事，一般会将它扔掉。其实草屑是一种珍贵的有机质来源，不过得往里头掺入木屑。且不说占地方，这道工序听起来就麻烦得吓人。不过你可以跟小区里几位邻居达成共识，大家合伙租一架结实点的破碎机，各家轮流提供小型堆肥场地。人多了，堆肥也就变成了一种乐趣，而且还能变废为宝，节约成本。别忘了，将垃圾送往处理站的运输过程也是会产生二氧化碳的。

手边的工具

一趟趟往家里跑，一件件取工具，真是烦人啊！下面介绍几种解决对策。

舒适优先

别急着下地开展园艺，先开个单子吧，将常用的工具列出来。工具少的话，将它们塞围裙口袋里就行了，再多的话往腰带上一别也行。工具笨重的话还是派独轮车上场吧，不管什么场合总少不了独轮车。

独轮车的选择非常重要。木头小车与周边环境很协调，但笨重。带充气轮胎的金属小车一开始用着很称心，但给轮胎充过几次气，您就会怀念实心轮胎了，实心轮胎怎么用都用不坏。

有了对舒适度的考量，园艺也能更加得心应手。凡是方便跪下和起立的工具都是好工具。别忘了园艺中还应保护听力，某些本身就很繁难的作业，例如剪草、粉碎、树篱修剪等，往往还伴有噪音。

围裙和腰带

最称心的工具还是围裙、手套、细绳或酒椰绳这样伸手就能拿到的小工具。此外，围裙还能盛装一两样收获果实，保护衣物。

简单的工具腰带也很实用。跪着种植这样的作业，腰带没有那么碍手碍脚。有的腰带还特意设计成可悬挂在园艺马扎或园艺凳上的样式。也可以用结实的牛仔布自己缝一条。魔术贴开关最简易实用，就算戴着手套或手指粗笨也一样方便操作。还可以多缝上几个带扣供悬挂带万向钩的小工具。

有些园丁偏爱背带裤。背带裤自带很多衣兜，穿着不显性感，但确实非常方便。

不喜欢看见乱扔东西

养成将工具集中收拾齐放进独轮车里的好习惯，就不会看见东西乱七八糟了。独轮车还能当凳子，坐在上面可以享受片刻休憩。

有用的设备

▶ 对噪音说不

使用电锯、灌木剪除机、还有剪草机时，请戴上这种防噪耳套，注意呵护双耳。

▶ 保持指甲干净

硬毛刷可刷净指甲缝里的泥污。刷完后再擦点护手霜。

▶ 呵护膝盖

护膝板可防止膝盖与粗糙的地面接触。注意时不时起立，以保持血液循环畅通。

▶ 工具腰带

各种小工具一伸手就能拿到。它也可以挂在凳子上。

▶ 长柄粗枝剪

粗细超过 1cm 的树枝修剪、除枝，就轮到粗枝剪上场了。保证工作干净利落。

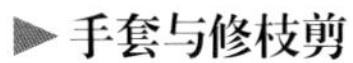

▶ 双重舒适

这种跪凳既方便跪下，又方便起身，不用直接接触土壤，翻过来能当小凳子用，两头还能挂工具。若土壤松软，可在跪凳下垫一块板。

▶ 手套与修枝剪

戴上结实手套，干活更有劲头。直径小于 1cm 的树枝用修枝剪就行啦。

老式箱凳

这种箱凳灵感来自以前的式样，既朴素又实用。底很高，能防止内部受潮。开合由铰链控制，开口很大，前面也能打开。简单扣上即可关闭。

● 铺一些靠垫可提高舒适度，小睡后将靠垫与工具一道塞入箱中收纳。

● 将箱子隔成 2 ~ 3 格可防止物品混杂，小工具钻到底下找不着。

● 没人喜欢坐湿凳子。拼成箱盖的两块木板可以稍稍倾斜一点。

如何防寒

我们是无能为力撼动地球的轴心，但给娇气的植物争取那么关键的几摄氏度还是做得到的。

防御霜冻不是万能的

现在，移栽至布勒塔尼①和巴黎地区的橄榄树越来越多了，但这不能真正说明这两个地方的气候发生了变化。过去我们的确是低估了橄榄树这种地中海型树木的适应能力，但虽说如此，生活在这种气候条件下的植株，短时间内是无法产出橄榄油的。

地中海型植物，尤其是热带植物适应新环境的过程，一定要谨慎对待。要知道，法国气候每隔 10 年会出现一段寒冷期，期间不少植物都会枯萎。经历过 1985—1987 年冬天的人应该都还记得，丝兰、金边剑麻、棕榈树、橡胶树跟石楠都没能挺过 −15℃的低温。若寒冷期持续的话，植物损害还会加剧。不过有时，气温回升伴随着茎干抽出的嫩枝，也会带来惊喜，因此茎干必须重点保护，不要急于下结论，有时要等到 5 月才能看见希望的征兆。

"蒙古包"轻型温室

借用蒙古包的原理，搭上一架轻巧的网格，加上圆顶，就成了穹顶。再罩上一层塑料布保温。

● 夏天可以拆掉边，罩一层遮阳网（遮阳系数 10%），防止阳光灼伤。这种结构的好处是使各种小枝条有了用武之地。

催熟薄膜

这种膜非常薄，可直接覆在播种后的土地或幼苗上。

► 适宜使用时间为每年 3 月至 5 月和 5 月至 12 月。

► 边缘压几块木板可以防风。

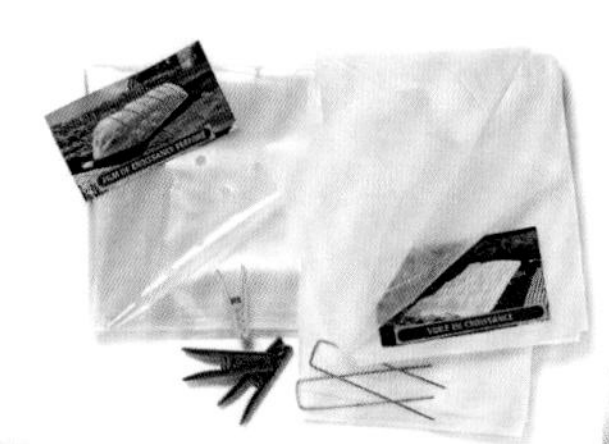

保障春天

有些植物生长启动时需要的热量稍微多一点。土壤温度对扎根的重要性我们已经讲过了。西红柿、芸豆播种前，提前两周在地面覆盖一层透明塑料薄膜，可以使其生长启动更加迅速。可以将手指插进土中，感受一下此处土壤与菜园里别处土壤之间的温差。地面覆膜后西红柿可提前一周播种，收成则可提前两周。但是也请千万不要操之过急。就算时值 5 月，寒冷的夜晚仍然说来就来，西红柿存活倒是没有大问题，却会导致茄子和甜椒生长停滞很久，罗勒就更不用提了，整个植株都会发黑。教您一个环保小技巧：拿一只装水的大瓶子，旋掉瓶盖，剪去底，套在茄子、甜瓜、黄瓜幼苗上，可助它们抵御最末几次寒潮。另外，一过复活节（Pâques）②，有时甚至早在复活节之前，苗圃里漂亮的幼苗就已经上市了。这时您

① 布勒塔尼（Bretagne），法国西部海滨地区，海洋性气候，四季温和，冬夏温差 15℃。

② 复活节（Paques）：传统基督教节日，纪念耶稣复活。通常为时一周，4 月下旬至 5 月上旬。

可千万要抵挡住诱惑。因为寒冷土壤 = 植物生长停滞！

至于一年生花卉的播种，用聚碳酸酯板（PC 塑料）做成温床就可保证 4 月播种 100% 成功。不过千万别在花坛上铺催熟薄膜，那样太难看了。耐心等待最低气温达标吧：一过 5 月 10 日，不少地区就都可以放心栽种了。

大棚的优点

► 与其修一座耐久结构物，不如搭一座 4 ~ 6m 宽的大棚，高度以不用担心随时撞到头为宜。

► 经防紫外线处理的塑料膜寿命可长达 3 年。可在农资商店自取所需尺寸。

► 防雹网透水透气，免去了经常开合的麻烦。这种网的保温性跟透明塑料布差不多一样好，到了夏天还能遮阴挡阳。

留住夏天

秋天，又到了用催熟薄膜给西红柿、茄子和甜椒催熟的季节啦。甜椒很特别，它夏天生长拖沓，9 月份一旦果实成型后倒是长势迅猛。10 月中旬之后需注意防范寒冷夜晚。这样的寒夜只是前奏，之后气温往往还会回升。

至于西红柿呢，可"戴"一顶塑料小帽防止雨水打湿叶片，这种做法也能略微起到防范番茄灰霉病的作用。但仅仅是"略微"，对病害敏感的品种还是难逃一劫。

防雹网

这种网在经常有冰雹、骤雨来袭的地区非常管用，对植被也很有益，这从叶片外观就能看出。

冬季防范措施

整个冬季，生长在催熟薄膜下的皱叶菊苣、苦菊都能源源不断地给餐桌提供脆生生的蔬菜沙拉和维生素。

专业温床

木制温床带有一斜盖，朝向正南，可促进春播种子发芽。每天早上记得给温床通风，以免温度过高。

如何防暑

植物合成糖分需要光照，可是光照太多也不行！下面介绍几种温和的降温法。

保护好关键时期

花园本身就是一座天然空调机：夏天有植物的地方气温就能低上几度，一走进公园就能感受到这一点。除了极其喜阴的植物和斑叶植物，其他植物在保证根系不缺水分的前提下都能承受强烈光照。但像发芽这种关键时期还是应当多加防范，尤其是夏天播种的植物，还好这类植物为数不多。种有菠菜、芜菁或大白菜幼苗的地块若需遮阳一周，可以拿几块石头压住报纸，或将一只木条箱倒扣过来，再或用支架撑起一面废弃的白色床单。每天早上应观察出芽情况，嫩叶长出后应立刻撤掉遮阳物，否则幼苗会黄化。

伏天有时夜晚温度会超过 20℃，这时，叶用莴苣、罗马生菜等种子就很难发芽。聚苯乙烯是一种很好的绝热材料，可以用这种材质制成的箱子庇护幼苗。移栽时也可依样画葫芦：一只陶土盆就能给予圆白菜几天的遮蔽，也能给根系一些缓冲的时间。千万只能用陶土盆。黑色塑料盆只能使高温状况变本加厉！

有时，路边新栽的行道树会用帆布裹住树干，此举是为了防范树干西南面晒伤。这种现象在花园里极少发生，可以忽略。

南国风

►可以用芒草编的草席在阳台一角搭个凉棚，牢牢固定在拱架上，模样非常美观。

►帆布边角余料、废弃的薄窗帘都能做成实用的局部遮阴物。支架可选用尽量短的，也可用两条交叉拱架支撑。还可用晾衣夹进行整体加固。植物适应后应立刻撤去遮蔽。

遮蔽处温度过高

盛夏午后，温室、大棚或玻璃花房里气温常常高达 45℃。昼夜温差对植物来说是好事，应保持充分通风。将浇水时间安排到凌晨也有助于植物渡过酷暑难关。高温胁迫之下，植物吸收水分的能力直到深夜才能恢复，因此傍晚浇水效果要差些。可以在温室外部张一面遮阳网作为补充保护，这比在室内采取的同样遮阳措施有效得多。

务必保持通风

5 月中旬开始，温室大棚的门就可以常开了。轻柔的穿堂风对植物来说不是坏事。

树起帷幕

夏天，遮阳帘可使温室、玻璃花房的气温降低几度。两条支杆再加上几条电线和一块帘子，构成了一块独特的菱形遮阳帘。帘子材质可以是PVC，也可以是腈纶，它比传统的遮阳伞抗风效果好得多。

水会灼伤植物吗？

今天还常常能听见人讲：“烈日下千万不要给叶片淋水，会灼伤的！”这种说法专业一点的解释是水滴能形成凸透镜效果。的确，凑近看的话，水滴能放大叶片上的细节，但也仅止于此。要真想达成平时所说的“灼伤”，温度必须远远高于100℃，这个温度下的水就不是液态啦……不过，某些花卉，例如矮牵牛属，的确不宜直接浇水，但并不是所有品种都不适宜。与其眼睁睁看着植物渴死，还是浇点水吧。

乡村风凉棚

将几根桩子打进土里，用几根柱子在平行方向上固定住，就做成了一个理想的支架。再盖上树枝或草编帘，就能给新近移栽的植物遮阴挡阳了。

遮阳网：不止绿色一种选择

为什么市售的遮阳网大部分都是一种死气沉沉的绿色？而且它们遮光效果太好了，会导致植物畸形。防雹网也可以当做遮阳网使用，既轻巧又大方，而且几乎是隐形的。防雹网一般只在农资店有售。

植物渴了怎么办?

园丁们总是在两种极端之间来回游移：不是忘了浇水，就是低估了植物应对短时间缺水的能力，浇水时下手太重。

不要轻信外观

● 有的植物很易罹患根颈疾病。根颈是跟土壤直接接触的部位。例如罗勒，在镰刀菌的袭击下，几天内整株就会枯萎。

● 根颈疾病一开始的病征跟缺水征兆很相似，因此我们一般会加大浇水频率，但这却是好心办坏事，会加重病害。最好的做法是一开始就用腐熟堆肥覆根。易患根颈病的蔬菜有：西红柿、黄瓜、豌豆。杜鹃花灌木有时也会出现相同症状。

枯萎不等于死亡

40亿年前，植物脱离了水生环境，从此占领了广阔的大地。以前的海藻摇身一变，成了苔藓或蕨类植物，很快陆生植物长到了惊人的高度。当时的大气富含二氧化碳，非常适合植物生长，那个时期形成的巨量煤炭储备就是证明。随后，少雨期与多雨期交替出现，植物也不得不作出相应的适应。因此，到夏季伏天下午，若是植物稍微有点儿打蔫，或者像甜玉米那样叶片有点打卷儿，都无需惊慌。还有些品种的西红柿到7月份叶片就会打卷，就这么打着卷儿若无其事地过上一个夏天。这时勤浇水不仅浪费水资源，还会促生某些真菌疾病，例如我们束手无策的镰刀菌病。

尽管如此，要想帮助植物顺利渡过移植等难关，以及花期等植物需水量较大时期（芸豆），灌溉仍不可或缺。浇水应集中在植物根部，切勿打湿叶片。

手工局部浇水可控制浇水量，对园丁而言也是一种很好的放松。

早上还是傍晚?

园艺师都是一大早浇水，这种做法应当效仿。这是为保障植株上午的光合作用，因为早上植物吸收水分输送给叶片最为活跃。主要工作一完成，一天中剩下的时间叶片闭合、甚至枯萎也不打紧了。另外，大家都知道刮风能带走水分，故风多的季节应勤浇水避免植株缺水，像常青灌木树篱这种新栽的植物尤其应注意。土壤中

两种不同的卷叶现象

西红柿成株叶片经常打卷，对植物却没有好害。品种不同，卷叶程度也有轻有重。杜鹃花叶片向两边下坠则表示空气太干，导致水分胁迫的征兆。卷叶症状若只持续数天无需担心，若超过一周或砧木尚年幼，则浇水时不要光顾根部，给叶片也洒点水吧。

的水分多半已经能够满足植物所需了，给叶片洒点水就可以，不一定要浸泡基部。可用手指插进土里试试湿度。

风的作用

气温波动大的时候，叶片蒸发量是很大的。刮风也能达到同样的效果：25km/h 的微风可使蒸发量提高 50%。

刮风时，叶片的第一个反应就是关闭气孔。气孔是叶片上的微小开孔，二氧化碳就是通过它们进入叶片的。气孔关闭造成生长减缓，接下来还会导致叶片暂时枯萎。

这种现象在原产多雨地区、夏季多季风降雨、叶片宽大的植物身上尤其明显，例如猕猴桃属植物（见右图）。

不愉快的惊喜

湿热条件下，温室里的植物生长更为迅速，但也更易罹患某些疾病，特别是某些真菌会攻击植物，造成生长期植株枯萎，待发现时一般都已经太晚了。西红柿、茄子、甜椒都是这种现象的常客。所以，这类植物患病后第二年应避免在相同地连作。

盆　碟

► 在露台或阳台盆栽下面垫一只小碟，可避免浇水时淋到楼下邻居。注意碟中不应常有积水，否则会损害根系。快到中午时应将碟中的水倒空。

► 若您家住在蔚蓝海岸地区（Côte d'Azur）①，积水还可滋生虎蚊（伊蚊属），这种蚊子只需少量积水便可繁殖，叮人很疼。这就更应注意清空碟中的积水了。

① 蔚蓝海岸地区（Côte d' Azur）：法国南部尼斯一带著名的海滨。

如何利用天赐之水

只有天上掉下来的水才是免费的……但别忘了，做好蓄水、储水的工作。

事先充分考虑

先别急着投身建造花费巨大的工程，还是坐下来好好考虑考虑吧。法国大部分地区，缺水情形最多只持续 4 个月，这段时间里浇灌可耗掉十几吨的市政用水。市政用水确实比较贵，但用它浇花不会造成污染。其实，浇花用的水质量差点其实也行，可以在屋檐雨水槽底下放一只蓄水桶接水，4 月至 6 月的这段时间和 9 月份都很实用，能节约几吨水呢。

法国南部有一半的地区需水量都较大，再加上年降水分布不均，每年有几个月的时间只能靠蓄水。古人会用好几吨容量的大水缸来蓄水。靠屋檐雨水槽接水的简单装置根本就不够用，天气热起来，一周的时间储蓄水就用完了。而且这种装置一场暴雨就会溢满，算下来一夏天也蓄不了多少水。

经济型方案

这种蓄水池利用了充气式浴缸和皮筏技术：材质厚，带涂层，经防紫外线处理，抗撕裂，抗剧烈温度波动。

$10m^3$ 的蓄水池占地 5m × 3m，长方形，面积还是比较大的，造价约 1 000 欧元。平均寿命 15 年。假定一年蓄水四次，折合有效面积每平方米造价不足 1 欧元。

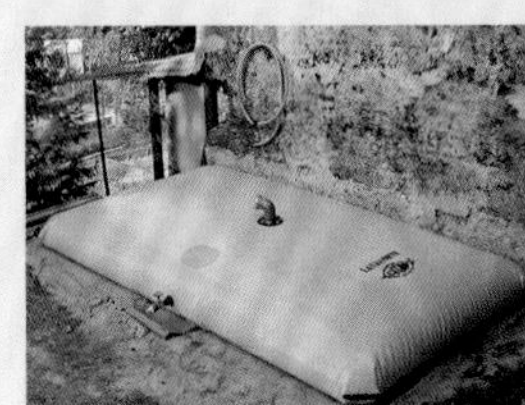

没有蚊子侵害的地区，备一只旧洗衣盆就可暂时缓解缺水之苦。

可以先尝试下面这些方案。行不通的话，再综合上述考虑做选择。

- 用有机质追肥（大量堆肥），改善土壤蓄水能力。
- 自 5 月始使用地面覆盖物，可限制蒸发，降低土壤温度，还可防止杂草抢夺水分。
- 旱季长且旱情严重的地区，应选择需水量不大的作物。

蓄水池

要是刚好赶上家里大兴土木，在地下埋一个蓄水池其实花不了多少钱，而且成本靠节水很快就赚回来了。这不止是挖掘工作，得靠专业人士来做，搭管线时还得考虑到雨水和供水网络不能混合（防回流系统）。整个装置还需水泵、过滤、防满溢和通风系统及水位指示计才算完备。装好之后，洗衣浇花都可以享受雨水的便利了。

法国降雨图

●下图为年平均降雨量图。最少雨的地区是拉罗歇尔（La Rochelle）至兰斯（Reims）一带，及东南部三角形地区一带（地中海气候）。

●盛产橄榄树的地区旱季最为漫长，降雨一般集中在夏季。

●可根据这些气象数据判断是装蓄水池（橄榄树产区），还是在屋檐雨水槽底下放一只蓄水桶接水。

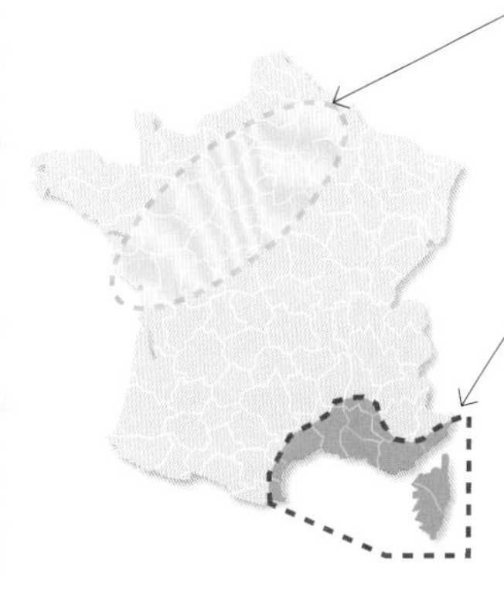

各有奇招

❶若是不花几个钱就能弄到，这种 $1m^3$ 的蓄水桶性价比还是很高的，若价格高的话还是算了。桶底下可以垫几只木条箱。

❷两根滴水管从屋顶延伸至工具房上两片斜屋顶，并于小屋后交汇，将一排垃圾桶蓄满。

❸这是一只传统样式的桶（600L 售价 30 欧元），与雨水槽的落水管相接。桶下垫有基座，方便花壶盛水。

❹这是浇花管接头的细节图：桶蓄满后水压足够，可轻松喷洒至花园另一端。

引水到身边

花壶还是留着用于小范围的浇水吧。剩下的都是喷灌水管的使命!

选一根好管子

想想看吧，19 世纪时，园丁用的管子还是皮质的，接头是铸铁的！还是塑料好，特别是不含镉、钡的塑料，现在规定塑料成分必须注明。现代的管子有四五层厚，冬天保存得当的话可以用很久。15mm 口径的灌溉管大多数园子都够用了，水压不够的话也可选用口径小一点的管子防止水压损失。水管长度最好不要超过 30m。否则管线弯折成直角导致水不通的话，一路理上去真是太麻烦了，因此应注意选择不会打绞的型号。螺纹编织管折叠后虽然较难展开，但考虑到它不易打绞，还是一种比较理想的选择，NTS 型（防扭曲不变形）管是其中最柔软的一种。浇水频繁的季节里应养成好习惯，即用完后将水管打成 8 字结收折好，水手称此为“8 字缠绕结”。下次使用时只需轻轻一拉水管就会展开，还不会打成死结。经验证明绕管器这种东西往往名不副实，买来后大部分时间都在工具房中闲置。要是不愿看见水管常年在过道间盘桓，其实什么都比不过一只

接头要选好

● 1968 年，克雷斯（Kress）与 Keestner（吉斯特勒）两位工程师发明了著名的嘉丁拿牌（Gardena）橘色塑料水管接头。从此就再不用忍受拙劣的铁丝制接头啦，真是再多的感谢对他们所作的贡献来说都不过分。唯一的缺憾是，虽说产品专利进入公共领域后竞争产品多起来了，这种接头的价格比起水管本身的成本来却仍旧居高不下。

● 购买接头前先给自家装置画张图吧，从水龙头一直画到末端。三通接头一般都很实用，用来连接两根管子的双阳接头也不错。

喷泉边排开一列洒水壶，阳台一角顿时充满诗情画意。

盆中生浮萍

●废弃不用的大盆可放在花园中央，浇水时用来给花壶装水。盆中很快就会生出浮萍，热天每隔半个月浮萍面积就能翻上一倍。

●浮萍有害吗？它们覆盖住水面，可防止水温上升，也限制了藻类植物的生长。浮萍还是一种免费的有机氮肥，可捞起一部分铺在盆栽植物或生菜周围。但是，可别指望靠它防蚊。

室外水龙头大大地便利了园丁们的生活。寒潮来临前记得将水龙头关掉、排空水管中的水。这时绕管器显然不是万能的。

管架来得方便实用。绕管器又笨又重，相比之下管架要好用得多，一般可用一根牢固桩头固定管架，也有将其钉在墙上的。水龙头距离不远的话，也可将管架钉在工具房墙上。

实用又时髦的辅助工具

●猛拽水管时却不小心扫平了花坛里的一片花卉，每位园丁肯定都遇到过这样的状况。为避免发生这种不快，前人发明了管带导向架，可架在管子弯折处使用。最近还有防锈铸铁的上市。

●管线引导器也可以自己用扫把柄做一个。要想好看，柄头再罩上一只倒扣的陶土盆。还可在菜园的主过道边缘插上一块木板，板上打孔，水管穿过孔洞即可。

好花壶千金不换

今天，旧货市场上还能找到老式花壶，不过它不一定实用。南特市有一位名叫古亚的制造商（Gouillard）还在做花壶，产品质量闻名全世界。当然，这样的一只热镀锌铁皮花壶要卖到30欧元，但这么一件漂亮的物件可以欣赏上几十年，也算物有所值了。建议再买两只孔眼大小不同的莲蓬头，好调节洒水流量。播种洒水时流量小一点，移栽植物时则可以大一些。

浇花的学问

因为缺乏耐心，浇水经常都是马马虎虎、敷衍了事的，这可是一种对水资源的白白浪费，多可惜啊……

淋浴用的莲蓬头也可以用来浇花，但要注意调节流量，避免流量过强冲去土壤。

慢慢来，别着急

水资源稀缺的地区，用水也成了一种特权，过去只有名族才配享用。浇花的学问也不是一朝一夕就能学会的，灌溉需要耐心。浇水的时间够长，表层 15cm 厚的土壤才能得到充分润湿，这个深度至关重要。浇花的水柱也不宜太强劲，否则会将土壤砸松。水流大小合适与否光用耳朵听就能知道，水流应该是没有声音的。时不时还应用手指、凿子探入土壤深处检验一定厚度的土壤是否缺水。有地面覆盖物时，覆盖物往往会捷足先登，将水分吸收掉，因此经常会发生仅表土润湿的情况。这时可将覆盖物拨开，保证水流通过。同样的道理，夏天给土壤铺稻草时需事先将稻草浸泡。

用城市堆肥覆盖土表也会导致相同问题：这种堆肥遇水后会立刻变黑，造成水分吸收良好的错觉，实际上却只有表面薄薄的一层土得到了滋润，底下的土壤干得犹如不毛的沙漠。

如果不想让浇水变成一桩无聊差事，有一种办法：一边听音乐一边除草——趁着土壤松软，除草要容易得多！放松完了，还可以用刚刚剪下的新鲜草屑之类的覆盖物铺覆土壤。覆盖两指的厚度就够了，否则当心它产生异味！

轻柔又准确地浇水

● 用一只镀锌喷壶莲蓬头和一只万用接头自己做个浇花莲蓬头吧。这样做出的莲蓬头流量很大，但又不会砸松土壤。

● 浇水时慢慢数到 10 再移动喷头。这样浇灌根系的水分条件是最理想的。

● 新栽的乔灌木树干周围堆一个浅坑可以集中灌溉水分。

一次锄草真抵得过两趟浇水吗？

这句格言常常有人提起。它问世那会儿，农民手头的除草工具还只有除草锄。事实是无论怎么除草都没法给地里带来一滴水，若硬要说它能够节水，那节约下来的水只是原本会被杂草抢走的那部分。今天，有机菜农仍然沿袭锄地的做法，但其目的是避免使用化学除草剂来控制杂草生长。花园里，自 5 月份开始使用土壤覆盖物就能取得同样的效果，而且盖土还对延长土壤寿命有益。

浇水也要量身订制！	
季节不同	■冬季：除了阳台上的常青灌木盆栽，别的基本都不用浇。 ■春季：特别是持续东风天气，浇水只宜上午进行。 ■夏季：平均每周 1 ~ 2 次，三伏天可增至每两天 1 次，且应选择清晨或晚上 9 点之后。 ■秋季：初秋天气热的话仍需浇水，但频率比夏季稍低。这是真菌生长的黄金季节，浇水时注意不要打湿叶片。
天气不同	■一场暴雨后，大约一周都不用浇水。 ■夏天气温一旦超过 25℃，浇水时间就应挪至清晨或晚上 9 点以后。
土壤类型不同	■土质越是多沙，蓄水能力就越差，对应的浇水次数就应越多越好。 ■黏质土壤夏天每周浇水 1 次即可。 ■粉质土壤易结壳，应使用土壤覆盖物，浇水宜轻柔。
植物状况不同	■幼苗根须埋藏很浅，需水往往极少。 ■乔灌木需水量大于多年生植物、蔬菜，其浇灌面积等于全部树冠而非仅仅树干的垂直面积。

跟喷枪说拜拜！

直到今天，市售浇水套装往往仍包括灌溉用喷枪，这一点非常可惜。这种喷头水流太过集中，不仅会砸松土壤、伤及植物，释放出的水量又不够润湿深处土壤。

● 灌溉用莲蓬头（如左图）较宽的面积上分布有无数小孔，水流通过时能减轻其冲击力。这种莲蓬头的价格还比所谓改进版的多点喷射式喷枪更实惠，应优先选用。

喷淋灌溉

喷淋灌溉的作用是模仿降雨。它的好处在于自动运行，可免去人力，最多只需插上电源、搬动喷头。喷出的水雾虽说很美，整体来说却是得不偿失：灌溉所涵盖的面积一视同仁，完全不顾及不同植物对水的特殊需求。它还有利于蛞蝓、蜗牛大量繁殖。

聪明的滴灌法

能见着的明水越少就说明灌溉效果越好。滴灌技术推广快，自有其独特优势。

巧妙的原理

不考虑夏天气温急剧升高这个因素，拉罗歇尔（La Rochelle）至格勒诺布尔（Grenoble）一线以南倒是很适合使用滴灌法，除外，既不喜欢浪费水又没有很多时间浇水的北方居民也适合使用滴灌法。这种方法的原理是：使用减压阀让水在低压下循环，并用滴灌器将水一滴滴输送到植物根旁，“滴灌”由此得名。由于水压较低，工作时间也会相应延长，一只滴灌器每小时只能滴 1 ~ 2L 水。要润湿 20cm 厚的土壤需水量是很大的，有时一次滴灌就要花好几个小时。由于水压较低，水中石灰质沉积物无法排出，所以水质较硬的话，时间久了易造成滴灌器堵塞。使用前可以找专业人员测试一下水质（也可以问问安装过类似装置的邻居是否出现过类似问题）。有的滴灌器彻底堵塞之前流量会变小，但这个变化很难发现，夏天往往得付出几株植物枯死的代价。常用过滤器都防不了石灰质。

迷你小菜园跟滴灌法是好伴侣。再覆一层营养盖土就圆满了，园丁也轻松啦。

有如朝露

十几年来，渗水管成了园丁新宠。这种管子是纤维材质，外覆一层树脂，整个表面都有水渗出，它由此而得名。

● 这种管子的工作水压很低，且具有不会破坏表土的优点。可安放在胡萝卜播种区旁边，每天上午灌溉 5 分钟，对发芽相当有利。

● 品牌、销售渠道不同，价格波动也很大，从每米 0.8 欧元到 1.7 欧元都有。注意水质很硬的地区，这种管很快就会失掉其多孔性。

菜园或露台滴灌

面积较大的菜园或新栽树篱灌溉一般不用滴灌器，而用渗水管，又称多孔渗水管，管子顺着蔬菜或灌木种植行列铺排。既可让管子在地表自由盘桓，也可用地表覆盖物掩埋，树篱可用碎木片，菜园用稻草覆盖。这样不仅节水也更美观。

树苗培育师很喜欢用渗水管。这种装置在花园里安装难度较大（特别是微孔型渗水管），露台使用却很有优势，因为花盆的位置是固定的，水管还可沿着栏杆铺设，不会妨碍通行。家里没人时可用编程器控制洒水，但它最好不要一年到头都通电。这玩意虽不常出故障，但是一旦失灵，出现问题就相当棘手了。

出门度假前提前几天调试一下装置，把流量调节好，就可避免楼下邻居的责难。趁机也可以检查各个喷头是否正常。

来自远方的技术

绿洲地区今天常常还用到沟渠浇灌技术。具体做法是让水在沟渠里流淌。但造出合适的坡度需要较专业的技术指导。而且，这种灌溉法还是一种对水的极大浪费。

► 沟底铺一条渗水管可避免土壤淤塞。而且这样两头获得的水分都一样足。

市售选择

► 现在不少滴灌系统的水管都自带滴灌器，也有的管子一开始呈扁平状，灌满后，水会通过管子上均匀分布的孔洞渗出。孔洞间距是无法调节的，离洞远的植物就照顾不到啦。

► 真正的滴灌系统是成套出售的，套装包括管子、接头、管塞，还有可以隔任意间距的滴灌器。这种系统比较适合耐久型作物，如树篱、成排的果树、多年生植物等。

软管直接铺在土壤表面或是覆盖物下。滴灌器安装的位置应尽量集中，这样系统需要的初始水压较低。设备通常成套出售，有的价格很贵。

地表覆盖物的好处

选择覆盖物盖土不仅能防止土壤受到侵蚀，还能减少杂草，深层滋润土壤。

选择有机，拒绝塑料

几十年前，英国人就已经抢先用上了土壤覆盖物，而法国到 1980 年才将盖土这个古词又重新引入了园艺术语。使用土壤覆盖物限制杂草生长这种做法由来已久，直到今天，不少社区园丁都还在大量使用塑料薄膜覆地——再过几年，我们将会面临着成千上万米亟须处理的绿色塑料布。

树脂植物的树皮用作盖土的情况也相当多，但这种树皮分解时会释放出有毒物质，对某些植物根系有害，对蔷薇科植物的危害更是首当其冲。而且这种盖土总让人想起公众花园，不太美观，因此不用也罢。

有机盖土顾名思义，既可生物降解，又能为土壤提供养分。土壤细菌与真菌会尽情吞噬盖土中的碳元素，并将地下生命重新激活。这是借鉴了森林落叶层的模式。每年秋天的枯枝落叶都会被这么消化掉，转变成优质的腐殖质。

覆盖物有助于植物的生长。

危险的可可

● 不是所有人都知道，市售的可可豆荚制有机盖土含有可可碱，对狗来说其实是一种潜在危险品。可可碱是一种生物碱，巧克力的提神作用就源于它。这对我们来说有提神功效，对狗狗来说却是致命的，因为狗不具备消化这种生物碱的能力。

● 80g 的可可豆荚就可致一条 10kg 重的狗于死地。要是您家宠物什么都喜欢尝一尝，那么您还是换一种没有那么诱人的盖土吧。

局部铺覆，切勿过厚

原则上讲，营养盖土对大多数植物都管用。只有岩生植物与喜石灰质土的植物偏爱沙砾这样的矿物质盖土，否则它们会生长过快，寿命也会变短。填鸭式栽培出来的岩蔷薇只需 2 年就可长成灌木，但第三年就死翘翘啦！

每年市场上推出的盖土新品种都越来越多，参照右面的表格，可以对哪些植物适合哪种盖土有个大概的概念。铺覆盖土时，5cm 左右的厚度即可（两指厚），不能再厚了，否则会导致土壤局部缺氧——别忘了，真菌降解有机质是需要氧气的。

盖土的需求量比较大，应优先选择本地产品，特别是来自花园本身的资源，如还未完全腐熟的堆肥、落叶、粉碎的树枝……仔细想想其实材料一点也不缺，这还是没算上邻居扔掉的垃圾呢。

位置不同，盖土也不同

高养分需求的蔬菜：西红柿、茄子、芹菜、朝鲜蓟……	使根系享受到最理想的条件。供根系吸收的养分应易于获取且富含氮质。	腐熟良好的家庭堆肥（半年以上）、城市堆肥与发酵粪肥，分两次施用（5 月下旬和 8 月上旬）。6 月则用草屑。
其他蔬菜	保持土壤肥沃，养活根系周边的微生物系统。防止杂草出芽。	5 月可用草屑盖土，并随添随换；麻纤维或芒草碎屑也行，但厚度不宜超过 3cm。
高大型多年生植物	减少夏日蒸腾、失水。给宽大叶片植物追加一点氮肥。	5 月可使用草屑跟上年秋季的落叶混合；荞麦麸也行，但只适合第一年铺在营养钵周围。
矮生型多年生植物（岩生与饰边植物）	阻挡杂草出芽必需的光照，避免杂草生长。减少莲座叶植物的腐烂。	3 月以及 10 月，一层 2cm 厚的火山灰层很适合岩生植物，或细砾石亦可（3 ~ 6mm）。草屑不宜。
石南地从生灌木（杜鹃、山茶花、绣球）	这些灌木的根埋藏较浅，酷暑应防止根系出现水分缺失。	草屑能使土表轻微酸化，非常适合。5 月起可用草屑盖土，但厚度不宜超过 5cm。发酵过的松鳞亦可。
其他装饰性灌木	为根须上生长的真菌和细菌提供碳元素，维系它们生存。它们共生形成的根叫做菌根。	粗堆肥（半年以下）即可，提前浸泡 15 分钟的稻草和 7 月剪下的长草也行。
混合型或非混合型树篱	第一年应限制杂草生长，之后则帮助灌木牢牢扎根。	树篱修剪下的枝叶粉碎后很好用。树篱年幼、修剪枝叶不多的话，用草屑简单地覆在硬纸板上也可。
年幼果树与小型红果树	新种期应避免杂草抢夺养分，夏天减少浇水，因为夏天是未来果实成型的季节。	乡下可使用湿稻草或发酵 3 个月的稻草，铺 5cm 厚，6 月或 8 月铺覆。城市里可将树篱修剪下的枝叶粉碎使用，麻纤维屑也行。
成年果树	第一年应保证各种条件有利于果树良好成活，避免各种形式的竞争。之后再给土壤持续施肥。	5 月和 10 月可使用打碎的树枝木屑，铺 5cm 厚。6 月还可追加草屑，铺至树枝伸展最远的垂直距离。
大型花坛植物	酷暑天应防止两次浇水间植物出现水分缺失。前几个月内覆盖裸露的土壤。	栽种后一周，使用过筛的城市堆肥铺 3cm 厚。火山灰和染色刨花都行，但滋养效果较差。

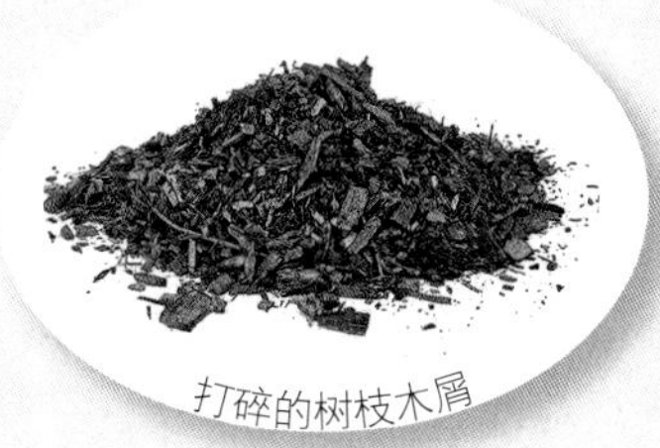
打碎的树枝木屑

堆 肥

枯 叶

善用草屑

剪下的草可别忙着扔，这东西比最优质的粪肥更好……而且还分文不花！

宜与不宜

剪完草，还剩下一大堆草屑需要处理。只要忘处理一次，您就会明白为什么很多园丁都那么厌恶草屑，觉得它一无是处。因为到了第二天，草堆温度就会飙到45℃，所以大家会担心，如果用它作盖土的话会灼伤周围的植物……可是我们还是会建议您这么做。

造成草堆温度骤升的原因其实很简单：嫩草正处于快速生长期，富含糖分、纤维素，这些成分都是细菌的最爱。在碳化的过程中，细菌就跟正在发力的运动员一样，会通过呼吸释放热量。这时可以很容易地分辨出白色纤维，即放线菌的指示物，它的气味很特殊，有点像晒干的烟草。增温太快的话，很快就会导致草堆缺水，这时，一切生物活动都停止了。要是碰巧下一场雨，或是草堆高度超过50cm，又会产生湿草堆积，导致草堆内部缺氧。这时，一些不厌氧的细菌就登场了。其活动的结果就是产生恶心的异味，这个味道有点像海滩上一团一团腐烂中的海草。大概不会有人希望在自家花园里看到这样的情景！草堆如果被遗忘在草坪上的话，草坪草很快就会发黄，这证明草堆中某些物质的无氧分解过程中产生了对根系有害的物质。幸好草的生命力相当强，用不了多久它们就能恢复。

刚剪下的草用作盖土没必要先晒干，只要厚度不超过5cm就行。

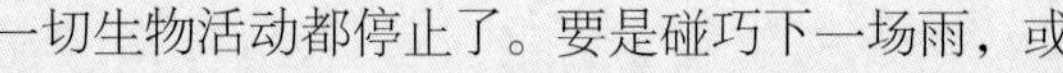

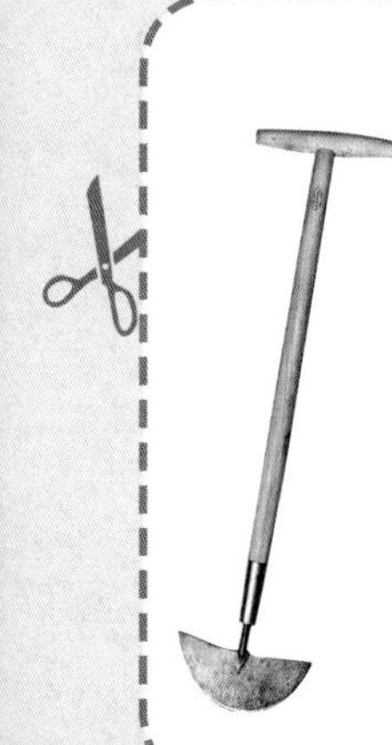

焕然一新的草坪

草坪是整座花园的营养源，园丁该投桃报李，时不时给草坪修修边，把它打扮得漂漂亮亮的。

● 具体做法就是剪草，将盖住砾石小道、花坛的草修剪掉。

● 传统的铁锹磨快点就可胜任此工作。半月状的修边铲更好，一铲切下去不花什么力气，就能使切口干净利落。

草皮与干草有何区别？

乡下很容易找到这种泡过水、一文不值的干草垛。

►干草其实就是晒干的禾草，因此其营养价值与草皮差不多。干草已经晒干，不易产生异味，用作盖土非常合适，但要小心干草里藏着的野草种子。

►这种粗放型的盖土还是比较适合乔灌木，而不适宜蔬菜。

草屑与稻草比起来有一点不可忽视的优势：它不含半粒杂草种子。

珍贵的土壤改良剂

草屑含有优质的有机氮，将它当成垃圾处理纯粹是一种的浪费。草屑的处理也很简单：剪草当天，用剪下的草屑作盖土，在最挑食的植物周围薄薄地铺上一层：养分需求较高的蔬菜（西红柿、茄子、甜椒、韭葱、大黄、圆白菜等）、叶片宽大的多年生植物及新栽的树篱灌木，覆盖厚度不应超过 4 ~ 5cm，且应经常更换。伟大的达尔文曾观察到，蚯蚓还会钻出土面“买菜”，把草屑拖进土壤深处。若将剪下的草屑铺满一半花园，另一半花园土壤中的养分也就足够了，买肥料都不用花一分钱。一年中草屑的质量基本不会出现波动，一定要找差别的话，就是春秋两季的草比盛夏时的含水分多一些。

草屑堆肥靠技巧

将新剪下的草往堆肥机里一倒，操作是简单，结果却往往可怕。若草屑未与枯叶、打碎的树枝木屑等含碳丰富的干燥物料充分混合，草堆会迅速发热，烘干周围的堆肥，发酵产生多余的水分会向下渗透，导致下层的堆肥中缺氧。总而言之，草屑厚度最好不要超过 10cm，并应掺入干燥物料后进行翻堆。

草屑富含氮肥，尤其适宜绿叶蔬菜。

英式草皮堆肥

19 世纪中期，英国人对剪羊毛毡的机器进行了改进，发明了最早的剪草机。再加上英国全年均匀的降水，造就了高尔夫球场球穴区草皮的传奇品质。

●将草坪一部分改造成花坛时，草皮会被掀起，将草面贴着草面一块块堆成垛。腐烂后的草皮能形成一种优质堆肥——肥土。

●草地一角栽种作物时，也可利用这个原理。草垛上搭一块篷布，肥土 6 月后即可成熟，这种肥土外观更像腐殖土而非传统的堆肥，非常适宜换盆时使用！

给整枝找个好理由

别忘了也给“不整枝”找个好理由。整枝毕竟是一种粗暴的做法，不应该成为习惯性做法。

误区之一：靠整枝限制生长

“整枝”这个词在法语里的意思包罗万象：它首先包括了剪这个动作，至于剪的是什么，布料还是石块，都无关紧要；第二，它还包含了一层“标准化”的意思。园艺中，我们常常会因为不知道某棵乔木或是灌木定形后的规模，不得不大张旗鼓地对其进行修剪。剪枝的对象不仅包括树篱，也包括果树，我们希望果树不要长得太高，以避免使用梯子进行采摘，基于此又萌生了无数种果树整枝理论……到今天我们才发现，只要砧木选择得当并尊重树木生长规律，即使很少动用修枝剪也能取得好的收成。

赢在起跑线上

买下一株长势良好的植物，把它修剪成从零开始的程度，这种做法似乎不太合乎逻辑，对生命也不珍惜。但某些情况下，这种简单的做法对植物未来的生长有着非常积极的效果。

● 就拿冬季栽种的铁线莲来说吧（见左图）。3 月，无论是何品种，都应将整棵植株修剪到只剩 10cm 高。修剪下来的枝条都非常羸弱，以后抽发的新枝生命力的旺盛程度会让您吃惊。

● 此后的年份该建议不适用，但意大利铁线莲、‘杰克曼尼’铁线莲与甘青铁线莲除外。这三种适合在 3 月初剪掉全部枝条。

整枝可以引导植株生长，想增加枝条密度的时候很有用，例如园林塑形修剪的各种几何形状的树形，就是大自然中所没有的。有时整枝也是为了繁花，例如现代蔷薇品种，其开花量跟原生的狗牙蔷薇是不可同日而语的。

神奇的幼芽

无论是生在枝条顶端的芽，还是冬季多年生植物贴地生长的芽，都很吸引眼球。难道正是因为如此古人才给它们起了“芽眼”这个别名吗?

●芽被一层鳞片包裹保护，鳞片是变形的叶。芽里有时包裹着未来的花朵，有时只是包着微型的叶片，还有最重要的，就是一小群有能力无穷无尽地分裂下去的细胞：分生组织。

● 生长激素也在芽中制造。生长激素可促进或抑制下方芽的生长，从而造就了树木的形态各异。

寄希望于幼芽

剪枝的行为其实说白了就是保留特定幼芽而舍弃其他幼芽。剪枝的关键不是保留下来的枝条长短，而是保留下来的芽和芽的生长状况的好坏。所以说葡萄果农只关心芽眼多少(芽眼是“芽”的别称)，不关心枝条长度。

剪枝绝不应是“锅盖头”式的规律削剪，当然您要是喜欢这形状那又另当别论了。有一种误区就是：果树开花、结果都是依循自然本性，因

樱花树无需修剪就能开花，可让人一饱眼福，但它的个头可不小。您家花园装得下吗？

黄杨和红豆杉非常适宜以几何造型为目的的重复修剪。

此无需修剪。然而如果你放任不管，果树开花结果的过程会耗费更长时间，而且果实还可能会结在用梯子也够不着的枝头。

迫不得已的保全式剪枝

装饰性树木一般没必要规律修剪，除非是行道树个头太大了，需要为交通腾出空间。剪枝不能使树木强健，就算只是一次“温柔”的修剪也可能打乱树木的生长。只有因事故损伤的树枝及临终树木的枯死枝干等亟须除去的情况，才轮到锯子、修枝剪出场。

芽与蜂胶

当咱们看见蜜蜂绕着杨树、柳树、李树或是桤木枝上方兴未艾的芽忙碌，它们一定是在采集制作蜂胶的原料吧。

- 赋予芽以黏性的微小树脂颗粒会被蜜蜂带回蜂巢，在那里，工蜂会把树脂跟蜂蜡拌和到一起，做出一种神奇的混合物：蜂胶，这是用来加固蜂巢，填堵孔洞的材料。
- 蜂胶的抗菌特性很卓越，针对呼吸道轻微疾病尤其有效。还可用来制作有机清漆。

只有一种有系统的剪枝理论说得过去，那就是对新栽灌木、乔木的修剪。从地里或育苗盆中拔出对植物来说是一种创伤，剪枝可以帮助它们在地上、地下部分之间实现一种平衡。但是剪枝不能替代灌溉，也不能替代防止杂草生长的盖土。请记住，植物的生命主要还是靠根系维持的！

愈伤膏的问题

经常会有人建议给树木的大型创口涂抹上油灰，说是能够帮助“愈伤”，但护林员和专业林木培育师都不会采取这种做法。有两个原因：首先会尽量避免造成大型创口，有创口的时候他们只会用截枝刀或者磨快的刀子修饰创口，将切面上的缺口、毛刺清理干净，剩下的就是树木自己的事儿了。树皮下有生长活跃的“形成层”，出现创口时形成层会迅速增生细胞，形成枝瘤。根据树木胸径不同，创口愈合需要几月至几年时间。当然啦，嫁接时涂点油灰还是有用的。

适度整枝的原则

花园就是一方被驯服的天地。有时整枝是有利于平衡、整顿整座花园，增强其整体美观效果。

为光照而修剪

有一点已经很清楚了：除非是为了剪除植株明显患病的部分，整枝一般是无益的，也基本无法改善植物的生长状况。大自然中的整枝是靠草食动物的牙齿完成的，有的枝条味道不好，有的营养价值不高，因此自然的整枝作用相当有限。

枝条的自然选择往往取决于接受光照多少，特别是灌木、攀缘植物，光照不足，其长势比较弱，继而干枯。这些全部都在生长激素控制之下。

这在我们看来是比较不美观的，而且通常更喜欢干净利落的解决方法。拿起修枝剪，将生长位置不好的冗余枝条剪去，这是正确做法，比树篱修剪器（taille–haie）剪出的滑稽可笑的锅盖头好多了。灌木、果树与蔷薇枝修剪时应注意让光照毫无阻碍地在植物结构中通行，最好能直达土壤。

这样一来，夏季修剪就很实用了。夏季修剪通常于6月至7月，春季繁花期结束后进行，能起到立竿见影的效果。另外，新枝的迅速生长也是光照充足的佐证。

冬季修剪有必要吗？

冬季修剪若是在闲暇的时候还是说得过去的，但是花园里还是算了。因为寒冷的天气，树木的“创伤区隔化”[1]作用会削弱，这是树木受到任意损伤时的自我防御机制。自6月开始，冗余、患病的枝条或生长位置不当的枝条就可靠

① 创伤区隔化（compartementisation）：树木的自我防御机制，1985年由阿列克斯·石果提出。树木受伤后不会自我修复损伤组织，而是用防御壁包裹组织，将其隔开，防止细菌侵入健康组织。

篱架整枝：小花园的福音

同样的一株灌木、果树能占去许多空间，也能被控制在合理范围内。这取决于你是任其自由生长，还是采用篱架整枝法驯服它。

● 可以强迫植物沿着篱架生长。贴着墙搭的格架非常适合日本榅桲（见右图），素馨属也行（迎春花）。

● 这里，修枝工作被细绳绑缚工作取而代之。最后的效果非常雅观。

带天然感的修补

老形的侧柏树篱没法靠修剪补救，多年无人过问的多干型果树也一样。可以通过小规模的重复修剪赋予它一种灵活的、云状的形状，并在树篱前种一棵药葫芦，为夏日增添一抹遐思。

引缚法

● 不少果树和花灌木都需要 1 ~ 2 年的时间为花芽分化、结果储备养分。修剪频繁对它们有害。

● 最理想的做法是将长枝条弯折，使其接近水平状。这样侧芽接受到的光照是最多的，生长会加速，开花结果也更快。

● 这也是葡萄整枝的经典原则。保留完整枝条，用铁丝弯曲引缚，给果树定型。

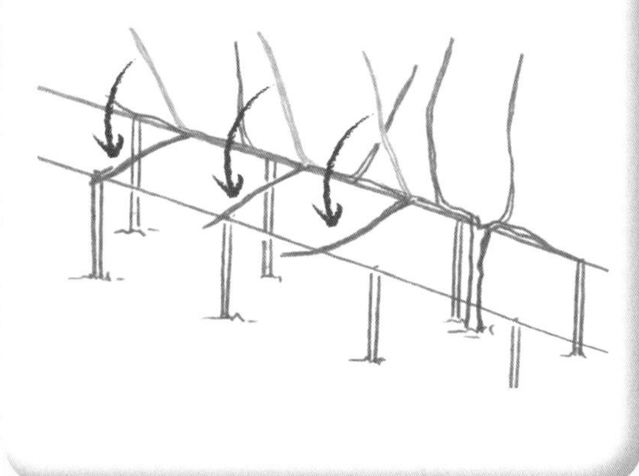

夏季修剪除去。干净利落的切口更易愈合，因此最好使用优质修枝剪，并用阿肯色磨刀石（Pierre d' Arkansas）①打磨快。

来自常识的教训

若是对修剪方式存疑，先别急着查阅各种名称繁复、图示难懂的著作，也不要听信网上各种自相矛盾的博客文章。只需注意下面几点即可：

● 先自问修剪是否真有必要。如果仅仅是为了限制某棵离其他灌木或是道路太近的灌木生长，更明智的做法还是准备来年冬天移植。

● 等到花期结束后再整枝。有的园丁选择趁 3 月给灌木们一气儿整个枝，什么葡萄啊，邻家的苹果树啊，可是整完了才发现自家的连翘也就不开花了……

● 只剪老枝，给结构透透气。老枝一般生在基部或树丛中央，树皮深棕色，斑驳陆离。应尽量贴近土壤剪除。

● 趁机除去奇形怪状的枝条（如果品种天生就枝条扭曲那又另当别论了）和半枯的枝条。

● 别忘了所有的整枝本质上都是为了除去叶片，赋予植株更大的生长空间。根部覆上盖土可以更好地帮助根系给整棵植株输送活力。

① 阿肯色磨刀石（Pierre d' Arkansas）：世界上最优质的磨刀石。

疏枝型修剪

修剪不能没有理由。但是，一阵摧枯拉朽的狂风刮过，或是个别枝条长势过旺，都可以成为剪枝的好借口。

树木的自然防御机制

随着树木的成长，会自然淘汰一些光照不足的老枝，树枝干枯后被风一吹即会自然脱落。枝条基部特殊的结构会生成一种具再生能力的枝瘤，短时间内伤口便可愈合，于是树干就能保持树皮光滑，唯有木头内部的结昭示着过去老枝的存在。所以在修剪树时一定要重视枝瘤这个关键区域。

干预越少越好

苗圃中，如果树木的培育方式尽量自然，也就是不动它的顶芽（这种方法叫做主干式修剪），那么它日后需要的干预也较少。下图列举了一些需要干预的主要原因。最糟糕的情况莫过于树木尺寸过大，空间不足，不得不削减其规模。请记住，即使是最小型的树，栽培时前后左右都应留出 5m 的距离，跟邻居家也要隔开 5m 距离，当然，如果邻居同意作物分界共有的话那又另当别论了。但是以后换了新邻还能行得通吗?

一般，树木开始衰老时有剪除一些大型枝干的必要。这时哪怕只是为了显而易见的安全原因，也有必要请专家到场进行指导。千万当心枝干坠落！

尊重顶端优势

整棵树木的长势受主干顶端的顶芽控制，逐级递减，主干会首先形成树干，各一级枝条再随之逐个成型。不同树种生长进度也不同，但要想最大限度地利用好空间，换成谁都做不到那么好。

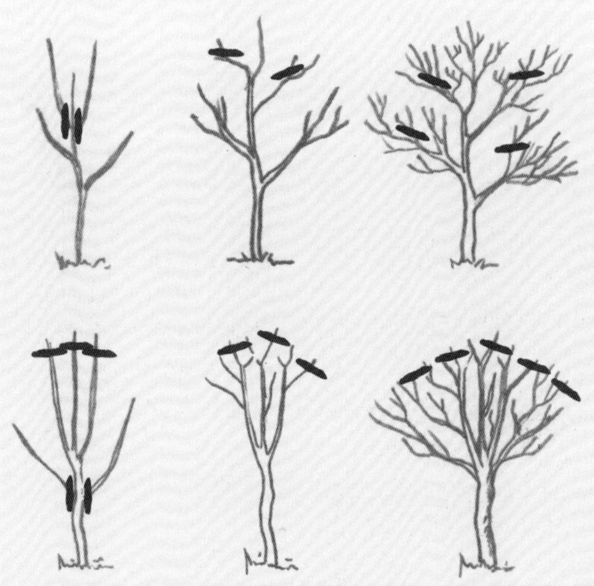

少干预法

栽种后及时修剪，但仅限于剪去若干次要分枝，其他的保留。树木会在几年内逐渐长成型。

激进法

如果只留顶部分枝，并将末端修剪，这样整形出来的树就是球形，抗风能力较弱，且容易出现枯死枝。

为何干预，如何干预

最好是任一级枝干在各个方向自由生长。几年后，位置欠佳的枝干的生长自然会衰弱，到时剪除就很容易了。

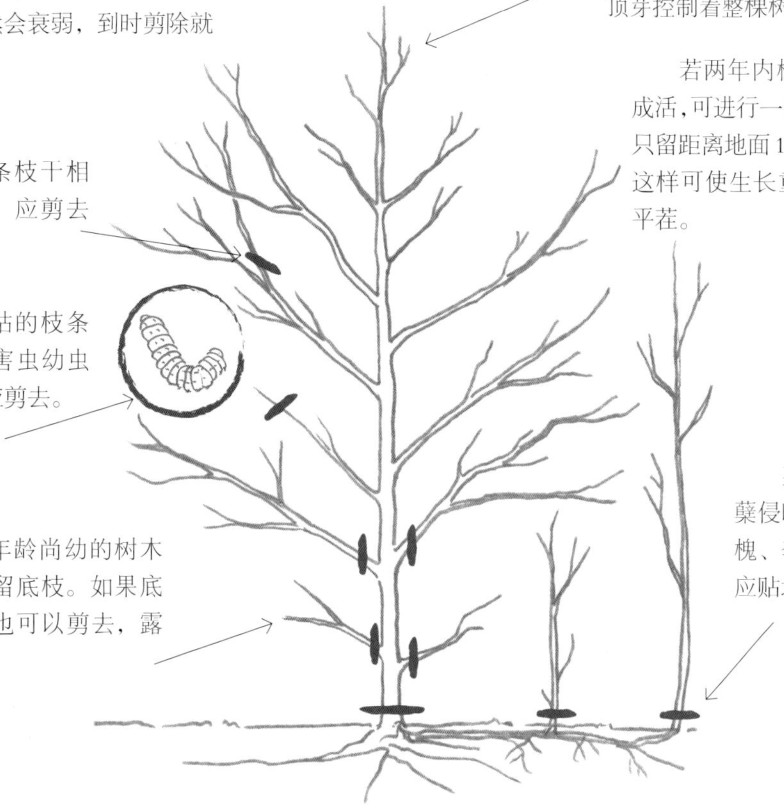

不要碰主干，因为主干的顶芽控制着整棵树的生长。

若两年内树木未能真正成活，可进行一次彻底修剪，只留距离地面10cm的部分，这样可使生长重启。这叫做平茬。

如果两条枝干相互交叉阻碍，应剪去较弱的那条。

突然干枯的枝条很可能是被害虫幼虫给侵占了，应剪去。

某些树种的根蘖侵略性较强（洋槐、李树）。平茬应贴地重剪。

栽种时年龄尚幼的树木几年内会保留底枝。如果底枝碍事的话也可以剪去，露出树干。

太近太远都不行

下剪部位离树干过近会损伤树干外围部分的再生枝瘤，造成的伤口存留时间也会更长。

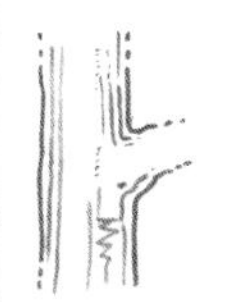

下剪离树干过远会留下一段残枝，残枝会逐渐枯干，但愈合需要时间。

真假结疤

枝条有剪口或偶尔受伤时，树干其实不是真的结疤：暴露处的上层细胞凋亡时会释放出鞣酸，这是一种有毒物质，是一种针对真菌的优秀保护措施，也是深棕色物质的由来。接下来几年内，树皮细胞会快速分裂并愈合伤口。这种反应叫做“创伤区隔化”。

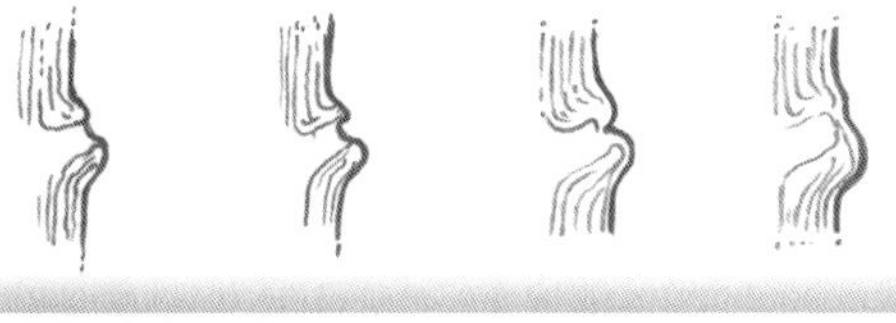

灌木的修剪

修剪灌木时应首先保证植株整体结构的更新换代，要给幼枝留出余地。

几年下来，绣球花的基部变得相当累赘。春天可剪去 1/3 的枝条。

尺寸的问题

虽说有的灌木长得像小乔木，但是它们的生长方式还是有区别的。灌木分支更多更密，没有真正占主导地位的主枝。若任其生长，灌木还会产生较多的枯死枝，最后也变得歪七扭八的样子。株距太近比较碍事：大部分灌木尺寸都会超过 3m，这一点商家可不会告诉您……就算告诉了您也不一定相信，照样把洞挖成每米一个。正确的做法是留出 1.5 ~ 2m 的间距。

帮助苗木回春

这样看来，规律修剪似乎是势在必行了。公共绿化强加给灌木植物的造型都是用电动修枝剪修出来的“锅盖头”，这种处理方法不仅导致灌木在外观上千篇一律，还会使一大簇枝条相互争夺光照，更糟糕的是它们不仅开花孱弱，几年后灌木还会过早显出衰老征兆。要想挽救，只有除去一半枝条，才能让植株勉强成活。但谁又忍心下得了手呢？

就算栽种间距得当，剪除老枝也能给新枝生

跟“锅盖头”式修剪说拜拜

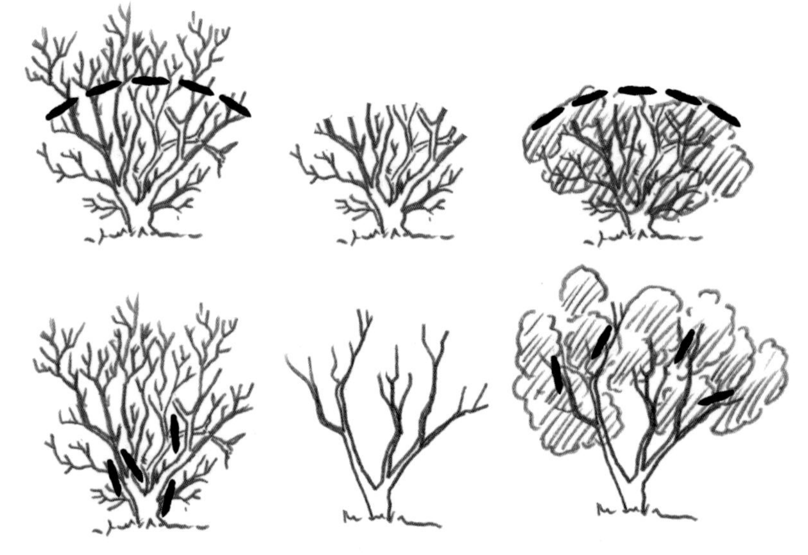

►忌：齐腰修剪，且不要事先将老枝全部剪去。这样灌木会长出很多枯死枝，光线也无法穿透树枝。

►宜：修剪时选留幼枝，保留生长潜力。更新换代始于基部，保证基部能接受到阳光。这样既可避免灌木早衰，又能保留它独特的造型。

灌木习性不同，修剪方法也不同

灌木	表面现象	习性	干预措施
■蒿属（‘鲍维斯城堡’银蒿）、莸属、角柱花属、香薷属、广适性吊钟海棠、金丝桃、灌木花葵、胡枝子、鬼吹箫属、分药花属、避日花属、鼠尾草（樱桃鼠尾草）。	每年再生都自土壤始。	这种灌木与多年生植物一样，花芽生长在春天抽生的枝条上。	下手要无情：3 月应剪去全部枝条，就连看似顽强越冬的枝条也不例外。
■醉鱼草属、夏美洲茶、鱼鳔槐属、红瑞木、溲疏属、芍药、‘安娜贝尔’绣球、槐蓝、棣棠、紫薇属、薰衣草、绣线菊、风箱果、委陵菜属、盐肤木、悬钩子属、珍珠梅属、夏绣线菊、野珠兰属。	均自主干生发，但分枝寿命可长达一两年。	这种灌木长势旺盛，甚至会抽出根蘖，迅速占据土壤空间。	修剪时，每年贴着枝条根部将老枝剪去，给新枝生长留出空间。
■六道木属、紫珠属、灌木忍冬、鼠刺属、连翘、多花醋栗、栎木绣球、蝟实属、丁香（小叶丁香）、山梅花属、绣线菊属（菱叶绣线菊）、接骨木属、雪球荚蒾、锦带花属	自主干生发，长势旺盛，而后稍缓。	这种灌木比前一种长得更高，但株型比较杂乱。一年生植株即可开花。	修剪时应着重剪除中央分枝，疏通整体结构。夏天抽生的强健枝应保留，以保证更新换代。
■醋柳（沙棘）、落叶小檗、日本榅桲、胡颓子、桂樱、丁香、榛树、石楠、马醉木、火棘、杜鹃、博得南特荚蒾	长势凶猛，若不控制，易导致花枝太高而欣赏不到。	这种灌木与小乔木一样，枝条自基部抽出。树冠为面包状或云朵状。	枝条生长至第三或第四年时会减缓，此时，可剪除这些枝条，给靠近土壤处生发的枝条生长留出余地。

长留出余地。大部分灌木都产自林间空地，常有动物前来啖食，这种做法不过是仿效、替代了狍子的啃食。将老枝尽量修短其实就等同于动物啃食的极端做法。

砍伐的好处

多年无人照料的灌木往往都长得歪七扭八的，有些枝条甚至蔓延到过道上。与其煞有介事地剪枝，倒不如等到 3 月份将全部枝条贴根截去。

这种彻底的做法其实是模仿森林火灾的效果。重生的灌木长势非常惊人，第二年就能开花。接下来就可以根据空间规律修剪了。注意用营养盖土滋润根基部，这样即使羸弱的杜鹃花也能重新焕发新生。

灌木：何时修剪？

花蕾早在花期前几个月，植株还在储备养分时就形成了。如果选在此时修剪，会将日后的美观装饰效果一并抹去。

● 修剪最好是等到花期结束后。也就是说冬春季开花的灌木要等到 6 月份。不要顾忌刚剪完时株形难看，该剪短的一定要剪短。

● 夏天开花的灌木你会有更多的时间来照料它。最好的修剪时机是 3 月，此时也适合伐除衰老、占地过多的灌木。9—11 月为灌木储备养分期，不宜进行修剪。

玫瑰的修剪

玫瑰在法国种植最多，值得为它专门辟出一章。您会发现蔷薇种植其实也没那么特别……

从野生狗牙蔷薇到现代品种

不用枉费心思地去记录它长了多少枝条，又长了多少颗芽，别忘了，玫瑰的原生种是一种叫做狗牙蔷薇的野生植物。它生在林下空地或是森林边缘地带富含腐殖质的土壤中。原生地竞争激烈，跟刺莓、蕨类的争斗更是你死我活。狗牙蔷薇的枝条会高高攀至其他植物之上，争得属于它的天地。

我们的先人沉迷于狗牙蔷薇的美丽。一直以来，培育变种的同时，原生品种顽强的生命力也被一并驯化了。到了夏末，蔷薇还有再度开花的勇气与能力，但长势比以前弱，枝条也不再柔软纤细，而是实心、坚硬的。这样的灌木蔷薇寿命不多于两年，攀缘蔷薇的寿命则是四五年。这跟乡下树篱上攀爬的犬牙蔷薇比起来真是差远了！

新一代英式修剪法

修剪蔷薇是为了使其将精力集中到花蕾上，借此弥补颓势。长久以来建议的方法是每年春天将植株尽量剪短，强制生出新枝。这种做法很有效，但蔷薇必须生活在肥沃的土壤中，日光照充足，最后种出来的蔷薇长势旺则旺矣，却少了新

修剪

修剪前

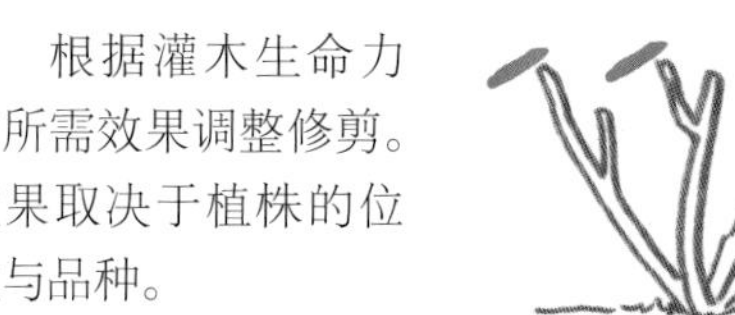

根据灌木生命力与所需效果调整修剪。效果取决于植株的位置与品种。

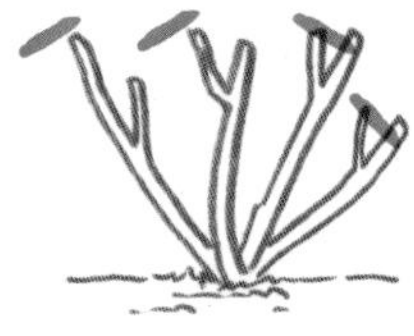

均匀型修剪

修剪时首先剪去两年生以上、树皮皲裂的老枝，其次再修剪留下的枝条，顶芽不动。适合灌木与现代攀缘品种。

轻盈型修剪

仅于花期后简单修整，剪去枯干枝条。这种清理型修剪适合很多纤细枝条型的古老品种。这些品种衰老过程较平稳。

简洁型修剪

这种修剪形式为很多专著所推崇，但它其实只适合多花型蔷薇。修剪时应灵活运用，只剪去老枝，给夏日生发的新枝留出生长余地。

意。大卫·奥斯汀（David Austin）[①]培育的英国新品种却改变了我们的看法。我们现在明白，植株较高的玫瑰若是放任其生长，效果要雅观得多。于是，3 月份的修剪其实就简化成了选取新枝，而且基本不动剪刀。栽种间距要加宽，给不太高的多年生植物留出空间，也让阳光能穿透枝丛照到贴近地面的新枝，为其提供充足的能量，有利于生长。秋季修剪没什么用，因此无需剪枝，追施一层营养盖土即可。

芽眼是个好标志

蔷薇科植物整枝时下刀不应随心所欲。要是不想看见光秃秃的枝条，最好是从刚好位于芽下方的位置下剪，芽又称芽眼；不要过远，如图①，这样会留下一截残枝；也不要过近，如图②，否则芽眼会干枯；1cm 的距离是最理想的，如图③，可以剪出一个斜面，方便芽眼另一侧雨水排出。

叶片越多越好

鉴于蔷薇占据的通常都是花园中心位置，更希望它们的外观整齐而不杂乱，因此会常常除去枯萎的叶片。但英国朋友们经过研究发现，叶子保留得越多对蔷薇其实越好。因此剪枝时只应剪去花朵和果实，别的就不用管了。

又见引缚法！

很多植被茂密的灌木蔷薇会生出直立茎，花枝很高，几乎观赏不到，也嗅不到花香。剪短反而只会助长它。最好是春天用引缚法处理这些枝条，用不显眼的黑色细绳将蔓条末端系在矮桩上。开花时非常烂漫。

小心“刺”

一般说法是“刺”，植物学家行话叫“棘刺”。蔷薇科植物身上扎人的部位是茎皮的赘生凸起部分，不是山楂树那样的变形茎。蔷薇科植物都是带刺儿的，藤本蔷薇的棘刺更是呈倒钩状，刺人很疼。照料它们时最好戴上皮手套或是绒里橡胶手套。要是您家的蔷薇植物多，及时预防，打一针破伤风针也不算过分谨慎。

蔷薇科植物也有无刺或是几乎无刺的品种，例如攀缘品种“桑西·德·帕哈贝夫人”、“季思兰·德·菲丽龚德”、“凯瑟琳·哈罗普”、“爱梅·韦博尔”、“四月雪”、“蓝蔓”、“无刺玫瑰”；灌木品种则有“天鹅掌”与“伊冯娜·拉比尔”等。

---

① 大卫·奥斯汀（David Austin， 1926— ）：英籍美国育种师。主要培育传统玫瑰。

小型果实灌木的修剪

小孩子们一辈子都会记得园里覆盆子的味道。重拾这种感觉，为培育出下一代的美食家奠定基础吧。

天生的开拓者

和来自犬牙蔷薇的蔷薇科植物一样，做甜食常用到的不少小型果实灌木植物都来自林下空地上生长的野生植物。森林火灾后，它们会在这里扎根，得益于富含腐殖质的土壤与充足光照，它们生长非常迅速，后来再为大树所取代。其间，前来啄食的鸟儿们肩负起了种子传播的任务。栽种时应考虑到上述因素，将光照充足的位置留给这类灌木植物，如大果越橘。

如何控制长势

对付长势迅猛的灌木不一定要靠修枝剪。最好的办法是通过水平绑缚枝条来抑制生长。无刺黑莓最适合这种方法，同样的方法对黑穗醋栗、泰莓（见左图）都很好用，斐济果、无花果也可以。这种做法有利于带花芽的新枝生长，开花结果，而不是只长出一小簇高高在上的果实。

光照最重要！

大多数灌木的逻辑都很简单：剪去老枝，使光照照进主枝，保障分枝更新换代。

果实接受到的光照越多，含的糖分也就越多。所以说收获后及早进行夏剪很重要，因为此时的视线是最理想的。

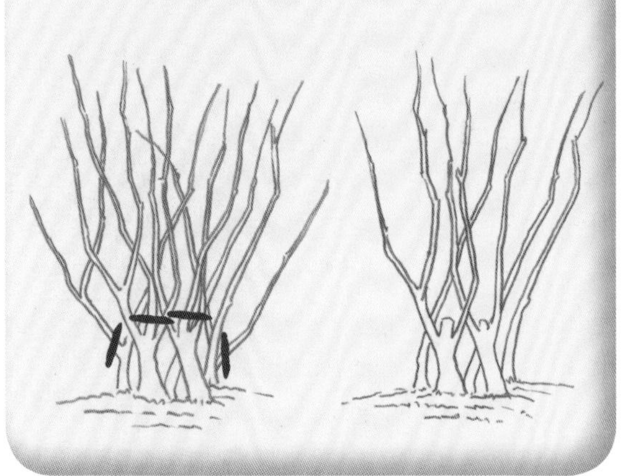

更新换代与施肥

要想了解这类灌木是怎么生长的，可以留出1 ~ 3年的时间任其自由生长。你可观察到花蕾于何处形成，哪些能结出最美味的果实，它们多半形成于树冠边缘处最年幼的枝条。之后呢，可优先剪去中间位置不好的枝条（见左图），帮助植株更新换代。剪除时应尽量贴近枝条生发处剪短，不要留下难看的残枝。剪下的枝条可以切成10cm左右的小段用来堆肥，有条件的话用粉碎机打碎就更好了。也可以简单地把枝条摊在草地上，用剪草机将其粉碎。与草混合后，堆肥腐熟非常迅速，几月后就可作营养盖土使用。

小型果实灌木的修剪		
	修剪指导原则	备注
非四季红树莓（又名覆盆子）	采摘后及时修剪所有结果枝，自土壤生发的新枝不用管。	不要剪去一直延伸到很远的枝条，它们产出的树莓是最美味的。
四季红树莓	2月份贴根剪去所有的主茎。以后长出的枝开花，比其他的都要迟上一月，但可保证夏季收成。	若不想生长出现停滞，可自5月起使用5cm厚的草屑覆盖土壤。
黑加仑	最美味的果实都生长在嫩枝上。修剪时应除去三年生以上、树皮斑驳的枝条。	黑加仑要求养分充足，5月起可使用营养盖土，草屑尤其适合。
红醋栗、鹅莓、黑穗醋栗	花蕾生长在两至三年生枝条的分枝上。无需修剪，剪去从簇中非常老的分枝即可。	这种灌木很好照顾，可用来装点菜园周边，但应小心鹅莓的刺。最好用篱架法给鹅莓整枝。
无刺黑莓、罗甘莓、泰莓	结果后主茎就没用了。可贴根剪去，保留夏末生发的新枝，冬天近水平状引缚。	它们都继承了黑莓的生命力，可装点篱笆、篱架和网格。甚至可以用来搭一座美味的绿廊。
蓝莓、蔓越橘、越橘	剪去干枯老枝即可。几年后，剪2/3的分枝可使灌木重新焕发生机。	喜酸性土壤，夏日喜阴凉。适合用盛满泥炭的大盆栽种，规律浇灌。用草皮覆盖土壤。
斐济果	可任其自由生长，也可春季稍作修剪，使枝条均匀。	果实夏末成熟，味道有点像草莓和菠萝。
无花果	最好的办法是任无花果树自由生长，最多于几年后稍微疏剪结构，使树冠透气透光。	适宜葡萄生长的地方都适宜无花果生存，最好靠南墙遮蔽。
泡泡果（巴婆树）	任其自由生长，果实会沿枝生长。主干上嫁接点下抽出的根蘖应尽量修短。味道很像异国果实。	喜半阴。最好是两个不同品种一起栽种，方便传粉。因此购买时应选择有名称、嫁接过的植株。
牛奶子（木半夏）	可发育成2.5m方圆的圆形树冠，这点种植时可要注意了。用修枝剪几刀剪去长势过旺的枝条即可。	很适合用作混合树篱。是一种自交能孕植物，一棵成株就能生产出几千克的果实。

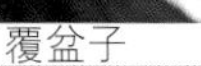
覆盆子

醋栗

无花果

蓝莓

攀缘植物的修剪

攀缘植物的优势在于它能利用垂直空间，生长快，若不加以适当修剪控制，其疯狂起来会铺天盖地。有时又会让我们觉得稍微过火了一点。这时就该整整枝啦。

绿廊：眼光要长远

刚搭好的大型绿廊总给人一种比例失调的感觉。不过考虑到以后攀缘植物将它爬满的情景，相较之下绿廊就显小了。

要是种一棵长花穗的丰花紫藤，3.3m高的绿廊都只能算勉强刚刚好呢。

修剪透光

大自然中的藤本植物，除了孜孜不倦地爬高寻找阳光，基本就不干别的。为了光照，攀缘植物可真是各有奇招：常春藤、凌霄和攀缘绣球的攀缘根，爬山虎某些品种的“吸盘”，葡萄的卷须，还有紫藤蟒蛇般的缠绕能力。每年，上一年的植被上都会新添一层藤本，最后形成深受鸟儿喜爱的一片繁杂。可别等到这样的情况才出手相助，平时就应不时打理一下，剪去老枝。

不言而喻，已牢牢扎根的常春藤是不能碰的，除非它爬到了距离滴水槽或屋顶1m左右的地方，这一带可是禁区！其他藤本植物生命力旺盛的幼蔓也不宜修剪，它们以后会长成一级枝条，开出最美的花朵。尽量引导它们在水平方向上生长。

对常春藤的畏惧

关于常春藤有不少偏见传言，比如它会损毁墙壁啊，缠死树木啊什么的。这些简直就是大错特错！除非树木已经衰老，否则常春藤是占不了上风的。另外，常春藤是靠攀缘根牢牢攀附的，最多只能损伤年久失修的灰泥墙面。

若常春藤生长过旺需要抑制，如防止它爬上屋瓦、滴水槽，可以进行适当修剪，每年一次。剪下的茎蔓千万不要留在原地，否则结果会更加糟糕。

彻底解决铁线莲修剪难题

看看您种的铁线莲属于哪一种，并于 2 月至 3 月份采取相应措施……实在不行的话，就采取备用方案吧！

几乎无需修剪

小花铁线莲于春季盛开，冬季千万不要进行修剪（否则花蕾会被剪掉！），而是在花期结束后稍事清理。注意只剪去亟须剪除的枝条。蒙大拿铁线莲高度可超过 8m！它的多余枝条可多了。此类包括如下品种。

■蒙大拿铁线莲（5 月粉红色、白色花朵犹如云霞）。

■高山铁线莲（4 月开美丽的蓝色铃铛形花朵，盆栽极美观。既可与灌木间种，亦可垂挂矮墙）。

■长瓣铁线莲（如图），4 月至 5 月份开半重瓣大花，很适合装点小型篱笆，也适合大型盆栽。

■常绿铁线莲品种，例如小木通、卷须铁线莲等。只需夏天剪去枯枝及发黑的老叶既可。

稍事修剪

早熟大花型铁线莲生长初期宜稍微进行疏枝，可除去弱势枝条以及生长未起步的干枯枝条。

至于位置稍低生命力充沛的芽呢，可以不用修剪，夏天稍事修饰即可。

这类铁线莲开花最大，有的直径可达 25cm！因为易患病，驯化这种铁线莲并非易事。

抗病性最好的品种："富士蓝"、"斯考特将军"、"粉香槟"、"尼俄柏"、"总统"。

受人喜爱但较易染疾病的品种："蜜蜂之恋"、"丹尼尔·德隆达"、"爱丁堡女爵"、单叶铁线莲、"海浪"、"冰美人"、"多蓝"（如图）、"繁星"、"普路透斯"、"薇安"等。

干脆截短

要想有的铁线莲在初夏开花且花期持续大半个夏天，就得在 3 月大肆修剪，使枝叶彻底更新换代：剪短至离地面 20 ~ 50cm。

■意大利铁线莲（如图），6 月至 9 月披拂繁花，也适宜用作地被植物或低矮型树篱，如"紫罗兰之星"、"可觅"、"茱莉亚夫人"、"查尔斯王子"、"皇家丝绒"等。

■"杰克曼尼"铁线莲花色蓝紫，如同一面华丽的帷幕。

■德克萨斯型铁线莲无数铃状花形成漩涡，犹如红色、粉色的小型百合花朵，与灌木间种极其美丽。

■甘青铁线莲与东方铁线莲开无数黄色小花，后生羽衣状花簇。无需每年修剪，只需在它规格太过时才有必要。

大胆混搭

攀缘蔷薇与铁线莲是非常经典的搭配，不过蔷薇与木通、铁线莲与素馨、凌霄与忍冬、西番莲与素馨叶白英等也都值得尝试。各种花色搭配，待到花期可以多一分惊喜。

快快快，应急方案来救场！

若不确定该采取哪种修剪方案，对于大花品种铁线莲，可以在春季将一半枝条修剪成离地 50cm 高，这样对植株更新换代有好处。长久无人照料的铁线莲不宜"一刀切"，若不慎剪到老枝，会导致植株死亡。铁线莲不宜秋天修剪。

购买时应只选择名称确凿的品种，否则怎能知道它的类型而采用合适的修剪呢？

评估伤害

通常情况下，要想救治植物就得先管好园丁。不是因为园丁病了，而是因为在他眼中很多现象皆是伤害……

对植物要有信心

人类自觉跟动物更亲近，因此看待植物世界的方式是相当偏执的。毋庸置疑，动物有感官，能迁移，这些跟人类是一致的。再看看植物，就会错误地认为植物是如此了无生气，必然只是苟活罢了。

我们这样想的时候，是忽略了植物最卓越的品质，它们光靠空气就能存活，无需捕食，只靠阳光、水分和空气中的二氧化碳，就足够植物形成组织、维持生命活动。这种能力造就了植物慷慨大方的个性：掉几片叶子，无关紧要！换成同等的侵害呢？会伤害到任何其他生物的完整性。一根枝条发芽可比重新长出一只爪子来要容易得多！

椴树小考

这是众多例子中的一个，它说明了植物能忍常人之所不能忍受的伤害并化为己用的能力。美国研究学者证明，蚜虫吸食椴树成树的树汁，这对椴树来说反而是一种资源。

- 蚜虫排泄出的蜜露会滴到土壤上（把树下停的汽车也搞得黏乎乎的）
- 蜜露含的糖分能促进细菌活动，细菌可吸收大气中的氮。
- 算下来，椴树只需付出一点糖分跟水分，换来的却是免费的肥料！

因此，人类对动植物间的差别有着截然不同的对待方式，尤其是再加上植物所负载的情感意义：它们是人类日常生活的一部分，给我们带来视觉与味觉的享受。大部分情况下，园丁都会抢在植物之前做出过度反应：摆在眼前的明明是一次小小的波折，园丁却会把这理解成一幕惨剧。植物明明完全能够自己应付，园丁却奋不顾身，飞身上前

抗病虫害月季

要是有育种师将抗病性列为品种选择时的标准之一，这倒是可以听他的，因为事关信誉。近年来的新品种“颜·阿尔图斯·博尔特朗”，“安妮·杜柏蕾”、“维特尔”、“莫利纳尔玫瑰”、“格拉斯香水”、“大爱”、“克莱芒美人”或是“金门”（如图）都属于抗病虫害品种。

生命周期

有句丹麦谚语说，蝴蝶总是会忘记自己的毛虫岁月。咱们可别犯了同样的错误。为了看见蝴蝶飞舞，还是留下几只毛虫吧。小王子[①]说得有道理：“要想知道蝴蝶长什么样，总得有容下两三只毛虫的肚量。”

营救。植物本身拥有一套非常精准的自然防御系统，一旦有侵害（叮咬、撕咬、菌丝侵入），植物就会拉响警报，并立刻展开反击，有计划地摧毁入侵处细胞，释放出有毒物质。大部分情况下这些就足以击退攻击，但之后植物也会始终保持警觉。

若制造问题的是园丁呢?

数十亿年以前，也就是早在恐龙出现前，植物就已经遭遇过无数噬食者了，但它们大体上成功地全身而退。既然这样，为什么我们经常会觉得花园里的情形正好相反呢？花园里的植物为何会时时遭受威胁，生存如履薄冰呢？

● 花园看似自然，其实却并不自然：很多植物都是经过一番努力才适应花园环境的。

● 抵御侵害的过程中，土壤肥沃不一定就是优势，尤其是养分过剩的植物富含糖分、蛋白质，如果侵害者喜欢这样的树汁，那就更糟糕了。用堆肥也能让植物“嗑药”过度，它就跟水溶性氮肥一样：反正都是氮元素嘛！

● 我们偏爱的都是花色各异、香气浓厚、味道甜美的品种，新种培育师也是照着这些标准来育种的。他们弃自然防御系统于不顾，而转寄希望于人为的植物防病虫害处理，希望能借此杀灭“瘟疫”。这方面的信息要是能更透明一点，我们购买时也能以此为据。现在蔬菜里已经有这种做法了（杂交番茄会标明有抗病虫基因），还有苹果树和葡萄等果树，但我们需要做的工作还有很多。就连本身具备抗病害能力的蔷薇科植物也是有的，只需学会分辨。ADR 跟 AARS 一个是德国，一个是美国，都是信得过的认证标志，但相较竞争而言产品太过昂贵，因此还不怎么流行。[②]

① 《小王子》（Petit Prince）：法国著名读物，作者圣埃克苏佩里（Saint-Exupéry）。

② ADR：全美玫瑰特选（All American Rose Selection），AARS（Anerkannte Deutsche Rose）德国玫瑰认证，都是玫瑰的认证体系。

蚜虫之美

其实应该说“各种蚜虫”，因为光欧洲蚜虫种类就超过 700 种（还不算全世界的 4400 种）。用放大镜观察蚜虫，您会发现这是一件大自然的完美作品。它完全就是为了吸取甜美的树汁而定制的。

● 多余的水分自昆虫另一端排出，形成蜜露，其中繁殖着一种特殊的真菌，叫做烟霉，外观很难看，但对植物没有真正威胁。

● 蚜虫是气候变化的标记物，它们每年出现的时间是越来越早了。

● 蚜虫繁殖非常迅速，构成的生物量也相当可观，并且是生态系统的基础之一，值得尊重！

第一波反击

自《圣经》里的诅咒以来，虫子就成了人类不共戴天的敌人。其实它们跟人类一样，也是宏大生命链上的一部分。

捉虫，辨识，清场

请记住，本书首先是写给那些将园艺当做消遣、想找机会改善花园环境的园丁们的，或是为了给桌上的菜肴添一点风味，或是简单地想抽出一点时间来欣赏植物的生长。

这种前提下，绝大部分教我们如何救助植物、如何应付哪怕是最微不足道的侵害的建议，都不适用了，这些建议都只能添乱。就拿黑蚜虫来说吧，5 月份，樱桃树嫩枝上常见黑蚜虫。及时杀虫其实非常荒谬，因为蚜虫最多活不过一月，就算活过一月，那时它们的无数天敌早找上门来了。还有一个例子就是，一棵长势弱且多病的蔷薇科植物，即便是十多种贵过植株本身的治疗轮换着上，也无法让它的健康状况得到分毫改善，根本就是苟延残喘。

同盟战队

到今天，笔者已经 20 多年没用过杀虫剂了，就连“天然”杀虫剂也没用过。花园不但没有发生任何灾难，相反，植物长势非常好。仔细一想，其中的道理主要是益虫军的归来与壮大：步行虫、小胡蜂、草蛉、草蛉幼虫都是蚜虫可怕的天敌，当然啦，还有各个发育期瓢虫组成的大队。这些益虫能调控蚜虫、毛虫的数量，比任何一种杀虫药更有效，而且分文不花。何乐而不为呢？

气味诱捕器

果农经常使用信息素诱捕器。它能够散发出性激素的气味，吸引雄性蛾子。通过这种手法，果农可预估潜在病虫害的规模。

● 花园里使用诱捕器可让雄性昆虫以为到处都是雌性，从而打乱昆虫的轨迹。但针对每种蛾子都需要有一种专门的诱捕器（苹果蠹蛾、李小食心虫、韭菜蛾等）。

光治标是不行的，关键还是得治本：所以说应当找一只好点的放大镜，凑近了仔细观察。趁机捉出几只毛虫，扔到别处；辨识出茎枝末端的蚜虫，用水冲掉；还可除去呈真菌病害斑点状的发黄叶片。这种有的放矢的反击还有一个附带的好处，即一并治好园丁偏执的毛病。

动物还是真菌？

叶脉完好的切口是毛虫、蛞蝓与蜗牛啃咬的标志。这些害虫大多在夜间进食，其余时间藏在地下。发现植物被虫伤害后，害虫的天敌多半也就不远了。还是顺其自然吧。

有的叶片上覆有一层粉毡状（白粉病，就像笋瓜表面）或近似圆形的黑色斑点，这说明真菌的菌丝体已经成功侵入了。此时，有效干预已经太迟了。日后应注意更换，不要选择易染病害的品种。

寻找不同部位被虫害的原因

害虫通常都栖身在猎物附近，这倒不奇怪。可它们白天一般都藏起来了。于是就得以警犬为榜样，深夜或一大清早出发探案！

叶片被啃食？罪魁祸首是毛虫（菜粉蝶首当其冲，其次就是科罗拉多薯虫）。它们通常白天藏匿，轻触即可掉下。

嫩茎是无数微小昆虫的殖民地，以蚜虫为甚。可用手指捺死它，然后用水冲掉。

生长停滞，叶片打卷。叶片背面藏着灰色或黑色蚜虫。夏天也有可能是果树蜱螨。

根颈被咬，幼苗突然枯死，而且马铃薯果实上出现洞眼：这些都是铁丝虫害的征兆。铁丝虫是叩头虫的幼虫，将草坪一角改造成菜园时常发这种虫害。

不管怎么浇水，移栽的幼苗每天早上都有枯萎的，根颈被啃食去大部分。如果破坏是昨晚造成的，今天挖地三尺就有可能把罪魁祸首给揪出来。它是夜蛾的幼虫，一种灰色毛虫。

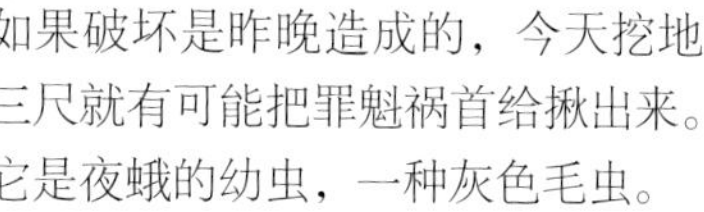

用铁锹翻土时翻出一种多肉的白色虫子：这是鳃角金龟子的白色幼虫。不可与玫瑰金龟子的幼虫混淆，后一种在堆肥里常见，完全无害（白色，爪子非常小，如右图）。

几天工夫，一片长势良好的苗床就都啃食完了。顺着一道银光闪闪的痕迹，就可判定这些夜晚的破坏是小型灰蛞蝓或黑蛞蝓造成的。

防治蛞蝓等虫害

苗床被肆虐，幼苗被连根切断……昨晚上有不速之客。是谁？当然是蛞蝓了！

蛞蝓养殖商？

姑且先不急列举蛞蝓、蜗牛的铲除方案，而先提两个问题：第一，您侍弄花园的方式里，哪些行为有可能助长这些害虫？第二，被啃食最严重的植物究竟有必要保留吗？助长害虫大量繁殖的因素包括：3 月起铺覆的厚厚盖土物；苗床作物栽种过密；还有喷淋式灌溉，这种灌溉方法不仅浇灌局部，还会波及整座花园；此外，还有腹足纲动物缺少天敌，例如独栋住宅区里的新式花园，或阳台种花时不小心引进蛞蝓，都属于缺少天敌的情况。

没有玉簪能活吗？

流传着一些清单，传说上面的植物都是能防蛞蝓的。但除了大蒜、香雪球、欧芹、常春藤、天竺葵跟石竹，名单上的其他植物都值得质疑。但是，下面这些深受蛞蝓喜爱的植物倒是无可置疑的：生菜和圆白菜幼苗、法国万寿菊、矮牵牛、草莓，当然还有玉簪。这真是不幸，因为玉簪的美主要是观叶。有一些品种声称具抗病虫害性，但无论什么品种，幼苗期都是不具抗性的。不过，黏土似乎比沙土、甚至是腐殖土更加有利于防范蛞蝓。

爬虫向您致敬啦

有的情形对蜗牛有利，对蛞蝓却没好处；二者造成的破坏本质上也不尽相同。

小型黑蛞蝓一般生活在土壤里，不见天日。它们会于春季破坏苗床与幼苗，而蜗牛与大型蛞蝓则是在初夏和秋季肆虐，有时会对成株造成破坏。

它们都只在潮湿天气才能迁移，且惧怕高温。将晚上浇水改成早上浇水就足够限制1/3左右的爬虫繁殖了，对植物也没有坏处。

学习如何共存

蛞蝓和蜗牛与花园里其他生物一样，在生态系统中也占有一席之地：它们担负着清道夫的角色，负责回收腐败有机质与活有机质，所以说啤酒发酵的味道对它们有着绝大的吸引力。除掉它们就等同于动摇花园的生态平衡。就算除去苗床周边局部的蛞蝓跟蜗牛，只需几周，别处的种群就能迁移过来把空白给补上。目前看来，诱捕法仍是最有效的方法，它只会除掉多余害虫，让人暂喘一口气，并能保护好掠食者的口粮。具体做法是晚上或一大早将花园里的罪魁祸首捉出，扔到偏僻角落，或干脆放归大自然。

盟军早已就位

腹足纲动物占据了花园生物量中可观的一席，也拥有众多天敌，敌人主要攻击它们的卵跟幼虫，因此蛞蝓虽然繁殖力旺盛，但是下雨天还是不至于满地乱爬，这就要感谢这些天敌了。

为此，要深深感谢刺猬（捕蜗牛能手）以及包括乌鸫在内的众多鸟类，例如蓝山雀（如图），还有蟾蜍、发光虫的幼虫，它们能使猎物麻痹；玫瑰金龟子，可惜现在已经比较少见了，还有盲蛛，又称长脚螃蟹（如图），可别跟蜘蛛搞混了哟。

几种减轻虫害的方法

► **驱赶**

枯木灰很便宜，但倒边盆或型钢边盆的成本就高了：隔离 $1m^2$ 的面积要花 80 欧元！仅限苗床使用。

► **诱捕**

用酸奶盒自制的啤酒诱捕装置很好用，更复杂的装置也有。也可用甜瓜皮诱捕，早上收取。实在不行，用一片大叶子铺在待保护植物周边土表也行啊（图中用的是毛蕊花叶）。

► **药杀**

传统诱饵已被磷酸铁所取代。为加强效力，药物可置于蜗牛盘中或瓦片下。为避免招致猫狗，药物颗粒应分散铺洒，不要堆成一堆。

家庭自制药方

这种方子通常都是口口相传的。虽说不是什么灵丹妙药，倒也确能有效……有利于减轻园丁的焦虑情绪。

从厨房到实验室

以植物配方为基础的农药第一位被使用者就是荨麻。这不是巧合。荨麻生长在氮含量丰富的地方，它强健的根须能吸取土壤中大量的微量元素。农场主们都知道，饲料里撒上一把荨麻就能让家禽气色饱满。请想象：有一天，一桶荨麻扔在室外，被人给遗忘。暴雨过后，桶里蓄满雨水，一连发酵了好几天。农场主将桶里的东西倒在一株植物旁，结果植物突然间重新绽放绿意。于是大家灵机一动：荨麻浆能不能用作园艺肥料呢？

一直要到 20 世纪 80 年代，经验才逐渐过渡到有较完善的配方。随后发现，荨麻或紫草量其实没必要太大（1 千克草 /10 升水），这样也比较节省原材料。跟诱导子这种信使 RNA 分子联系起来理解，荨麻浆的作用原理也就很清楚了。发酵、浸泡和熬煮过程都能释放出这种分子及多种其他物质。

法式发酵液态肥制作（又称浆）

● 兑 50L 水需采集 5kg 新鲜植物（或 1kg 晒干植物）。原料全部放入一带盖垃圾桶，桶置于室内恒温处。

● 每日翻搅。直至液体中再无小型气泡时，用粗麻布或催熟网过滤。

● 立刻使用。也可用密封容器保存。按浆和水 1 ∶ 10 的比例稀释后施用，早晨最宜。

弄疼啦？上大蒜！

不少适合园艺入药的植物对人也很有益处。就拿大蒜来说吧，其降压、抗菌效用我们都了解。100g 的蒜瓣，用 2 大匙亚麻油浸泡一夜，过滤后用 1L 水稀释，再静置发酵一周，就成了一剂杀虫良药，按药浆和水 1 ∶ 20 的比例稀释后使用。

与植物一接触，诱导子就能触发植物自身的防御反应，首当其冲的就是根系吸收土壤中养分的能力。所以说目前最好的施药法是雾化喷洒叶片，不过，要是为了给年幼果树等作物局部杀灭蚜虫就另当别论了。根系是重要的生长激素分泌器官，在植株调动自身能力的过程中扮演着重要角色。

用药不宜过量

植物知道如何识别外来侵害，即便是非常小的一处伤口、昆虫叮咬或真菌侵入某片叶子，伤口处都能探测出特定分子，它们负责向邻近细胞传递警报。这种分子叫做诱导子，英语里这个动词[①]就是“诱导、激发”的意思。接下来会立即产生一系列反应，包括细胞凋亡：这属于“坚壁清野”式战术，非常有效。植物的一生中有一些时期会比较虚弱，例如移栽后，这时追施发酵肥

① 指 elicit 这个英语单词。

荨麻

荨麻是一种天然驱虫剂，有利于植株扎根，一般对植物生长具强健效果。荨麻刺人，植株下还藏匿着无数参与花园生态调节的昆虫，平时不怎么招人待见。

荨麻发酵液态肥（又称荨麻浆）可帮助植物渡过移栽等类似难关。

木贼

可加速植物生长。杀灭真菌（主要是防治）。

木贼一旦扎根就很难清除干净，但要养活它也不容易。还是去草药店购买干木贼吧。木贼煎的汤和发酵肥都能加强植物的自然防御体系，特别是抗病害能力。

水或药剂可以产生更多的诱导子，激活植物的防御机制。相当于给花草们打打气!

紫草

可帮助扦插，刺激开花。生长力之强极其罕见。幸好‘德国黑啤14号’品种根蘖较少，生长能力有所收敛。紫草发酵肥可作为荨麻浆的补充。紫草煎水可控制蚜虫、白蝇等病虫害。

鹰蕨

兼备杀虫、驱虫效果。可去森林中适量采集。不掺水的发酵纯浆是一种强力杀虫剂，可驱赶叩头虫的幼虫铁丝虫。这种病虫害在草场一角种植作物时极易发生。

斩草除根后待如何？

修剪下来的灌木枝条，割下的杂草，患病的番茄、枯枝，还有树桩子，都送到垃圾处理站？还是一把火烧掉？这些办法都不恰当。植物所含的碳元素，是从土里来的，还是该还回土里去。

树桩成了雕塑艺术品

按捺住在树洞里神天竺葵的冲动，还是放一只日晷吧。

堆肥前与“千层面”法前的准备工作

植物的生长周期决定了5—11月这段时间，会有大量有机物堆积，即使用草屑给养分要求高的蔬菜和灌木作盖土，也要将“及时入土”的原则最大限度地实施，因为我们往往抽不出时间将有机质逐一打碎、入堆肥。

这样的话，为何不干脆在花园一隅自设一处堆肥场呢？灌木、瓜果皮、园子里拔出的野草都可以往那儿堆。要是不想让它看起来像个乱糟糟的垃圾场，可以用三只木条箱拼成格子状，榛树、栗树的枝条编织的箱子也能用啊。还可直接在地面堆积，再栽一棵小南瓜，让它在近旁扎根，在树枝搭成的架子上攀爬。

来年秋天，与邻居合租一架结实耐用的粉碎机吧，花一两天时间，把该粉碎的东西都给打得碎碎的。粉末可用袋子储存，方便以后追加厨余垃圾时添加，或用作“千层面”法也可以。很多人都疑惑要不要把患病番茄植株的茎给扔掉，以免传染疾病，但今年的疾病传到下一年基本是不可能的，因此无需担心。因为致病真菌需要活细胞才能繁殖，树叶或茎秆剪下后，真菌也就随之死亡了。病害是通过一种特殊的叫做孢子的细胞散播的。孢子经由空气传播，稍有坑洼不平处就有它的身影。所以，还是顺其自然吧……

根腐病可怕不可怕？

护林员非常怕根腐病，这是一种名为蜜环菌（armillaire）[①]的真菌导致的。该真菌主要侵害衰老树木，也参与大自然中死亡树木的再循环过程。大旱后的树木更易遭受蜜环菌侵害。它预示着树木生命的结束，并会促使树木开出最后一次繁花，犹如回光返照。因此花园里生长蜜环菌一般不用担心。

① 蜜环菌（armillaire）：中文又称榛蘑。

树砍完了还有树桩

伐树前最好三思：树干和树干上的枝条还可以留几年，用来挂鸟屋、供各种动物栖身都很适合。即使枯死，树木也还是孕育生命的温床，它含有的纤维素、木质素都是真菌喜爱的碳元素来源。真菌在蛀木昆虫幼虫掘出的廊道中生存，例如今天已成为保护物种的大天牛。反过来，这些幼虫又是啄木鸟一类鸟儿的美食。除外，大的洞穴还是松鼠和蝙蝠宝贵的藏身地，蝙蝠可是猎食蚊子的能手；小点的洞则留给大量益虫，它们中间很多都是聪明的传粉能手。

优秀爬树能手

啄木鸟一般于冬季在花园里出现。松鼠整年都是常客，树叶落光后更易遇见。

只要不对周围的房屋、人身造成危害，一棵死掉的树还可在原地保留几年。可将大枝削去，让它外观美观一点，也不会看起来像拍恐怖片的外景一样。在枝条上也可以悬挂鸟屋，供鸟儿、蝙蝠居住，并在离地 3m 处拉一圈铁丝防护环，防止猫儿攀爬。

树桩原地回收法

❶这棵月桂树栽错了地方，侵略性太强，只能齐根砍掉。而且树桩根本挖不出来。

❷没关系：用锋利的锯子将根贴地锯平。填土，夯实。还可用木头碎片之类填补。

❸盖上两三层硬纸板，阻碍嫩芽生发。

❹铺上粉碎的树枝。粉碎的树枝好处是不含种子。

❺❻用种植袋或大花盆来填满空白。

树桩要很多年的时间才能腐烂，但这样做能省去了拔出树桩的大量精力。若是侧柏树篱染上了病害，还可以采取同样的方法来栽种灌木丛，打造一面混合树篱。将侧柏树篱贴地砍去，用硬纸板铺地，堆一座“千层面”。针叶树没那么旺盛的生命力，因此无需担心侧柏再生。

植物搭配

胡萝卜深受番茄喜爱，却跟圆白菜不共戴天。这种说法究竟靠谱吗？

提防流言

关于植物搭配有不少相关文献，网上博客也时时都有新的说法。该信哪个呢？据说有的植物互具亲和性，能相互促进生长，有的则会相互妨害。我们来尽量给它们理清楚。

大自然给我们提供了无数喜共生的植物类型。共生的原理其实很简单：植物对光照和土质的需求相近。菜园里也是一样，对阳光、水分和氮要求高的植物往往扎堆生长。移栽或为苗床间苗时，只要留出适当株距，减少植株间竞争，再加上营养盖土和频繁浇灌，一切都能相安无事。九宫格菜园的经验就一次次证明了多种蔬菜也能友好共处。但是，也有的植物确实拥有“收拾”周围植株的能力：我们管这种特殊能力叫“植物相克”。它的原理是，某些植物根系会分泌出特定物质抑制其他植物发芽、生长。不少野草，例如狗牙根、苦艾草，都有这个特点，蔬菜里没有哪个种类具备这种特性。

旱金莲：“中继站”植物？

有种说法，因为旱金莲吸引蚜虫，果树下栽种旱金莲可减少蚜虫病虫害发生。

● 实际情况稍有不同。旱金莲的确招致蚜虫，但这跟侵害苹果树的蚜虫并不是一个品种。

● 蚜虫的天敌却不管它们究竟是不是一种，大家照样各司其职。

● 还有一些植物也很有意思，它们的花粉能喂养某个生命阶段的益虫，例如荨麻、莳萝，还有无人垂青的杂草猪殃殃。

迷迭香和狗牙根找不到朋友……

● 迷迭香与风轮菜、百里香一样，来自法国南部石灰质荒地，在产出大量受人喜爱的芳香化合物的同时，它也具有抑制一年生植物出芽的能力，且此能力比其他植物更甚。

于是迷迭香生长的地带是一片荒地也就说得通了。再说了，这种地方的水分争夺战往往也很剧烈。

● 狗牙根生命力过人的秘密既是因为它的根探索土壤的能力比其他植物都强，也是因为它的根系能释放出一种能“抑制”其他植物的物质。

就算将狗牙根的根暴露在阳光下暴晒，它也照样分泌有毒物质，真是够顽强！

经营一种刻意的无序

还有一种说法是：某些花卉会招来特定昆虫，有的对有用植物造成危害，有的为这些昆虫的天敌提供口粮，减轻病虫害压力。这个领域里有不少实际经验，来自菜农和果农的第一手经验尤其重要。这其中的关键字就是货真价实的生物多样性，即使种了30个不同品种，番茄还是番茄。可要是在花园里栽满异国花卉（舶来品种），本地昆虫大概就高兴不起来了。当然有时舶来品种也误打误中，碰巧讨它们喜欢，但一般说来，本地昆虫都不屑于去碰舶来品种，以免最后落得衣

掩护的艺术

此处，白菜被温柔地夹在药芹跟金盏花中央，菜粉蝶在此产卵的概率大大减小啦。

食无着的下场。因此，不管是什么花园都应留出自然荒野一角，任它自生自长，不事打理。从树篱到花坛，再到长条花盆，混合栽种都能使园艺成功的概率最大化，视觉效果也非常好！

打乱昆虫的脚步

洋葱素有驱赶胡萝卜蝇的美名。这倒不是因为洋葱气味特殊，而是因为其他植物对其掩护作用，这种掩护作用换到其他植物上效果也是一样。昆虫喜爱的植物会释放出特定的分子。受此吸引，昆虫会远远赶来，但落脚点是否精准却是纯粹碰运气的。如某种昆虫要找的植物是某种圆白菜，而且圆白菜是跟其他圆白菜混种在菜园一隅，地上杂草还拔得干干净净的，那么菜粉蝶着陆、产卵地点就是百无一失，将来菜叶也会被幼虫给咬得七零八落的。而如果圆白菜被掩护在苜蓿丛中，目标就模糊了，菜粉蝶产卵会急剧减少。这样看来作物间种还是很有益的。

猎杀线虫纲

● 线虫纲是一类常见于土壤的小型蠕虫。有一半都是细菌或别的微生物，剩下的则是植食性动物：它们会蜇破根须，吸吮细胞汁液，造成植物根茎多结，生长速度急速降低。

● 菜农非常忌讳线虫。线虫大量繁殖也表明耕种过度，导致土质失衡。这是因为同一地块连作同种蔬菜造成的，加之有机质追加不够。而在花园里通常不存在这样的问题。

● 一种预防办法是在菜园里栽种会释放出线虫不喜物质的植物。法国天竺葵经常作为预防的首选，矮生型跟植株高大的印加万寿菊可以，天人菊、百日草似乎也一样有效。

小万寿菊

康乃馨

给益虫造个窝

家里的整洁跟庭院整洁不可相提并论。无序才是庭院生命的常态！

不修边幅的独特

人居住之处得满足一定的卫生条件，但同样的理论不能照搬在庭院里，除非是清除花园里人为随手抛弃的塑料片、瓦砾石块，那又另当别论了。空间里包含的生态位（niche）①越多，孕育的生命就越丰富多彩。各种边界往往都占据着战略性位置：树篱旁边，花坛边缘，矮墙周围，还有被遗忘在堆肥旁的树枝堆儿，这些场所都庇护着一个数量繁多的生物群落，有蜗牛，有蛞蝓，更有它们的天敌——步行虫和玻璃蛇。有益虫的情况下，控制蛞蝓繁殖容易多了（例如使用苗床边诱捕的办法）。这些益虫每周七天二十四小时不间断工作，孜孜不倦地寻找着蛞蝓与蜗牛的卵，对它们来讲，这就是一顿鱼子酱般的盛宴。

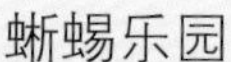

蜥蜴乐园

条件允许的话，请尽量让矮墙保持原状，不要抹缝。这么一来，墙上留出的无数小型洞穴就成了一种宝贵生物的栖身地：蜥蜴。它们不仅吞吃毛虫，也吞吃负责传粉的雄蜂，以及参与昆虫整体数量调控的胡蜂。

时间稍久，青苔、地衣与蕨类植物（水龙骨和铁角蕨）都会自行生长。别忘了还有无处不在的景天与长生草。这里将变成一个微观世界。

好的开始

在独栋住宅区新落成的庭院里，得花上几年时间来协助大自然的工作：鸟屋和饮水槽都是很好的东西，可供昆虫栖身的装置也不错。但是，如果配套花卉提供的花蜜、花粉跟不上，这一切工作都徒劳。一片名副其实的休耕地花海可比传统草坪好看多了。夏末刈草可避免过多惊扰此处刚刚重拾节奏的生物的活动。

① 生态位（niche）指的是某个物种所处的环境及其本身生活习性的总称。

如果采割的草花正在开花，则应将刈下的草花原地放置一周，等昆虫散尽后再送去堆肥。

虫虫客栈

手艺高明的手工爱好者都愿意自己动手打造一间名副其实的虫虫客栈。尽管不能保证各个房间都有客人入住，也不能保证花园里的生命会弃各处零星分布的藏身地不顾，更偏爱这座“客栈”。

刺猬过冬

现在市面上也有刺猬窝出售了，不过刺猬最喜欢的冬眠场所还是花园中无人问津的一堆树枝。因此，生火前可别忘了先晃晃树枝堆儿，看底下有没有藏着一位令害虫闻风丧胆的“盟友”。

鸟儿的冬天很漫长

冬天，留在花园中的鸟儿很难找到口粮，而且白昼也越来越短了。11 月至次年 3 月，我们可以给鸟儿们补给一些富含卡路里的食物，它们会很开心的。

● 时至霜降即可开始供食。天气好转后也不要立刻停止供应；应等到鸟儿重新恢复正常行为后才终止供食。

● 为避免猫和啮齿动物破坏，喂食器应挂在高处。

● 我们常常会忘记，鸟儿（不止它们还有蜜蜂）也是需要一个饮水处的。即使是一片暂时的小水塘也很珍贵。这个问题用平底容器盛水即可解决，但注意放置在猫儿碰不到的地方。

自家小菜园
美味有保障

盆栽菜园

自从有了陶器，就有人自得其乐，用花盆来种菜。这样一来，下厨的时候菜蔬就能伸手可及啦！

没有阳光，哪来蔬菜

对喜爱可食用绿植的多数城市居民来讲，盆栽蔬菜是必不可少的。那么如何在阳台上安排迷你盆栽呢？有的时候空间有限，比如只有一条窗户边缘，或是阳台太窄，只能放下长条花槽。这种情况下重要的就是合理搭配长条花槽与花盆，实现空间的最佳利用。尤其是要合理利用高处的垂直空间，既方便移植、收割，也有利于浇水。垂直种植对植物的生长状况也有利，不管晴天阴天，植物接受到的自然光照都会更加充裕。需要注意的是，无论哪种情况，都应保证花盆安放、支撑稳固，可抗大风。千万不能将花盆直接放置在街道上方的阳台边缘！这是绝对不行的！

有趣的盆栽蔬菜

- 做沙拉的蔬菜都很适宜盆栽，特别是生菜，注意浇水即可。
- 大白菜：秋天收割，长势也很好，要注意防范蛞蝓。
- 地榆可为小花园增添一抹独特的魅力。
- 红菜头非常招人喜爱。
- 小型果实的辣椒与甜椒盆栽通常也比园栽长得好。

西葫芦

彩椒

有经验的读者还可尝试：

- 胡萝卜：需深盆，偏沙性土栽种。
- 西葫芦：需要大盆。跟大果番茄与甜玉米一样，也需要将雄花在雌花上方摇晃进行人工授粉。

环保再利用

如下图示意，用透明的汽水或者矿泉水的大瓶子，经过剪切和组装，可以改造成水植盆。能够看到平时吃的沙拉中的蔬菜是怎么长出根来的，小孩会很开心。

哪种基质最好？

因为空间有限，根茎所享受的花土质量一定要好。市售的花土一般是泥炭土，也有“非泥炭”配方，含有椰纤维。后一种椰土虽然顺应环保潮流，但也存在一些问题，因为椰纤维产地遥远，使用前须经过一道脱盐工序，这会对当地的水源造成很大污染。这么一权衡，泥炭土似乎更理想一些。要想减少碳排放，如果住宅小区设有集体堆肥场，还可以往花土里加上1/3的熟堆肥。

复古风

复古风铁架又流行起来了。

占地最小的情况下，合理摆放尽量多的盆栽，这种架子再方便不过了。最下一层经常被用来堆放杂物。

假如住宅附近还没有堆肥场，那何不率先而为自做堆肥呢？

适度浇水

有的盆栽蔬菜生长旺盛、鲜嫩、滋味甜美，有的则易出现水分缺失，其主要的因素就是浇水。浇水与其说是量的问题，不如说是一个节律合理性的问题，节律紊乱就会种出淡而无味的蔬菜，跟市售的没什么两样。要定下精确的浇水节奏也很难，因为它也跟季节、天气、花盆大小、植物生长速度都有关。盛夏季节，每2～3天应浇水一次，三伏天时节更应每天浇水。用堆肥做盖土可减轻水分缺失的程度。

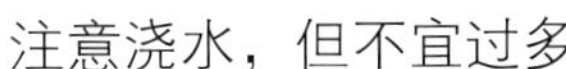

注意浇水，但不宜过多

受土量局限，盆栽植物根茎蓄水量较少。最好的解决途径莫过于规律浇水。

● 将花盆放在托盘上且托盘始终蓄满水是无法取得规律性浇水的效果的，因为花土会因为过度汲水而丧失透气性。

● 不过，在托盘放上薄薄一层砾石倒是个好办法，这样可以帮助盆栽吸收水分，酷暑时节，盘中蒸发的水分也能在植物周围维持一个湿度较高的舒适环境。

上架

将花盆集中安放可便利浇水。可利用储物式花架安放或用挂钩悬挂花盆，借以节省空间。还可将多个花盆用钢筋串起来，钢筋焊在一面方形铁板上，铁板被最下面最大的那个花盆给遮挡住。给一排花盆填土时，注意让花土高度保持水平，方便浇水。还可将长方形花槽叠放在角钢架上，打造出一面美食果蔬墙，只要保证光照充足，收成会好到让您吃惊。

香草组合

什么东西在市面上卖得既贵又不新鲜？香草。盆栽菜园自然要给它留出一席之地。

可以比较一下盆栽香草和一把市售香草的价格……大部分情况下都是自己栽种更加划算，而且新鲜度又有保障。香草的烹饪价值跟它的新鲜度是有直接关系的。细究之下，还可以根据喜好搭配出各种有趣的系列主题：

“复式”种植

香草容易长成垫状，宽口盆和浅口盆都很适合大部分香草的生长。还可以将口径不同的容器摞起来，打造出一片香气萦绕的立体花园。

● 罗勒可根据大小不同（小叶型、大叶型）、颜色不同（绿色、紫色）、香气不同（柠檬、甘草、泰国罗勒）进行分类。

● 用长条花盆栽上一盆可食用植物，可搭配矮金莲、琉璃苣、洋日菊、芫荽、桂圆菊、锦葵、金盏花、紫罗兰或三色堇。

● 辟出菜园石灰质土壤的一角，种上散步时顺手挖回的百里香、红花百里香和牛至（自然公园里可别这么种！）。

● 仿效旧时药草园缩影，种上一些可制作有益药草茶的香草：柠檬马鞭草、鼠尾草、香蜂草、墨角兰、琉璃苣、百里香等。

● 牛至属系列，可以搭配香气最浓的品种（牛至），牛至也有金叶品种，还有装饰性较强的“海伦何萨圣”（开紫红色繁花，花期长达数周）和“肯特佳人”（开花如同粉团，呈优雅垂落状）。

花卉与芳香

红花百里香、鼠尾草跟紫罗勒开花都很美丽，易招引蜜蜂。香草组合中也可以混搭矮生花卉，如岩生植物（海石竹、矮风铃草、蓝灰石竹）或矮壮型一年生花卉（丰花百日草、万寿菊、海滨生香雪球）。

●做得周到一些，给它们都插上标签，这样使唤小孩去寻欧芹时就不会弄错。

尽管剪吧，它还会长出来的

要想种出长势喜人的香草，秘诀之一就是经常修剪。修剪可促进新茎、嫩叶生长，它们比老茎叶更美味。修剪还可除花，因为花期经常是生长停滞的标志。厨用剪刀就很适合。收割香葱时可握住剪下葱叶的末梢晃晃，老叶枯黄的根基这样就能被晃掉，免去做饭时择菜之苦。

香草组合

披萨混合香料	金叶牛至 甜罗勒 迷迭香	优先选择匍匐型迷迭香，它会蔓延出香草组合的边缘。
烹饪、泡茶	鼠尾草 紫茴香 红花百里香	小叶鼠尾草占地比较少。花期后可将紫茴香截短，收割香气四溢的种粒。
腌渍、BBQ	矮罗勒 神香草	这些香草即使开花也可用。可以在餐桌中间放一束小花装点。
中餐风味	紫苏 鱼腥草 中国大蒜	广式汤、酸辣汤上桌前撒几缕碎叶可大幅度提升风味。
足不出户的热带风	紫罗勒 辣椒 桂圆菊	辣椒有时会骗人，应适量尝试！桂圆菊做沙司可给肉类提味。
法式沙拉	龙蒿 香葱 佛罗伦萨茴香	讲究调味的沙拉里这三样香草是少不了的。夏天可用甜万寿菊代替龙蒿。

鼠尾草形态各异，一片叶子就足够给一道菜肴调味了。

盆栽罗勒往往比地栽长得好，但一定要注意浇水。

逛一趟旧货市场总能找到很多新点子，用独特的容器来安置香草吧。

一面风味墙

城市里最不缺的就是墙。有了植物装点，墙也能成为一道悦目的风景线。可用小袋装一营养钵的花土，种一株香草，随用随换。也可以将窄窄的长条花盆一个个重叠起来放置在木架上。无论哪种情况，容器都不宜直接与墙面接触，以免脏污受潮。

“袋”种蔬菜

作为热身运动，您可以首先注重一下基质的质量。不要使用袋装产品，应使用添加了蚓粪堆肥的花土。

重叠放置，牢牢固定好的口袋可使用滴灌法，大大方便生活。只需坐享其成！

不用盆也行！

对植物来说，最关键的因素是阳光、柔软且富含养分的基质，还有就是水分。这一点真是怎么强调都不为过。只有园丁等种植者会介意容器美观与否，番茄和小红萝卜才不关心花盆好看不好看呢。要是资金不足，没法把阳台打造成一片伊甸园，您可以把钱花在刀刃上，优先投资花土跟好苗……甚至干脆省去容器不用。

不用容器的话有种可行方案：一是回收购物袋，注意底部打孔以便过剩水分排出；二是用一块帆布和一只订书机自制极简型容器；胆大的还可以尝试结实点的线和缝地毯用的针缝制。至于容器形状呢，怎么简单怎么来，沙包状、长条枕头状都行，可以找擅长缝纫的人请教诀窍。剩下的就是填满优质花土和栽种了。不需要排水层，排水层只是白白浪费空间。

这么种出来的收成好到会让您（和邻家园丁）大吃一惊。但是有一个条件：夏天必须频繁

同一个理念，好几种形状

▶ 筒状有好处

这种形状无论是缝制还是订书机自制都很容易。拿一条厚的帆布（园艺用苫布），眨眼间就能做出筒状的培育桶。高度不要超过 30cm。

▶ 装土豆的麻袋

马铃薯很适合袋栽。往袋子里填花土和堆肥，约填到一半高度，随着植株生长再逐步添加基质，每株能产出 600 ~ 800g 的优质土豆。

▶ 快手长条花盆

这种市售款重量很轻，即使装满土后搬来搬去也很方便。内部衬有细毡，可保持水分，避免两次灌溉间植物遭受缺水之苦。

购物袋的第二春

以前超市收银台的塑料袋换成了现在这种购物袋，平时生活中随处可见。

►这种袋子一般都很结实，可以改造成栽培袋。

►盛花土前先在袋底打上一串洞。花土应填到购物袋 2/3 处。将袋口反折使其与花土的高度平齐。蔬菜出芽后，将折起的袋口展开，可以给幼苗挡风。很适合蔬菜、香草混种。

浇水，大暑时节几乎每天都得浇，但水量不宜过多。8 月初可追施少量蚓粪堆肥，改善番茄跟甜椒的长势。

维生素“枕头”

将盖土用的可生物降解型帆布（没有的话破旧床单也行）剪下一条 80cm 长、40cm 宽的布带。

●沿宽度方向上折叠一次，长边的一端和宽边用订书机钉好。翻转，填满花土，并将钉好的“长条枕”一端折起。

●每隔 20cm 剪上一个开口，按梅花桩状排列。将各种生菜幼苗移栽进去。“长条枕”下垫上供长条花盆用的垫盘。

●只花几欧元的代价，一周后就能收获 5 棵生菜。

●每次收成结束后旧土养分已经耗尽，应将枕头掏空，用新花土重新填满。也可用约占花土体积 1/3 的蚓粪堆肥追肥。

不打枕头仗

小孩子们都非常喜欢动手自制种蔬菜的“长条枕”。

栽种的乐趣留给孩子们，剪刀和订书针还是由您操作吧。

即种型袋装花土

袋栽法在英美远比法国流行，也非常简单。拿一袋花土，常见的一般是 50 ~ 70L 装。就跟晃长条枕头一样晃晃袋子，将里面的内容物摇松。然后用叉子在底面插出无数小洞，另一面割开一道道的口直接栽种。之后最困难的事就是洒水时瞄准这些口子，因为它们很快就被茂盛的植被盖过了。

小贴士：袋子可以用木框围住。

空中菜园

不需要弯腰就能照料蔬菜，还能给露台带来别开生面的装饰效果，经营空中菜园真是一举两得！

近在眼前好种菜

将蔬菜安放在齐桌面的高度，这不仅给园丁提供了照料植物的理想条件，也为蔬菜本身接受到来自四面八方的充沛光照提供了条件。再加上添加了堆肥的优质花土，蔬菜长势会极其喜人。持续浇水也必不可少，种在一起的蔬菜共享的水分也更多，水量总体上应比单独容器培育的蔬菜为少。尽管如此，自 6 月始仍应使用堆肥、草屑堆肥覆土面，避免土壤表面过分干燥，否则浇上去的水只能沿土壤表层流淌，无法浸润深层土壤。用小流量花洒灌溉时还可指尖刮擦土壤，就好像是温柔地给菜园做按摩一样。

集装袋也环保

这种工地用的袋子叫做集装袋，非常结实。如果不花几个钱就能回收来的话，可以在袋底戳上洞，填满花土跟城市堆肥的混合物，在侧面开孔种花。

游牧植物

现在，有了这种农业收成用的大木条箱，让植物逐日而居，抑或是搬家时带上自己的迷你小菜园，一切都不再是梦啦！这种箱子一般叫做 Palox，就跟冰箱（frigidaire）①一样，是以生产厂商的名字命名的。这玩意儿不便宜，不过在木条箱废品回收的地方也找得到。移动时可用铲车搬运，也可给箱子装上刹车轮。

不浪费一寸土地

幼苗的种植密度取决于蔬菜品种，也取决于它们日后长成的规模。1 平方米以下的面积，安置下 2 棵番茄、1 棵甜椒、5 棵罗勒及欧芹、6 颗不同品种生菜，再加上几朵花，还是游刃有余的。移栽时无需担忧植物过于靠近容器边缘，因为蔬菜在寻找光照的过程中自己就会漫出盆边，就跟刚出炉的舒芙蕾②一样！

---

① 冰箱的法文（frigidaire）直接取自美国生产商名字。该公司发明了第一代冰箱。

② 舒芙蕾（soufflé）：蛋奶酥。趁热出炉时高高涨起。

“大众花园”

先拿两只木条箱竖起来，第三只木条箱扣在上面权充桌面，其上再围一圈高 20cm 的木框，填上花土，“大众花园”就诞生啦！专为弯腰不便的人士量身打造。

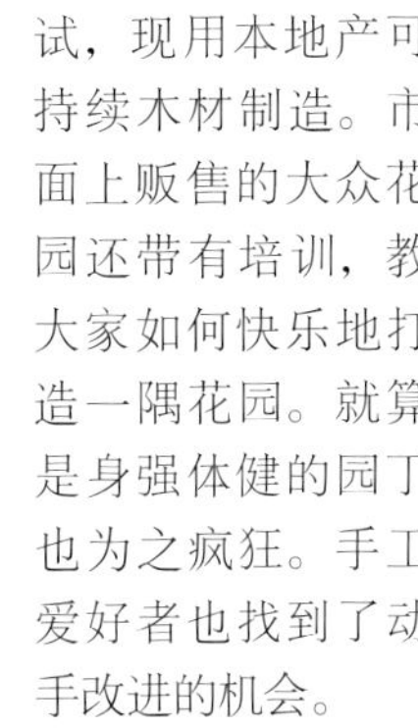

经多家机构测试，现用本地产可持续木材制造。市面上贩售的大众花园还带有培训，教大家如何快乐地打造一隅花园。就算是身强体健的园丁也为之疯狂。手工爱好者也找到了动手改进的机会。

注意：填充花土前应先检查整体结构的稳固性。然后只要保证夏天持续浇水，收成会好得令人吃惊！

蔬菜没有恐高症

自家花园里的矮墙也可以拿来栽种蔬菜。生菜和圆白菜都很喜欢这种高难度区域种植。

容器不重要，容器穿什么最重要

容器用旧垃圾桶就行，没有的话，废物再利用的蓝色大桶拦腰切开也成。要想遮挡容器，可以栽种一些石楠、蕨类等松林常见花草，也可用一卷芒草席遮挡，还可用栗树作树篱遮盖。这样菜园种起来方便，也能保证整个收获季节收成不断。

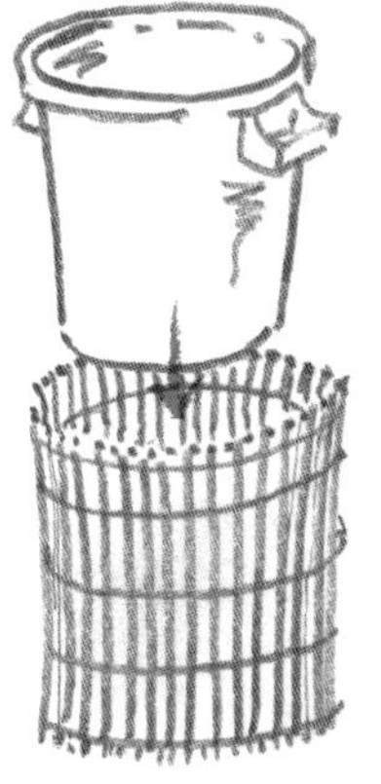

箱栽蔬菜

废品回收这门学问主要是讲究天时地利。比如说菜场快收摊那会儿是回收的最佳时机……

箱子再利用

装水果的箱子和木条箱都是既便宜又独特的容器。它们一般是用未经处理的木材制成（大多是杨木），平时播种、移栽其实都用得着，很方便，用处也很大。如果想将这种元素贯彻到底，还可以用它来种菜。蔬菜的生命周期不足几个月，箱子种菜尤其适合。

为防止花土泄漏，箱子四壁和底部要先加一个垫层。废的花土包装袋就可以了，但是得事先把袋子翻过来，让不显眼的黑色里子露在外边。袋底戳孔，方便必不可少的排水。移栽幼苗前再用优质花土将箱子填满。至于种的数量，一开始可能要经过摸索才能确定，但有一条定律可以记住：大部分生菜移栽时株与株之间都应留出至少一拃的距离。

土豆箱、苹果箱

这种箱子很结实，二手货也很容易买到。

● 用黑色塑料布衬垫，底部戳几个排水洞。再加上一袋 70L 的花土，箱子就能迎接生菜、花卉和一株番茄啦。

● 小贴士：箱子下边垫两块砖头可以支撑箱底，防止中央下陷。

回收花土

将箱子放在大太阳下，频繁灌溉，每箱用 10L 花壶浇上半壶左右。还可不时在水里掺一把蚯蚓粪堆肥，给贪吃的蔬菜加一份效果奇佳的“大补汤”。这种栽培方法好在灵活，给种菜的箱子、木条箱换个地方不过是几分钟的事儿。这个过程要当心背部扭伤，就算箱子不算太重，搬动方法不当也会造成腰酸背痛。正确方法是站起时屈膝，同时背部保持挺直。采收后，花土养分就耗尽了，应当清空。楼下花坛或朋友家里有大花园的都可回收利用。

聚苯乙烯也有颜色

如今，有了一套完善的回收体系，聚苯乙烯材质的箱子比以前难找多了（质地轻盈、绝热性

致勤勉的园丁

给几只木条箱铺上毛毡的做法，很适合栽种需要经常浇水才能保持旺盛长势的蔬菜。

万能箱

鱼贩子那里弄来的装虾用大号箱可以用来栽种各式各样的生菜。这一片五颜六色的香草和生菜是维生素的绝好来源。这个尺寸的箱子也很适合用来播种。

好的白色塑料）。但平日熟识的鱼贩子说不定乐意让给您一只。到手后赶快将其擦洗干净，否则那气味可不好闻……

► 用滚筒刷刷上两层丙烯酸涂料，再画上自己中意的图案，用镂空喷字板也行，但注意一定要使用水溶性涂料。

► 接下来就只消用上好花土将箱子填满。排水畅通的话，就没必要在底部铺砾石了，否则等于画蛇添足。要想减轻盆栽整体重量，可以先用酒店里捡来的软木酒瓶塞在箱子里铺上一层。

► 一只大箱子里可以种上 6 ~ 7 种蔬菜、花卉，贴近箱边种植可以更好地利用空间。

► 花土一个月后容易下沉。这时可在土表铺上一层几厘米厚的腐熟堆肥。

► 检查箱底是否确实开有孔洞（大号箱一般都有，中号箱不一定），不损害箱底牢固性的前提下还可以自己再开几个。

自己动手画

菜市收摊时，以您训练有素的眼光肯定能发现各种好买卖，例如各种形状独特的木条箱，有的还来自遥远的异国。

先刷一层白漆，再刷一层丙烯酸涂料。还可使用核桃油做染料，以保持自然的外观。这么一来，一只普普通通的箱子就摇身变成了种菜箱，摆在阳台或露台上很有装饰效果。

大桶种菜不含糊

不按常理出牌的园林设计师即兴设计庭院时，总喜欢用到各种酒桶、油桶、塑料桶。桶里种上蔬菜，生活也更加甜蜜。

节省花土

旧货市场跟闲置物品集市上有时能淘到各种金属盆盆罐罐。放到花园里能使自家花园顿时重焕生机。记得盆底要打排水孔哦。

● 超过30cm高的容器，可以用空瓶填一半高度，再盖上一块旧抹布之类的帆布。这样可节省大量花土。

新一代“回收”型花园

与一种深入人心的成见恰恰相反，非多孔材质容器只要底部设有排水孔即可排出多余水分，也很适合种花。希腊等地某些夹竹桃品种就是种在原本用来盛橄榄油的大桶里。这个事实是最好的佐证。

蓝色塑料油桶非常结实，经常被用来收集屋檐雨水。其实它也能用来种菜，大型蔬菜都可以。蔬菜个头大点更好，能够让塑料桶的宝蓝色显得不那么扎眼。还有一种方法是将各种高矮不一的容器安插在四周，打造一道好吃又好看的“山岭”。这种办法最适合新辟花园，不用堆肥改良土壤就可栽种大型植物。若想给新辟的露台制造出一点遮蔽效果，可种上几株小南瓜、芸豆，搭个竹架引导它们攀爬，遮挡视线。大桶种花还有一种好处：野兔就没法捷足先登啦。

自制“赝”桶

围鸡笼用的铁丝网又柔韧又实用，它的用途真是说也说不完。1m 长的铁丝网可以自制一只高 50cm，直径 30cm 的桶。

● 铁丝网围成筒，侧边用铁丝回形针固定，将筒放在底座上，里边垫上硬纸板，想好看的话可以铺苎麻夏布。

● 在筒中央放一只屋檐滴水管，管中灌满石子儿。剩下的地方用花土填满。将管子抽出，就在中央留出了一条排水通路。可以栽一株番茄、一株甜椒和一株罗勒。

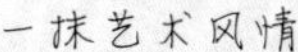

一抹艺术风情

身边有擅长DIY的亲戚朋友吗？请他们帮帮忙吧：给铁桶刷上一层彩漆，再抑或是将塑料桶横剖或竖剖成两半。这可足够忙上好一阵子的了。

一“桶”天下

塑料油桶是日常生活中常见的一道风景。修车行（制冷液桶）和专业洗衣店（洗衣液桶）都有不少这种桶。

● 一定先问清楚之前桶里装过什么。盛装物质毒性太强的话应避免使用。用前应仔细清洗并用清水漂洗若干次。

● 蓝色油桶可用锯子沿距桶盖边缘5cm处锯开。铁质油桶就得用到金属专用的锯片了（还有强健的二头肌）。

木桶回收

废物回收利用的木桶是一种非常好的容器，外观也比较靠谱。价格15欧每只起售。若长时间不盛装液体，桶的不透水性也就损坏了，因此将木桶拦腰切开时千万别觉得可惜。

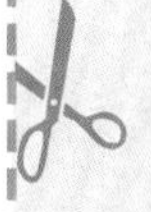

● 沿平时注酒的桶孔锯开后，将边缘修平，磨光，再在桶底打上5 ~ 6个直径1cm的洞眼。在眼上方洒一把陶瓷碎片，往桶内添加花土。花土可按需添加1/3的腐熟堆肥。

●这种高度的桶可栽种西葫芦一类的大型蔬菜。西葫芦不适宜九宫格菜园栽种，因为在九宫格中它们会非常拥挤。可将桶安放在菜园边。无论单个还是组合安放，木桶种菜都非常气派。

“高级定制”小菜园

城市人种菜的愿望搭配上设计师的想象力，催生了一批气派不凡的园艺容器。

漂亮而不失巧妙

有没有一种适合露台种花的容器，既好用轻巧，又灵活机动？三位年轻的设计师和园林景观艺术家在这个问题上下了功夫，并成功地完成了一种产品的构想与测试：便携花袋。他们是葛德福华・德・卫里欧（Godefroy de Virieu）、路易・德・福勒留（Louis de Fleurieu）和维吉尔・德素尔蒙（Virgile Desurmont）。土工布是一种强度极高、透水透气的织物，之前多作土壤苫布使用，苗圃里拿它来垫育苗盆。得益于这种材料，构想成了现实。

自从在杜伊勒里宫举办的“园艺园艺”（Jardin jardins）博览会亮相以来，这种新颖的花袋就凭借它的精致与尺寸搭配的和谐成功地吸引了大众的眼球。花袋价格看似较昂贵，却仍只是同规格容器价格的一半。别忘了这可是小批量生产的设计作品呀。如果花袋卖得好，再加上竞争的应运而生，它的价格也有可能回落。布袋耐用与否要看针脚结不结实，布料有没有经过防紫外线处理，另外布料还应透水透气，否则不利于根系生长。用来装小石子的袋子不具备这些优点，未经处理不可使用。

自己动手剪

您可以尽情发挥裁缝才艺，自行设计、缝制几个马鞍包来种香草。它们可以挂在栏杆上，也可以挂在袋子上。土工布在园艺用品店和农资店都有出售。

人行道上种蔬菜

便携种花方袋®（Bacsquare®）外观精致，是一种可爱的容器，非常适合在人行道或城市里柏油铺的庭院里打造即兴花园。

这种培养袋填满后外表让人放心，并给人养花的冲动。这一点对成功合伙种花至关必要。

公租房管理人很欣赏这种培养袋便携的优点，不仅灵活多变，日后若有不便，例如重新粉刷之类的，还可随意给花园改换位置。

小白神花

塔建这种即兴花园的织物非常薄，可让人跟蔬菜和香草“近距离接触”。小孩子最喜欢这种可以随意触摸的花园了。

快速拼装

❶ 空出场地，用耙子耙平。

❷ 铺上硬纸板作为基底。

❸ 展开便携种花方袋。

❹❺ 填充。可用枝丫填到一半高度，再用纯花土或混合堆肥的花土填满。

❻ 拉紧系带后，便携种花方袋®就有模有样啦。

❼ 几周后，效果无需赘言。

蔬菜“夏洛特”

这种地上结构物结合了DIY和园艺，让大家都各司其职。

一层薄板足矣

土壤其实不易向四周倾塌，而更易下陷，另外，植物也不喜有底容器。一旦明白了这些，种植槽的概念也就更宽泛、更简单了。“夏洛特蛋糕”法正是对上述理论的实践。具体做起来一点也不费事，它是将薄板组装起来，搭建一只没有底托的种植槽。制作的关键是板壁衬垫要做好，使水分集中在需要的地方。接下来按照“千层面”法，用混合物填充种植槽，高度不超过30cm的话亦可使用纯堆肥填充。无需考虑排水问题，多出来的水分自然会渗进土壤里。若是将其安放在院子里，水也会流到水泥或碎石路面上。这种“夏洛特蛋糕”结构的直径、高度各不相同，但宽度不应超过1.2m，这样伸手便可触及“蛋糕”任何一个部位，不用摆出各种扭曲姿势。注意补充不断减少的基质，再连带小修小补的，这玩意能用上几年呢。它还有一个优点：要想换地方，只需打开“蛋糕”将内容尽数移出即可，花不了多少时间。

矮版夏洛特

捡回来的木条箱拿撬棍把钉子起出来就有了木板。再将木板一分为四。上部和下部钉上骑马钉，将铁丝穿进钉子串成一长条，竖起来绑好，就成了一只30cm高的“夏洛特蛋糕”。可以做成圆形，也可以做成心形、菱形、蝶形……

---

① 夏洛特（Charlotte）是一种法式蛋糕的名字。具体做法是用一圈手指蛋糕围成圆形，内里填上蛋糕、奶油、水果等食材。园艺方法因此得名。

攻陷天空

要想将一片新开辟的花园快速填满，最理想的莫过于搭起几只“夏洛特”，种上爬藤四季豆、牵牛花或葫芦，几种一起种上也行，将其放在梯形组合中央。

● 攀缘植物会轻车熟路地把梯形组合整个变成一座绿植雕塑。可以用几条细绳将梯子连起来加固结构。不用担心，风是刮不倒它的。

“蛋糕”种植时，应根据番茄的生长过程及时搭建支柱，种的若是圣女果则无需修剪。坐享其成就行啦，还不用弯腰。

西葫芦也非常适合“蛋糕”栽种！

基础配方

原料

- 网眼 2 ~ 3cm 的鸡笼网（50cm 宽、10m 长的一卷可做 3 个 50cm 高，直径 1m 的夏洛特蛋糕）。
- 1m 长、1cm 直径的光滑竹竿截成两段（一般作为苗木支柱贩卖）。
- 硬纸板、树枝、干草或是稻草。
- 半腐熟或完全腐熟的堆肥（每只“蛋糕”使用一独轮小车的堆肥）
- 花土（每只蛋糕用一袋 70L 的花土）

❶将 2cm 网眼、50cm 宽的鸡笼网在支架上摊开，每隔 20cm 穿上截好的竹竿。

❷将加固好的网格剪下需要的尺寸，卷成筒状。边缘用最后一根竹竿固定。

❸内壁垫上硬纸板。

❹底部和侧面不应受到杂草侵扰，这一点请勿忽略。

❺用“千层面”法的材料填充内部：树枝、打湿的干草或稻草、粗制堆肥，最后铺上混合了腐熟堆肥的花土。

❻现在就剩种植了。可贴近边缘种植，起初灌溉水量要大，以后则削减水量，规律浇水。

①

②

③

④

⑤

⑥

"笼"中种菜

种在石笼里的蔬菜造就了一种大地艺术，"潮"得一塌糊涂。比这更附庸风雅的做法怕是没有了。

现代式样

石笼（gabia）一词源自拉丁语 gabia，本意是用柳条编的高筐。攻城时这种筐子填满土后可用来加固建筑物，还可为士兵遮挡投掷武器。和平时代的石笼变成了一种结构物，一般由格网制成，内部填充卵石、石灰石，用于填塞防波堤护岸、高速公路路堑，可替代昂贵的水泥工程。正方形、长方形石笼还可摞起来，靠自重形成一面直立坝。

当代设计师常常会用石笼来维持地形水准差。他们欣赏这种结构物干净利落的外观，就算是平地上也能看见石笼拔地而起，有时作为矮墙，有时作为石头补充物。

我们发现不少植物都喜欢在石笼里生活，它们的根须能在石块缝隙间穿梭生长。由此一个灵感应运而生：为何不用别的材质来填充石笼，装点笼壁呢？石笼这种东西要拿来种菜真是太理想

草莓笼

● 种草莓的盆盆罐罐可贵了。可以自己动手做个同样的结构物，节省一笔费用。将一张钢筋网弯折成六边形，两边连接处用钢丝连接固定（有条件的话还可以焊一焊）。

● 垫上土工毡，再借鉴一下中央竖上一根管填充砾石的技巧进行填充（见 152 页《自制"赝"桶》章节）。接下来就该在笼子表面和周围种草莓啦。也可栽上一株柠檬罗勒、绿薄荷或是地榆，给甜点添一抹香气。

装饰风格石笼

市面上有现成的石笼出售（50cm 高的石笼售价大约 40 欧元），但不一定要如图这样用石头填充。可以用废弃瓦片、各种铺路石、摞起来的花盆、甚至拿最简单的木柴填充。植物成活前这些都能起到独特的装饰效果。

垂直栽种

装点石笼立面最理想的材料莫过于各种香草。如图，下面垫上一张土工毡还可维持湿度适当，更有利于香草生长。像香蜂草和薄荷这样对水分要求高的植物栽笼壁下部，性喜干燥的百里香、神香草种上部。

了。它能同时满足两个目的：一是可以借助它整齐的几何外形来严格塑造地形，二是能用来栽种蔬菜、香草。栽种植物可以占据几个平面，其余的面暴露在外，露出笼里填充漂亮的白石。还可用一层绿植覆盖石笼顶面局部，例如矮生洋甘菊（草皮母菊）、小金钱草之类，打造一条老式长凳。

买现成的还是动手做？

市面上能买到空石笼，自己填充即可，动手能力强的人也可以用混凝土钢筋网自制，钢筋网的好处是即便生锈也一样结实。将钢筋扳成直角需要用到专门扳手，还需要花不少力气，焊接时还得操作喷枪，但成果是一只量身打造的石笼。石笼高度不宜超过 1m，宽度不宜超过 50cm，否则用卵石、石块填充时必然导致笼子变形。石笼应始终安放在水平面上。一旦歪斜，它就再也竖不起来了，外观也少了很多魅力。

种菜箱

借一只钢筋弯折工具，利用大口径的混凝土钢筋网，可以做出一只长 2m，宽 60cm，高 50cm 的长方形箱体。

▶箱子内部铺上土工毡，也可以铺上从咖啡豆烘烤商那里捡来的麻袋。用“千层面”材料充填。

▶现在就可以在箱上及侧面种植啦，让大家都大吃一惊吧。如果种黄瓜跟小番茄，钢丝网的边角余料还可作直立支撑。

水箱种菜

属于高新技术的水培法也能演化出有机版本！使种出的蔬菜更加美味。

无压力栽培法

第二次世界大战期间，水培法被用于给士兵供应新鲜蔬果，此后经过改造又被用于栽培大型室内植物。

水培技术使用的往往是纯水溶性矿物质肥，要想多一分自然，可以采用它的简化版：将两只槽叠放，花土作基质，水里再掺一点蚯蚓粪堆肥，除此之外不加其他肥料。水箱的好处是隔离水分，又能避免植物遭受水分胁迫。这样的关怀之下，蔬菜生长非常迅速。

一只 50cm×40cm 的槽可容纳 6 株蔬菜，还能挤进若干香草植物，再来几株大小合适的花卉也行。平日照料归结起来不过是给水箱添几次水，有时半个月才添一次；然后就是采收了。需作为短时展出用的话，整个栽培器皿用一只手推购物车就能轻松搬运。

谢谢啦小虫子！

多亏了这种叫做赤子爱胜蚓（Eisenia）的小虫，厨余垃圾（瓜果皮、咖啡渣、剩饭剩菜……）才能摇身一变，变成超级堆肥。如果身边有朋友已经在做这种堆肥，可以咨询一下心得，并向他们要一剂堆肥试试。

● 按一汤匙堆肥兑一升水的比例稀释堆肥，将双层底水箱注满。这种肥料用在植株身上的效果可谓立竿见影，尤其是番茄这种贪养分的蔬菜。

学校有时没地方搭一座真正的花园，就连容纳九宫格花园地方都没有，这时，这样的种植槽就非常合适。孩子们如果能自己做蚯蚓粪堆肥，就能看到自己亲手做的堆肥是如何帮助植物生长了，真是不可思议！

运作原理

水箱里的水先浸透填满花土的管子，再借渗透作用浸透剩下的土，土中包含根系。个别根须也会钻进水箱里。这其实是重演了自然界中含水层向表土靠的情形。

溢水孔亦可通风，让根须不至窒息。

动手自制

❶取两只可重叠的相同容器重叠在一起。储物箱那种就行，最好是聚乙烯塑料材质（高密度聚乙烯）。

❷在置于上方的箱子底部打十几个直径1cm的洞。再用钻孔锯或大型美工刀在底部切割出两个大点的圆（直径7～8cm）。两个圆形中分别插上一截口径稍微小点的管子。管壁要打孔，便于水分渗透到内部。箱底一角也打上一个洞（直径3～4cm）。

❸另一只箱子只需在一面上打个洞（直径1cm）用于排水即可。为确定高度，可将上面那只箱子套上，看它的底一直到哪里，再在该高度上方2cm处打洞。

❹将上面的箱子套入另一只箱中。将两根大口径管子嵌入圆洞，于稍低于上方箱底处将管子截断。箱底一角打的洞里也插上一根口径较小的管子，引到箱口处截断。箱中填满花土，应注意首先填满两口浸入水箱中的圆井。

加拿大模式

加拿大的园丁们早就发明了自行拼装的水培箱。也有现成拼装好的型号发售。这种水箱多用于设在露台上，多人协作的花园，在加拿大常见。

● 2003年以来，在“另类式发展”机构的推动下，屋顶花园项目开辟了这片领域，并致力协助居民寻找自给自足的道路。这个网站里有一些非常好的资料：www.rooftopgardens.ca

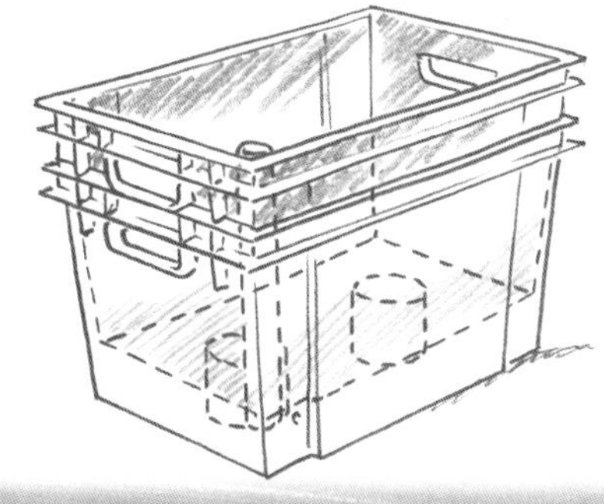

水管里种美味

这种做法既尊重自然，又将废物利用与高科技结合到了一起。这种做法的成功也该归功于堆肥！

长条花盆

捡来的雨水管若是只有一段一段的，可以将其改造成长条花坛。

● 将末端焊接或粘起，底部留出排水道。切勿强迫植物泡澡！

● 要想避免花盆移位，可在底部粘上酒瓶软木塞作为支撑。还可以给它整个刷上一层特殊的丙烯树脂涂料。该涂料在这种材质上的吸附力特别好。

比专业人士做得更好

您大概想不到吧，菜市场出售的番茄、黄瓜和草莓，大部分都是雨水管和温室大棚培育出来的。将石棉板或是椰纤维置入雨水管中，由循环流动的营养液源源不断地向蔬菜根系供应水分、矿物盐。在这种雨水管里进行栽种，单是一株番茄就能产出50kg的果实——当然啦，这么种出来的果子淡而无味，根本就不配叫做番茄。

不言而喻，本书谈论的对象并不是这样的产出规模。咱们是教您自娱自乐，将雨水管废物利用。2m左右长度的管段非常容易操作。若管口是开放式的，可在两端各用订书机钉上一片毡布承托基质。基质选用花土。插苗间距20cm：应选择生长规模较小的蔬菜，加上几棵香草、几株个头小点的花卉也没问题，比如法国万寿菊、凤仙花都很适合，还可以种上一株小叶斑叶常春藤，任它如瀑布般尽情垂落。

可利用雨水管上现成的支架将其固定在一面墙上，也可以放在长条花盆花架上装点阳台栏杆。放置时注意略微倾斜，好让水自水管一端排出。提醒一句，这种装置无论如何都不要悬挂在

蔬菜篱

如果花园光照较少，只有一面墙光照条件好到适合种菜，可以将雨水管放置在一只结实的架子上，将这面墙占满。

► 各层之间错开，使上层不至于遮挡住下层光线。整个架子刷上浅色涂料。

► 经验丰富的人还会在墙上贴一张反光膜来折射更多光线，这样一来，光线就犹如从上往下奔泻的水流。

一线绿意

即使填满花土再种满蔬菜水果，一根两米长的雨水管也不算沉。

因此将它悬挂在工具房外墙上是很合适的，还可将它安放在矮墙边，甚至可用它来划定正式菜园的边界。水管底部垫上硬纸板，再铺上碎枝屑、草屑，既可免去日后除草的苦差事，又可保证界限的分明。很适合种上一行罗勒之类的香草植物，这比直接种在地里来得更适合。

阳台外面街道上方。您要负责任的！

美食管理

基质总量有限，因此 6 月至 9 月最好每 2 天浇一次水，每 2m 长的管子灌溉水量 2 ~ 3L。还可用堆肥覆盖土表，滋养浅层根系，这样做的话草莓的收成会好得令人吃惊。任果实在植株上自然成熟，这样种出来的草莓滋味十足。这一点菜农不见得总做得到，而且果实是悬在边缘，不与土壤接触，因此非常干净，也不易腐烂。品种的选择上，应优先选择四季开花的草莓品种。注意勤浇水的话，6 月至 9 月均可采收。“希拉凡”（Cirafine）与‘夏洛特’（Charlotte）这两个品种综合了收成与风味的优点，后一种果肉比前一种稍欠疏松。还可以种上几株绿薄荷，这样更好玩，摘草莓时可以顺手采来给水果沙拉提味。

雨水管种生菜很容易成功。这里不会受到蛞蝓、蜗牛大部队的侵扰，就算是有一小撮顽固分子，顺着它们清早留下的清晰足迹也很容易将其除去。这里也可以将蔬菜和调味品结合起来种植，间种欧芹、罗勒、细叶芹等，供全家一饱口福。

首次尝试费曲折

经过一段多少比较困难的开端，现在，草莓在晚春慷慨的雨水滋润下长得有声有色。基质体积如此有限的情况下，浇水一定要谨慎。

九宫格菜园

目前大行其道的九宫格菜园既能让人轻松上手，又无损花园美观，还不会占去太多休闲时间。

内外皆“方”

九宫格菜园由美国人梅尔·巴塞洛缪发明，本意是为了避免新手园丁野心太大陷入过大的菜园子的误区。可以说它圆满地完成了自己的使命。其原理其实很简单：

●用四片 1.2 ~ 1.3m 长、15 ~ 20cm 宽的廉价木板搭成一个大方块，放置在平整地面上。如需隔绝已有杂草，亦可事先用硬纸板覆盖土表。

●用优质土壤填满该方块，例如混合堆肥的花土。土壤中含有杂草种子，应避免直接使用。

●拉起细绳，亦可使用竹竿，交叉处绑缚，分割出 9 格或 16 格边长 30 ~ 40cm 的方格。各种蔬菜作物可共同分享基质。

●尽量利用好空间，于各个小方格中进行播种、移植。每个九宫格可以种 25 棵红皮小萝卜、9 棵韭葱或芸豆、4 棵西芹、1 棵番茄。

正方变菱形……变矩形

方形稍作牵引就能变成菱形，而个中生物活力大不一样。这种种植方法不会给种植造成任何不利影响，不过得小心棱棱角角把自己给绊倒。

●菱形格子中间应留出较宽的通道，不小于 70cm。

●最尖锐的角插上支柱，让孩子们给支柱涂色。这是一种让孩子们爱上快乐种菜的好办法。

●九宫格菜园的原则也适用于矩形格子，矩形边长分割成 30 ~ 40cm 即可。长度不宜超过 1.3m，否则种在中间的蔬菜不易采摘。

●一有可能即予采收，好为同一方块的第二轮作物栽种腾出空间。

●使用腐熟堆肥盖土并勤浇水。格子面积不大，因此这些工作都不费事。拔草也不费吹灰之力。这就是轻松种菜法！

小规模频繁收成

九宫格菜园风险极微，是种菜快速上手的好途径，成果也往往令人满意，给人以信心。因此，不少教学园都喜欢将它改造后使用。小孩子的兴趣不以数量为局限，因此九宫格菜园的多样性非

这种矩形布局很像中世纪细密画里的老式菜园。当时，菜园垫高大多是为了防止虫害。

不规则布局使得空间安排也欠缺紧凑感。

快速组装

土壤不会向侧边倾散，因此无需搭建复杂的支撑骨架。在板子上简简单单地钉上一根带子就可将四角九宫格固定住。

● 收获后可以将九宫格菜园收折，储存在工具房中干燥处，不占太大地方。刷上一层亚麻油可使板子更耐用，其中无需添加任何化学合成物。

常适合他们。单单是一株红皮小萝卜生长的速度就能让孩子们惊叹，春日里蜜蜂造访一株开花的蚕豆也能让他们感动不已。九宫格菜园还能容下几株花卉，一年四季给它增添一抹魅力。注意花卉应选择小型株，否则太占空间：要提防牵牛花！

九宫格菜园就能给三口、四口之家的厨房供应一份不小的菜肴。每餐前的采摘能增添园艺乐趣，只是顺手采集，采收的量就相当可观。做一份混合沙拉吧，材料有菠菜、甜菜嫩叶，伴着还未长成就被摘下的生菜，它就跟晨露一样鲜嫩。

一平方厘米也不浪费

九宫格菜园的诀窍在于尽可能利用好每一寸空间。左图列出了一些常见蔬菜种植密度的示意图。

至于其他蔬菜，可以在充分考虑到它们未来生长规模的前提下做个试验。九宫格菜园条件优越，蔬菜往往长势旺盛，由于它四面八方都有光照，种植时可以安排得稍密一点。毕竟决定蔬菜间竞争的因素是光照呀。

收获季节，可以趁机给植株整一整形。采摘时还可顺手摘去四下乱长的叶片，并支起短短的支柱，避免刚开始矮生的芸豆就占据过多空间。

用宿根植物给菜园打基础

有的菜蔬可以活好几年，用来点缀一座宿根菜园，可以将它打造成一座活的雕塑。

另类种菜法

结束了农艺学国立研究院的优秀职业生涯，让－玛丽·勒匹那斯决心将精力奉献给自家坐落在一片贫瘠土壤上的花园。为了在不施肥的前提下种出蔬菜，他努力创建了一种多年生花坛，选用芦笋等多年生蔬菜来占据大部分空间。他还会剪下就地种植的苜蓿，切碎后覆盖土壤，每年夏天更换一次，只消几年就奠定了自然肥力的基础。不怕动手翻土的人可以动手检验（亦见29页方框）。

传统菜园里给多年生蔬菜留出一块地盘也可以丰富菜色。像海甘蓝啊、多年生韭葱啊，都是可口的美味。广适性蔬菜能让人在深冬青黄不接的时节一饱口福。还可趁机让来自其他大洲的蔬菜适应当地环境，例如土豆酢、宝塔菜和洋落葵，改换改换口味。而大黄呢，大黄长势太好了，不种真是可惜，“道伯顿”甘蓝也适合衬托番茄。

迷宫菜园

冬天土壤中水分容易过剩，排水可以这么规划：堆出30cm高的小丘，中间小道上挖出的土弃之不用。

● 用碎枝屑铺覆小道。小道可以设计成迷宫、螺旋状，赋予它一种有趣的整体效果（见176～177页），横向道路也要考虑到喔！

多年生小丘式栽培法

要想利用好贫瘠的土地，又不怕动手翻土，可以在菜园里挖出一条条小道，挖出的土堆成平行的土丘。

► 支撑沟边如果用上废弃的木板和几根桩子，可使土丘高度增加一倍。土壤最好能用堆肥进行改良。

► 将栽作平台耕作成水平状，便于浇水。在下陷道路上放一块木板连接两个平台，就可以坐着种菜啦。日后可常施用、更换盖土。

适用于多年生菜园的宿根蔬菜		
铁荸荠（油莎豆）	这种纤细的莎草科植物有着榛子大小的块茎，晒干后味道也跟榛子差不多。可制成著名的西班牙甜饮：欧洽塔荸荠汁（horchata de chufa）。	冬季块茎于温暖处存放。夏天应勤浇水。
朝鲜蓟	叶片美观，若有几丛花枝忘记剪去，开花也很美观。果实多肉的品种很少。	最佳是选择“普罗旺斯紫”品种，加点盐生吃（牙口要好）。
绿芦笋	将海星状的茎干埋在土壤约 10cm 深处，用腐熟堆肥覆盖。次年春季即可收割，茎生长至 25cm 高时即可齐根剪去。	鲜嫩无比，一煮即熟。留两三根茎作为生长储备。叶片纤细美观。
佛手瓜	这种藤本植物是黄瓜的近亲，一般秋天产出大量果实，单核。可常温存放很长时间。烹饪方法跟笋瓜一样。	冬季气候较温和的地区（葡萄产区），茎干可于光照充足处如向阳墙边安全过冬。
“道伯顿”甘蓝	这种甘蓝叶不是球形的，而是簇生的，可跟猪肉块、蔬菜等一道炖煮。剪得越多越长得快。广适性很强，斑叶品种极具装饰性。	生长旺盛期，每棵植株要占方圆一米。小心菜粉蝶，它产一次卵就可能让整株甘蓝全军覆灭。
海甘蓝	是圆白菜的表亲，生长在海滨地区、卵石海滩甚至悬崖。叶片粗糙、表面蜡质。嫩苗用一只陶土盆扣上一两周，黄化后可食用。	产量小但风味独特，蒸熟后搭配鱼类食用。开白花，有香气。
宝塔菜（甘露子）	广适性多年生植物，叶片簇生、粗糙，11 月结块茎，有珍珠光泽。果肉细嫩，应蒸熟食用。	产出较少，但植株一旦扎根就很难根除。喜轻养分土壤，夏天盖土一次，勤浇水，营造出原产地日本季风气候的效果。
土豆酢（晚香玉酢浆草）	凡是酢浆草都很好养活。这种植物直立的茎滋养着鸽子蛋大小的块茎，颜色有黄色和粉色。	烹饪方法跟土豆一样，中途换一次水，以除去酸味。
多年生洋葱或葫蒜	这种洋葱生长起步跟其他品种一样，先长出几片圆筒状叶片，再抽出一长茎，茎上的花朵为小球茎所取代，每只小球茎都带有几片叶子。	采集一个球珠芽，可切细后用来拌沙拉，也可用来培养出独特的洋葱品种，送给喜爱园艺的朋友。
酸模	很适合种在九宫格菜园边缘和角落。勤剪叶以促进嫩叶生长。	酸模非常适合与鸡蛋同炒，用黄油煎炒片刻即熟。
多年生韭葱	跟传统韭葱不一样，这一种是夏天休憩、秋天生长的品种。春天适合收割春韭。	外观和风味都比韭葱精细，能大大提升红酒调味汁的风味。
野芝麻菜	在野地里自发生长。叶片很小，略微辛辣。开花时亦可食用。	每年春天拔下一株可以坚持好几年。可用长条花盆栽种。
洋姜	具侵略性，最好将其局限在花园一角用作临时树篱，避免它常来妨害。秋季开花。	块茎随吃随挖，挖出后趁新鲜蒸熟食用。
藤三七（洋落葵）	蔓生植物，块茎往往呈粉红色，烹饪方法跟马铃薯一样，但它所含水分更多。	叶片亦可食用，如菠菜叶。
亚贡（雪莲果）	这种秘鲁产菜蔬又名菊薯，栽培法跟大丽花一样，霜期结束后下种。10 月末采集块茎。	煮熟后可跟马铃薯一样烹饪。冬天地窖贮存。

土耳其式菜园子

无意中发现，住在波尔多市郊的众多土耳其人，他们家家户户的菜园满布沟垄，植物长势极其喜人。哪怕方寸之地也不浪费！

为灌溉量身打造

要想灌溉又不愿兴师动众，最好的解决方法是垄沟法，垄沟在摩洛哥及地中海沿岸一带的国家很常见。土耳其园艺的秘诀之一就在于将一股水分散成无数小水道，奔流于各条平行田垄之间。平地基础上，各条垄之间留出一米左右的距离，制造出一种波浪式效果。蔬菜种在两侧，根据不同的水分需求层层分布：最下层是甜椒、茄子这类随时需水的植物，它们乖乖排列成行。高一点的地方种番茄、爬在支架上的芸豆，还有叶用莴苣。最高处则种洋葱、鹰嘴豆等无需多少水也能生存的蔬菜。这样的花园还适合栽种特别辣的辣椒、春天收获的蚕豆，也能种玉米、芫荽、欧芹，这些种类能做成不少菜肴。这些植物一旦就位，生长极其迅猛，一个夏天就能长成一片小型丛林，导致您采集时都没有下脚余地。采收就是主妇跟小孩的事儿了，男人们就待在工具房边聊天去吧。一直以来最繁重的工作都是他们做的，特别是塑造地形的工作，是用一种酷似古罗马三足架（tripalium）[①]的铲子完成的。这种铲子铁铲上方安有一只脚形的东西，形状非常好认。

① 三足架（tripalium）：古罗马刑具，三根柱子交叉绑在一起。

原始版本跟法式改造版本

在真正的土耳其式菜园（如图）里移动腾挪，非身手敏捷不能为。稍微宽点的平木板很实用，可用来为挪动等工作留出一条通行小径，甚至还可在木板上铺碎枝屑。但应保持各种蔬菜的队列。

土耳其料理不可或缺的蔬菜

●没有茄子，就称不上是土式菜园。最典型的茄子品种比拇指大不了多少。纸包茄子非常容易熟，适合用来做茄泥，当然还有正宗的穆萨卡（Moussaka）[①]。

●新鲜芫荽常常用来给番茄沙拉或黎巴嫩开胃小吃“梅泽”（mezze）提味，黎巴嫩离土耳其很近，也受着同样的影响。

茄子

●甜椒与辣椒同属近东地区蔬菜，但不一定就都很辣。例如拉布雷斯椒就不辣，但又带有辣椒的微妙风味。它是跟玉米同时到达该地区的，玉米又名土耳其玉蜀黍。

●平叶欧芹是土耳其小米沙拉（taboulé）的关键原料之一。米饭里必须加上大量绿色蔬菜，如米饭中加入佛罗伦萨茴香更能提升风味。

辣椒

改造方案一：增大台地面积

建议将这种模式改造一下，使它更好用。无需挖出三尺，只需挖出约40cm宽、15cm深的一条浅沟，将挖出的土堆到两边形成一片台地而非田垄。

这么做有两个优势：一是可以用若干块废旧木板在两块台地间搭一条过路的小道，便利通行；二是这样搭出的两边台地是平的，雨水能更好地渗入沟渠，要知道土耳其的夏天是无雨的。台地宽度不超过60cm，这样伸手的距离就能够到任何一点，避免踩踏土地，使土壤保持松软。

改造方案二：混合种植

土耳其式种菜法实现了只要有空间腾出即可移栽幼苗。这种做法相当明智，推荐使用，但建议同时也为装点台地边缘的多年生香草植物留出空间，如百里香、风轮菜、香葱跟海索草。万寿菊跟矮生百日草幼苗都能长成可爱的矮绿篱。

改造方案三：温柔灌溉

浇水时不建议让水一直流到洼地另一端，这是浪费，也会导致局部浇水不足。最好能在洼地放置一条盘起来的渗水管，在高层台地上也放一条。

局部补充灌溉应轻柔。夏末，洼地享受着高处蔬菜投下的阴凉，非常适合播种小红萝卜和亚洲蔬菜。

① 穆萨卡（Moussaka）：巴尔干半岛传统人气菜肴，原料有茄子、乳酪、马铃薯等。

来自东方的芳香

要想实现不出户即行天下的梦想，你可以搭一座质朴的绿廊，廊下放一张老旧木桌，摆几把椅子，铺一幅白色钩花桌布，桌上再搁一只水壶，一瓶土耳其茴香亚力酒（arak）……

●端上奶油拌黄瓜，用一点点罗勒提味，加几瓣多汁的番茄（“牛心”或“大牛排”品种都可以），再滴上一线克里特产橄榄油、一撮粗盐、少许现磨黑胡椒，再加茉莉花提香。茉莉花不一定具广适性，没有的话，一枝山梅花也能带来醉人的芳香。

非洲风小菜园

阳光下的偏僻菜园一角，种上精心选择的蔬菜，不花分文却让人犹如置身热带。给厨艺增添一抹热辣风吧！

各种资源层次分明

如我们所知，菜园并不属于非洲传统做法，非洲传统做法其实就是一片地的耕作，所谓的菜园就是比别的地方耕作更多。大型植物可以为小型植物遮阴，一切以最大限度地利用水分为前提。在这里，香料植物、药用植物与果树并肩，还有木薯、薯蓣等粮食作物混植。管理得当，这样一方菜园可产出含大量维生素、蛋白质的蔬菜和作物，对全家人的膳食平衡起着非常重要的作用。

民族风菜园

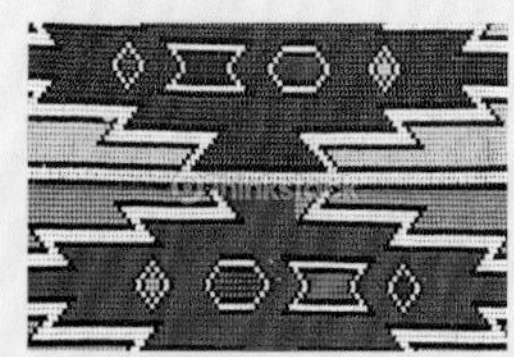

要想给城市小菜园增添一抹非洲风情，可以从颜色入手：九宫格菜园的植株、木板，还有栽培槽。释放自己的艺术家气质吧，用黑白图案在赭石、红土底色上尽情发挥。

以一片绿意盎然的夏季菜园为灵感，将不同蔬菜种类设计得层次分明。首先，以竹架引导的藤本植物为华盖：薯蓣、豇豆、落葵，它们的嫩叶可食用，就跟菠菜一样。还有刺角瓜是一种非常好玩的黄瓜，果肉香甜，味道犹如香蕉跟猕猴桃的混合。另外还有许多种米豆，可跟秋葵、辣椒搭配混种，别忘了不可或缺的黄茄子，还有洛神花，是一种木槿属植物，果荚可调制一种受人喜爱的清凉饮料——芙蓉汁。

不少植物在我们看来是杂草，实际上却是食叶蔬菜，例如苋菜就富含蛋白质，令人称奇。马达加斯加有一种叫做“千日菊”的草本植物，是众多克里奥风味菜肴的主要原料。貌似杂草的蔬菜中最出名的莫过于龙眼菊了，开花犹如黄橘色陀螺，风味辛而不辣。

基本款薯蓣

薯蓣的块茎富含淀粉质，煮熟后有类似栗子的味道，非洲菜里它与木薯平分秋色。法国气候适宜种植中国山药，再引导它攀爬三角形花架。

红土地在非洲很常见，科西嘉与瓦尔省（le Var）[①]地区也有红土壤，但不见得肥沃。可追施一层堆肥盖土，但切勿遮住红土漂亮的颜色。左图就是城市中心再造的一座非洲小菜园……这可是在昂热市哟（Angers）[②]！

不可或缺的秋葵

秋葵又名羊角豆，跟木槿属植物是近亲。可采摘其辣椒大小、颜色尚绿的果荚食用。炖煮菜肴收汁时加入秋葵，它会释放出一种胶质物，赋予菜肴一种特殊的材料，省去你再添加淀粉或任何糊料的工序。

非洲不少菜肴里都可见秋葵的身影，特别是路易斯安那州风味菜肴。土耳其菜也会用到秋葵（土耳其语里唤它 bamya），还有印度菜、克里奥菜，甚至美国菜也会用到它。

好动豆豆

米豆又称眉豆，又名黑眼豆（美国一支著名的嘻哈乐队就由此得名），是非洲撒哈拉地区一种基础菜蔬。豆粒为白色，带一只黑眼睛，味道微甜。沿着黑奴贸易的路径，黑眼豆传到了南美洲，成为当地一种传统食材，搭配炖菜、煮菜、烧烤猪肉食用。

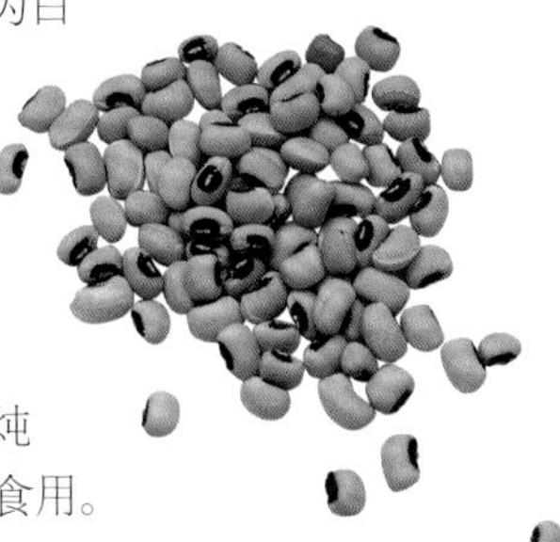

① 瓦尔省（le Var），法国省名，位于南部普罗旺斯—阿尔卑斯—蓝色海岸大区。

② 法国西部城市，位于巴黎市西南方向 300km 处。

中式菜园

中国蔬菜随处都能成活：长条花盆、雨水管、花袋、方块菜园都行。间种还有额外惊喜哦！

密植之辩

在同一块地上密植作物，又不致耗尽土壤养分，中国农民这方面的本事无人能敌。这里夏季的季风降水起到了很大的作用，其他时节则是灌溉在起作用。水稻一茬收割过后，华南地区甚至可二茬收割，速生蔬菜就可以播种了。

方寸之地

九宫格菜园里哪怕是腾出来一小块地方，撒一把中国蔬菜的种子也够用了。种子发芽后，起出几株幼苗移栽到别处，剩下的能够分两三次收割食用。

● 种子可以混合播种，种出来的多种蔬菜与香菜可以拌一道沙拉，用褐芥菜提味。混播的另一个好处是春卷与越南春卷的配菜也不缺啦。

白菜、萝卜等大部分蔬菜属于十字花科植物，含有丰富的纤维、维生素，风味浓烈，是米饭的完美搭档。沙拉、杂菜汤里不能没有这些蔬菜的身影，它们还能用来包春卷、搭配蒸肉或是铁锅翻炒的肉类。

白菜

西方人的味蕾早已习惯了大白菜的滋味。它的外形有点像大个儿的罗马生菜，现在菜市上很容易买到。但蛞蝓比我们更喜欢它，自家花园种植其实不易，往往播种几次才能成功一次。当下时兴的还有一种小白菜：它长得就像一棵矮矮胖胖的牛皮菜，但比牛皮菜嫩得多。7 月中旬直至 9 月下旬，菜园里只要有地方空出就可以随手播种几行小白菜，9 月下旬的时候得盖上催熟膜。冬天没来得及品尝的小白菜春天会开花。可采摘尚未开花的花茎，入锅翻炒几下即可食用。

青菜

嫩苗飨宴

中国菜园里什么蔬菜都不糟蹋，即将开花的白菜嫩苗就更不能浪费了，它整株均可食用，有的品种更是专门为采收菜薹培育的，跟西蓝花有点像。这样栽培的品种有不少，如菜心，还有一种白菜甘蓝，跟葡萄牙卷叶菜有点像。小松菜（如图）整棵幼苗均可收割，就跟割牛皮菜一样。洗净放入锅里稍微一炒就能炒出香味。

苋菜

不少像褐芥菜和中国芥菜这样的亚洲菜蔬都是既养眼又可口，跟花卉一起种植没有半点违和感。可用长条大花盆种植。

中式炒锅万岁！

使用这种半球形烹饪器具，只需放一点点油就能将切得细细的蔬菜全部炒熟。

● 快手烹饪能保留蔬菜的维生素与风味。翻炒蔬菜还是中式炒锅最顺手，它比平底锅、传统的煎炒用平底锅都要好用得多。

如何种植……如何品尝

	种植简单	品尝方法
褐芥菜	5 月中旬起在温暖土壤中播种，直至 8 月均可。移栽时幼苗间留出 30cm 的间距。霜期前收割。	叶片深绿色，中心有褐色花纹，无论拌沙拉生吃还是炝炒都非常美味（带点朝鲜蓟风味）。烹饪时间比菠菜短。
日本青菜，又称踏菜	8 月中旬直接就地播种。抗寒能力强。能将点格菜园边缘装点得非常漂亮。寒冷天气能改善口感。	嫩苗可拌在杂菜沙拉里生吃，成熟的莲座叶丛状菜叶可蒸熟食用，也可做酸辣汤。菜叶一定要事先淘净泥沙。
鸭儿芹	5 月至 9 月间播种，3 月后收割。鸭儿芹原生于林中下木层，夏日喜阴。	味道介于芹菜、欧芹与白芷之间。嫩叶切碎后撒在汤里或日本米饭上，有一种独特的风味。
凉水菜	5 月至 8 月中旬，就地播种或营养钵培育后移栽均可。和不少中国白菜一样，凉水菜也是割得越勤，长得越快。	嫩叶切细后，拌沙拉、蒸、炒均可。适合搭配鱼肉、鸡肉食用。
中国芥菜	7 月至 8 月播种，大部分地区晚播幼苗只要覆一层催熟膜均可越冬。原产中国的最优引进品种之一。	冬天，一片片采下菜叶，除去筋脉后拌沙拉非常美味。类似于一种非常提神的水芹。
小白菜	7 月与 8 月分两次播种。勤浇水。能找到幼苗的话，也可于 8 月至 9 月直接移栽。	小白菜长得就像一株矮矮的牛皮菜。用少许鸭油整棵煮熟，再配上几片熏鸭胸，非常美味。
大白菜	7 月至 8 月播种。勤浇水。要提防蜗牛、蛞蝓，它们大老远就闻得到白菜的气息，会把菜叶边缘咬得七零八落的。	这种罗马生菜状的包心菜已经相当为人熟知了。非常适合切得细细的，浇上添加有芫荽、中国蒜的油醋汁，拌成沙拉。
青紫苏（紫苏属）	5 月播种新鲜种子（种子寿命不超过一年）。同一时间，离去年种下的幼苗不远的地方，自生播种也会出芽。	一片叶子就能给鱼菜或是沙拉带来独特的清香。青紫苏的种子是七味粉的成分之一，七味粉是七种香料的混合[①]。

① 一种日本调料粉，以辣椒为主料，七种颜色不同的调料粉混合而成。

锁眼菜园

适应需求起见，菜园子也能与时俱进，帮助园丁们排除万难。

集各种诀窍于一身

世界各地，最贴近大众的食物生产机构都是菜园子，它也是最关键的食物基地。菜园子的灵活性能将各种限制的影响减到最小，并使本地资源得到最优利用。锁眼菜园就是一例优秀的佐证，它的英语字面意思是“锁眼种花”。具体做法是用石块堆成一个直径 2m、高 1m 左右的圈，里边填满肥沃土壤和各种堆肥（厩肥、有机垃圾、木灰、刈下的草等）。

有一条沟通往圈内中心地带，“锁眼”形状也由此形成。圈内可以放一只盛满堆肥的篮子，灌溉时水能通过沟渠流到花园各个部位，于是锁眼菜园又像是一座营养水塔。即使土壤贫瘠的地方也能搭建锁眼菜园，将它安置在房屋附近，建好后照料工作非常轻松，因为它各个部位都触手可及，残疾人士操作起来也不成问题。它的搭建跟“千层面”法有点类似，其中的肥力可维持数年，每年夏天再补充一层均匀的土壤覆盖物就更理想了。剩下的就是惯例做法了，例如各种蔬菜混合种植及搭配花卉、香草迷惑天敌等。

连线莱索托

莱索托的地理条件其实有点像比利时，满布大片高地，居民约 200 万。悲剧的是这个国家深受艾滋病肆虐之苦：据称三分之一的居民都受到了感染。

莱索托有很多孤儿。锁眼花园正是为了他们而发明的，目的在于利用当地可取得的资源发展食物自产。

锁眼菜园结合了个人照料与多人协作搭建。它的搭建是体力活，就算通过使用铁丝网进行简化，用独轮车运送原料的工作也很繁重。此举预示了不远的将来全球大部分地区的一种行动趋势：那就是“协作自产”（autoproduction accompagnée）[1]。

莱索托锁眼菜园一例（“送头牛”公益组织[2]）。

---

① 协作自产（autoproduction accompagnée）：一种思潮。旨在为低收入人群提供社会、技术援助，协助其完成住宅改造、烹饪工作室、园艺等自产活动。

② “送头牛”公益组织（Send-a-Cow）：非洲慈善组织。

❶

新一代圈闭菜园

❶锁眼菜园的形状让人想起用围墙圈起的一小块园地。它大概要算最古老的农用建筑物之一了，适合在恶劣的环境中栽种作物。虽说菜园其他部分是敞开的，这种圈闭形式仍能营造出某种私密性，迎合了不少园丁打造一方宁静天地的需求。

❷与朴门式锁眼结构

朴门学（permaculture）起源于英美。它强调形式，推崇开发、实行永续式耕作的地区，程度根据离住宅远近而不同。

▶ 其中一种形式有点像锁眼菜园。它是沿着一条中脊线分布，犹如走廊两边分布的包厢。

▶ 有了中脊线小道，阳光就能照进来，所有植物的光照都能保证。有的会将此布局和盘绕螺旋状结合起来。

❷

❹"千层面"式变种

找石头不见得轻松，而用小眼鸡笼网就可以轻松搭建一座锁眼花坛（又见鸡笼网！）。

▶ 摊开鸡笼网，每隔 50cm 穿一根竹竿，将鸡笼网直立撑起成型，构成花坛外壁。

▶ 内壁垫上硬纸板或麻袋，种植前事先用"千层面"法材料填满。

❸

❹

螺旋菜园

一直以来大家都把直线跟高效率联想到一起。有没有可能曲线更高效呢？

一种强有力的符号

自人类开始绘画、雕塑、纹身，螺旋形状就是一种不可或缺的符号。旋转方向不同，象征着生命的漩涡、自我的圆满或是对本性的反思。盘成螺旋状的蛇令人不安，但面对一只蜗牛壳或春日里舒展的蕨枝，螺旋却又令人感动赞叹。

大胆雕塑花园

传统菜园里，方方正正的栽培畦间分布着横平竖直的走道，这种做法虽然高效，但是在蔬菜花卉尚未开花、结果时却也显得相当乏味。我们可以把畦的宽度保持在 1.3 ~ 1.4m，耕作出一片螺旋状菜园，其中有蜿蜒曲折的小道，而且整个菜园都能够在伸手可及的范围内。

螺旋状在空间利用上也一样出色，不会浪费空间，人们漫步时还能感觉花园比实际的大。即使这种形式会阻挡自行车与旱冰达人的前行，小孩子们还是很喜欢它的。要想让照料工作更加轻松，还可用硬纸板铺道，上边再盖一层木屑、干草。再给栽有作物的部分施上堆肥，自第一年起菜园长势就非常喜人。不言而喻，“千层面”法也能布置成这种形状。这样，栽在螺旋中心的多年生花卉因为能接收到四面八方的光照，扩张势头非常强。

这种形式的花园可以任意扩展，仿效著名的凯尔特族三螺旋符号在大螺旋上添加一个小螺旋即可。一旦将花园设计成螺旋状，接下来就很难收手了。这里有两条建议：第一，小道宽度至少 70cm，这样蔬菜发芽后才有自由行走的余地。第二，某些位置可以用板子搭成捷径。

美味迷宫

这两幅图片均取材于克雷格·古德温（Craig Goodwin）创作的迷宫式菜园。2008 年以来，这位美籍牧师开始了一种大胆的实践——尝试一家人只靠一座中等规模郊区花园的产出生存。

这个创意来自位于孚日山区的贝尔奇格朗若（Berchigranges）花园[①]，蒂埃里·德鲁伊（Thierry Drouet）发明了这种覆满红花百里香，由圆木砌成的螺旋。让人看了就想坐下……但您得先拿块垫子垫上，免得蜜蜂叮咬屁股。露天烧烤之余，设在高地上的螺旋状花坛是个不错的谈心场所，既私密又开阔。

硬螺旋

若擅长泥水工，还可以利用废弃物料搭一座螺旋形状的小花坛。它的规整形状能让人忽略掉花坛胡拼乱凑的一面。

► 接下来用肥沃土壤（或“千层面”材料）填满花坛后就能种花啦！

► 干砌石墙比水泥墙更容易拆除……

绿植螺旋

先简单地用一根灌溉水管沿着未来螺旋的走向浇一遍水，再动员孩子们在未来的小道上铺上石头。接下来在待栽区内填充花土或腐熟堆肥。

► 只花少许时间就能让校园里多一道新装饰。想想看吧，光是这座花坛就能激发多少孩子们几何练习的兴趣呀。

① 贝尔奇格朗若（Berchigranges）：位于洛林大区孚日山区的著名花园。

立体菜园

金字塔式种植有一种极大的好处——让人各个角度上它都能欣赏到蔬菜。要想将花园打造成一片令人叹为观止的奇景，选择金字塔式真是再合适不过了。

“方块”变奏曲

将方块菜地重叠起来，每层错开45°角就成了菱形，整体效果也非常雅观。

抢占高地

垫高的方法更适合露台、阳台种菜，这比起以真正土壤为基础所能实现的种植效果，自然是小巫见大巫。这不能算农业学上的一场革命，更多的是为了满足所有园丁身上都存在的这么一种矛盾心理：园丁们都是这样，放着自家平坦的土地不耕作，反而孜孜不倦地在其上堆砌丘陵。

既然如此，堆出来的丘陵至少该具备美观和实用性。传统土堆灌溉非常麻烦，浇上去的水会直接往下流。“千层面”法的好处是外形犹如一床平坦的鹅绒被，但厚度一旦超过 50cm 就有很大的概率导致堆肥发热，对植物根系非常不利。植物会枯黄、凋零，对此园丁觉得这可以通过多浇水来补救，可是浇水又会助长细菌的滋生。

各层厚度不超过 20cm 的阶梯式金字塔可避免这种不便。它就像楼梯一样，可补偿地面水准差，也可以打造出一座形状、比例宜人的小丘。

每一层上的蔬菜作物都能享受到充沛的光照。还可根据金字塔各面朝阳或是背阴，在蔬菜间散播一些花卉。

重返水平

不管怎么说，地表水平还是有许多好处的，尤其便利灌溉，浇灌关系着植物的生长。因此在山坡上建造挡土墙种菜的做法由来已久[①]。

像是独栋住宅区的小面积花园，使用木头搭建金字塔就比石头简单。寸草不生的土地上也能凭空搭起一座大梯级的阶梯。

① 挡土墙（restanques）：法南习惯在山坡上修建小型矮墙，在墙与土地之间的空间填满土壤种菜。

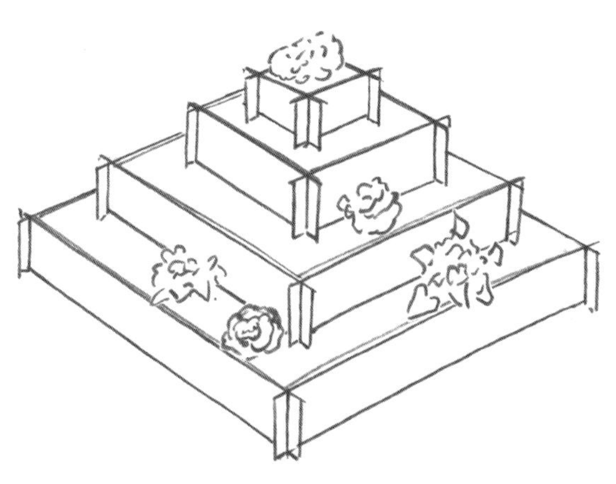

源自方块的金字塔

将方块菜园一个个重叠起来，越往上越小，可以搭成一座梯级金字塔（类似于古埃及的金字塔）。

► 切勿好高骛远：高度超过 1.4m，要碰到金字塔顶端就比较困难了。各梯级高差也不要太大，否则填充花土、堆肥时非常费劲。20cm 是理想的折中高差。

► 如图所示（底座边长 1.4m，接下来依次是 1m、60cm、最后一层 20cm）需要 600 多升的基质，约合 300kg。但它好就好在蔬菜作物能尽享这堆天赐的养分，勤浇水的话成效更好。

用金字塔营造景观

► 如果将阶梯式金字塔各层错开，向一边或一角靠拢，效果会更加生动。

► 让尽可能多的栽作面积朝南可以更好地利用阳光。

► 对称金字塔可以作为花园里两个区域之间的分界线。

► 最多不超过四层，否则无法保证灌溉均衡。除非是在顶层栽种像红花百里香这样对水分需求较少的植物。红花百里香摸起来非常细腻柔软。

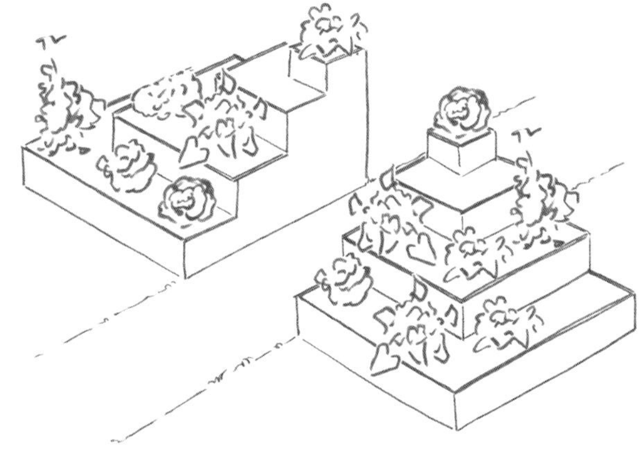

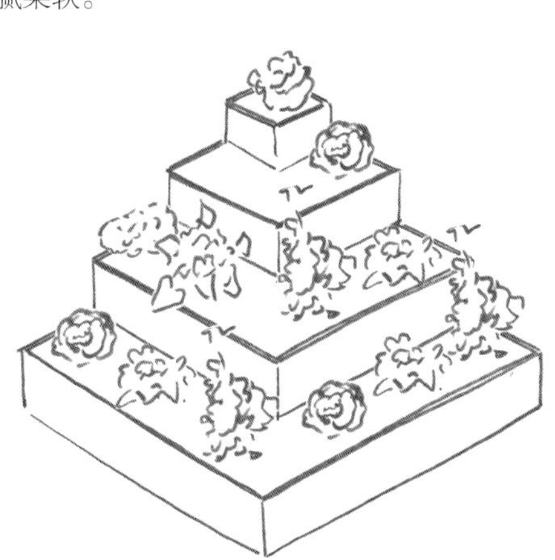

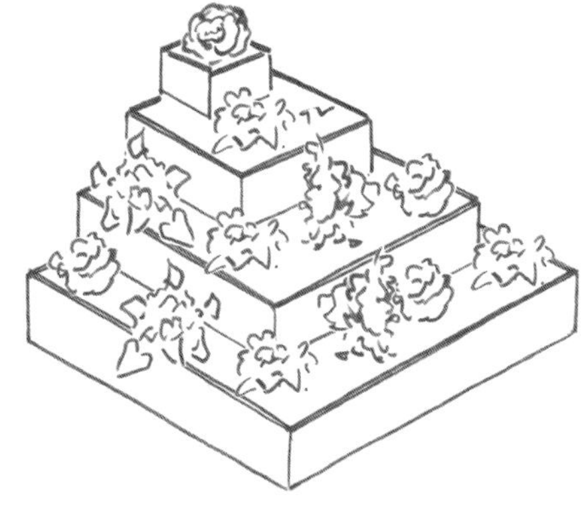

漂亮的番茄笼

先让番茄摆脱支柱的束缚，再把它关进笼子里。这点子多怪啊！不过也值得探究……

覆地版本

要是没时间、没心思搭笼子，几只木条箱就可避免番茄直接接触土壤。将木条箱放置在生长良好的番茄苗周围，第一批长大后果实就直接躺在木条箱上。基本不会有蛞蝓前来侵扰。

例行修剪

今天，菜园里自由生长的番茄越来越多了，这要感谢多米妮克·基耶（Dominique Guillet，来自可可佩利协会）①的努力，早在1990年，她就开始写文章推崇笼栽种植。跟成见恰恰相反，不事修剪、自由生长的番茄果实并不会晚熟，成果个头也不比修去了徒长枝（gourmand，即主茎叶腋处抽生的枝条）的植株小。长久以来，菜农一直都强制性实行徒长枝修剪，但那是为了促进第一批结实，这样果农最有利可图，修剪另一个目的是为了加大温室栽培的植株密度。修剪工作每年特定时段要耗去大量人力，咱们搞园艺的可不缺时间。另外，修剪也会修去番茄植株叶片，但深受我们喜爱的糖分、维生素可都是叶片制造的。

如何控制番茄的长势？巧用铁丝网笼：例如用直径60cm、高1.8m的一只筒状笼套在番茄植株周围。不言而喻，番茄植株之间的距离

从三角到圆圈

铁丝焊网，我们自然而然地想到用它做成带三、四个面的平面结构物，简单地用铁丝钳弯折铁丝就可以达到目的。焊接点附近切勿强行用力，否则会导致铁丝脱落。

软性铁丝或圈羊用铁丝网可以自发地弯折成筒状。

无论选用哪一材料和形状，整个结构都应使用桩子加固。随着枝叶生长，夏天受风面积会大大增加。

① 可可佩利协会（Association Kokopelli）：非营利组织，1999年创立于法国，致力于生物多样性、药用植物、有机植物种子生产的研究。

小果实、枝叶繁茂的番茄用于笼栽非常理想。尽情享用它们吧！	
醋栗番茄：果实真的非常小	“豌豆醋栗”品种：上下左右的尺寸能轻松超过 2m，枝条被精致的小粒番茄压弯了腰。一次采摘稍嫌负担过重。 “红醋栗”品种（字面意思为醋栗番茄）：上百粒的小珠子，成串采下装饰餐桌效果非常好。 两品种再播种都非常容易，且具抗病害能力。
传统的纯种红色圣女果：采集种子	“铃兰草”品种：这种圣女果果实稍尖，果皮略带大理石花纹。 “墨西哥侏儒”品种：产量极大，果实小，极甜。风味之浓烈可谓罕见。 “墨西哥之蜜”品种：味极美，结果比其他品种稍晚。耐干旱。
鸡尾酒番茄：果实稍微大点（李子大小），外皮比圣女果更薄	“黑樱桃”品种：长得就像紫色的黄香李，接近黑色。非常多汁。小心弄脏衣服！ “查德威克樱桃”品种：抗病害，非常适合拌沙拉、做番茄酱，但不算是圣女果里的早熟品种（巴黎 8 月中旬成熟）。 “园丁乐”品种：美味，皮较薄，大小如黄香李。名副其实。栽作一次它就能适应环境。 “红梨”品种：形状有趣，风味宜人，但更优的要在杂交品种里找（例如“翠莉”）。 “青葡萄”品种（Green grape）：一种青李番茄，随果实成熟颜色变浅。多汁，风味浓烈。
杂交 F_1 型圣女果：枝叶繁茂，果皮有时较厚	“佩佩”品种：高产，风味可口。即将成为新一代标准品种。 “萨福”品种：皮薄，风味质量经得起品尝的考验。 “甜蜜 100 分”品种：经得起考验，富含维生素 C 跟番茄红素。成熟后较不易开裂。 “翠莉”品种：果实呈迷你橄榄果形状，味美，生命力旺盛。冬天，意大利菜市场上可以找到一种类似的西西里番茄，产于帕奇诺地区，即便贮存数月也非常美味。这种能力多半得益于它粗糙的外皮。做成酱后粗皮会消失。
橘黄色圣女果：质地入口即化	“桑吉拉”品种：很甜，大小如乒乓球。 “甜宝贝”品种：纯种，灌木品种多于藤本。非常美味，属于最优品种之一。 “提泽莱拉”品种：橘红带绿条纹，多汁，拌在混合沙拉里非常有趣。
黄圣女果：颜色鲜艳，果肉口感较面	“伊娣”品种：一串一串的黄色小番茄，不易开裂。 圆黄圣女果：上百粒金黄色小果实，非常美味。比“黄梨”品种好吃。口感较绵软。

也要做出相应的安排，栽种间距约 1m。还可以使用一座铁丝焊的塔，折上三、四折后的尺寸 80cm 左右，每面可栽一株番茄。这种笼子更适合小果番茄，它的茎蔓可以缠绕在铁丝上。为避免一阵狂风将爬满果实的铁丝笼或柱子吹垮，应用几根桩子加固。浇水多少应以枝叶繁茂程度为依据。

病害怎么办？

这种栽培法不会伤到枝条，因此植株所受压力较小，番茄习性不会被改变：易患病虫害的番茄品种还是会易患病虫害。我们可以遵照平日习惯的用药时机，取荨麻浆与具预防作用的木贼熬水，稀释波尔多液后使用。但是我们注意到，易患脐腐症的品种笼栽后发病概率略有减小。这种导致番茄局部腐烂的疾病多半是生长不均衡导致的，需要我们出手干预越少越好。

俄国风情小菜园

俄罗斯人一有机会就跑去乡间别墅隐居，在那里，花园里种菜的园子可占了不小的面积。这也许是对战争艰难时期的一种缅怀……

修剪利光照

俄罗斯是大陆气候，四季分明，似乎并不适合种菜，但别忘了，农民是很富有创造性的。他们选择生长周期短的蔬菜品种，并发明了罐头储存食品的艺术：用罐头储存番茄酱啦，菜干啦，酸菜啦，还有像甜菜、西洋牛蒡等耐贮存的根茎蔬菜。夏天，俄罗斯人的菜园跟咱们的没什么两样，唯有向日葵给它带来一抹乡村气息，向日葵的种子是用来榨取一种著名油料的。

啊，俄罗斯番茄！

流言该结束了：根本就不存在什么俄罗斯番茄、意大利番茄、瑞士番茄。所有其他番茄品种都来自美洲自然品种的杂交。

不可否认的是，数世纪以来，俄国人始终都保留了一些古老的品种，直到近年才被人欣喜地重新发现：其中有很像“大牛排”的多肉品种，还有著名的“克里米亚黑番茄”品种。这一种果实深紫色，杂有绿色条纹，味道甜美，深受儿童喜爱。

黄瓜、小黄瓜也会占去菜园了不少面积。小黄瓜到收成时个头比较大（长约10cm）。储存时先将黄瓜洗刷干净，用毛衣针沿着果实扎上一排眼儿，整根放入玻璃瓶，再投入蒜、百里香、月桂与小茴香等配料，然后按每斤小黄瓜兑两汤匙粗盐的比例将盐深入适量温水中并将温盐水加入玻璃瓶，使全部物料浸泡在盐水里。扣上一只碟子封口，再压上重物。一周后，经过轻微发酵，俄罗斯腌黄瓜就能吃啦，口感很像面包。

俄式花园糅合了实用性与舒适性，非常宜人。它离住宅很近，是家庭生活的一部分，花园与房屋之间是相互尊重的关系。一道彩色木头篱笆给它添了一分活泼可爱。

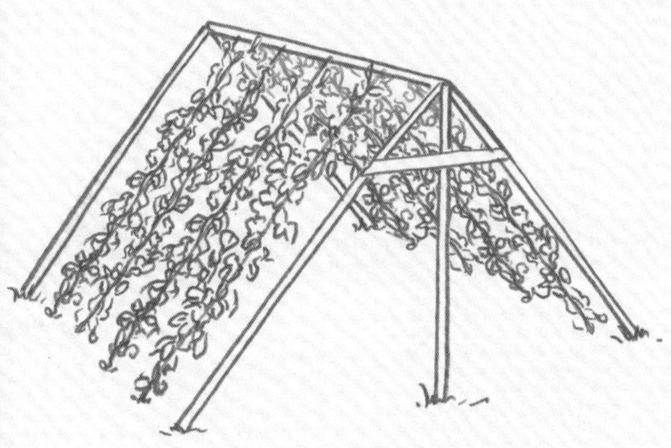

爬 架

一只结实的木架，拉上几根细绳，就成了黄瓜、小黄瓜（俄式腌黄瓜必备），圣女果、芸豆的爬架。爬架搭建的诀窍在于将立柱安排成屋顶状，用倾斜的支柱支撑。这样的架子坚固性要好得多，不怕枝叶蔓延来动摇它。

圆白菜和甜菜

俄罗斯冬天的严寒逼得人们学会了储备蔬菜。种菜也得选择最能适应气候的品种。

● 圆白菜在菜园、烹饪里都占有重要的地位，烹饪的方法很多，或是做汤（酸圆白菜汤），或是包上洋葱、米饭做肉卷馅儿（俄式白菜肉卷）。除了传统的白色卷心菜，皱叶圆白菜也很引人注目，尤其是“俄国红”品种，经霜冻打软后炖肉食用。

● 红甜菜也是进补汤水的主要食材之一，最著名的补汤莫过于罗宋汤了，它就是靠红甜菜给豆子、胡萝卜、洋葱、马铃薯添上一抹明亮的色彩，与酸奶油、小面包搭配食用。立陶宛那边还会在汤里加点蘑菇干。

黄瓜（与甜椒）专家必读

要想种出一等品质的黄瓜，生活在加拿大的俄国人奥尔加自有一套技巧。

❶首先于 5 月上旬就地播种，发芽后在幼苗上方罩一个 5 升水瓶。幼苗生出 2 ~ 3 片叶且触水瓶上瓶壁时即可将其撤去。在行间插上枝条，弯折后将两边枝条顶端固定住。一开始要帮助黄瓜攀缘，之后就不用了。铺土覆盖并勤浇水的话，7 月即起可采收。

❷ 9 月份可在架上罩上一层催熟膜，帮助最后一批黄瓜成熟。

❸枝条很高的话（2.2m），黄瓜是吊在半空中的，采收时可以轻松地在支架底下走动。

葫芦科，向上看！

这个科的植物形态各异，长势极其繁茂。新落成的菜园如果种上葫芦科植物，只需几个月就能营造出丛林的氛围……

万事皆过

在园子里种上葫芦科植物，就有机会欣赏到这个科最不循规蹈矩的蔬菜的生长模式了。它以5月中旬播种为始，最后会长成伞盖状的繁茂枝叶，结出形态各异、颜色不一的果实，其整个过程犹如一套电视剧集。

其间还能欣赏到它的花，有一种独特的、难以言喻的美感。花分雌雄，这一点有时会带来授粉问题。蜜蜂不一定喜欢雌花，因而有时会疏忽传粉的职责。所以有的西葫芦是长不大的，几天就枯黄了，原因在于授粉不成功。因此可以代替蜜蜂进行人工授粉，即先用指尖触摸雄花花心，再触摸雌花花心。雌花一般长在分枝上，基部已经具有未来果实的微缩形状，可根据这一点辨认。

除开这点不足，葫芦科蔬菜的种植真是一种纯粹的乐趣。特别是如果将它们栽在“千层面”上的话，“千层面”会提供植株快速生长所需的养分。勤浇水和覆盖一层营养盖土也对植物都有好处。植株刚开始攀缘需要你搭一把手，应选择多分叉型架子作爬架，否则支架可能承受不住果实的重量。未成熟的果实即便重达10kg也是不会脱落的，这一点无需担心。

魔术拱门

两根长6m、直径1.2cm的钢筋插在走道两端，于头顶交叉固定。两侧再拉上铁丝，便于植物攀爬。

令人惊异的香气

葫芦科植物的独特之处，不仅仅在于果实长得像巨大的锤子或是小号，它们的香气也很独特。

- 某些葫芦品种的白花香气袭人，好比栀子花的清香。
- 美中不足的是：大大的叶片不仅毛糙，气味还很难闻，不小心碰到实在是很不愉快。
- 葫芦是最早被人类培育的植物之一（早在1.5万年前就开始了），人们用它来做器皿。

葫芦科王国之走马观花

南瓜属 均原产美洲 美洲南瓜：西葫芦、扁圆南瓜、南瓜、苦西瓜（勿与葫芦属的葫芦混淆）。 笋瓜：大南瓜、小南瓜、古巴瓜、福瓜。	根据用途可分为： ■果实成熟后食用：冬南瓜、南瓜（著名的万圣节南瓜），特别适宜牲口食用；类似于小青南瓜的瓜类，状若大橡实，味如栗子；大南瓜和小南瓜因富含胡萝卜素而知名；甜饺瓜果肉橘黄，有栗子风味；鱼翅瓜实际上产自智利，果肉犹如细面，多用于腌渍蜜饯，也可以拿来做酸菜；因为意大利面瓜煮熟后果肉松散呈细丝状，很容易误认为是意大利面。 ■适宜食用幼嫩果实：栉瓜（夏南瓜，又称翠玉瓜）、西葫芦（最普遍的一种笋瓜）。尼斯笋瓜植株有两种形态，一种是灌木（果实呈圆形，很适合做釀瓜，大型雄花也很适合），一种是藤本，果实呈长条状，果肉坚实。扁圆南瓜生吃非常美味。
甜瓜属 原产自印度的黄瓜（学名刺青瓜）与原产非洲的甜瓜（蜜瓜）。	■育种师的工作就是要去掉野生品种果实的苦味。与成见相悖，甜瓜与黄瓜是不能杂交的，因此可以放心将它们并肩栽种。具麝香风味的夏朗德香瓜诞生于19世纪，是法国特产。有的地方更喜欢香气不浓的甜瓜，果实呈橄榄状，保存期长。
西瓜属 原产自非洲的西瓜。	■自古埃及时期即已驯化栽种。口感清凉，受人喜爱。成熟的果皮仍呈绿色，但卷须会枯干。
	■喷瓜（学名 Ecballium elaterium）的果实成熟后会爆裂。泻根（Brynica dioica）是藤本植物，常见于树篱，因根须具有毒性，法语又名“魔鬼芜菁”。

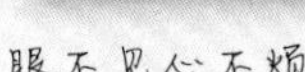
眼不见心不烦

想把一座工具棚给遮住？种两三株苦西瓜就行，十月摘下它成熟的果实，放在棚里风干后带回家。

“三姐妹”传说

易洛魁人[①]经常将玉米、甜椒与爬藤四季豆一起种。不少人都认为这里一定有技巧：玉米能作为四季豆的支撑物，四季豆反过来又能固定空气中的氮，滋养其他植物。

事实却不是这样：这其实是一种合理的空间利用法。四季豆的积极效应第二年起才能显现。玉米根须需要时间风化，而且地上部分必须掩埋，否则也谈不上什么固氮作用。

① 易洛魁人（Iroquois）：居住在北美洲东部的印第安原住民同盟。

摩天黄瓜架

黄瓜不仅仅是一种瘦身蔬菜。菜园栽种的黄瓜还有一种额外的功能：促进消化。

减肥之王

黄瓜和叶用莴苣、番茄都是夏日餐桌上不可或缺的蔬菜。要是嫌黄瓜不好消化，您可以试着在花园里自种，然后挖去瓜肉中间的籽再食用，难以消化的感觉就会神奇地消失。

这样一来黄瓜常常上桌也不怕消化不良啦。自种的另一个好处是一株生长顺利的黄瓜几周内都能不间断产果，一周约产两条。“顺利”包含的意思是阳光充沛，土壤肥沃，足以满足生长。“千层面”法能释放出氮元素，因此相当适合种植黄瓜。

如果放任黄瓜贴地生长，那么你只能收获到七歪八扭的果实，而且贴地那一面的果皮还是无色的。要想让黄瓜尽情生长就必须让它的茎攀爬。黄瓜卷须攀爬能力强，不过还得给它搭一个爬架，表面最好不要太光滑，因为黄瓜的主蔓无法缠绕。以下提供几种设施供您选择。

如果不是为了批量生产俄式腌黄瓜，最好还是把自栽黄瓜规模控制在若干株左右，第一批于5月10日前后下种，第二批则于7月上旬下种，这样就可以保证夏末收成。嫩苗结出的黄瓜往往是最美味的。

给叶用莴苣搭座凉棚

►夏天，叶用莴苣和罗马生菜常受酷热之苦。用铁丝网可以轻松地搭起一座黄瓜或是小黄瓜屏风，为生菜遮挡下午灼热的阳光。

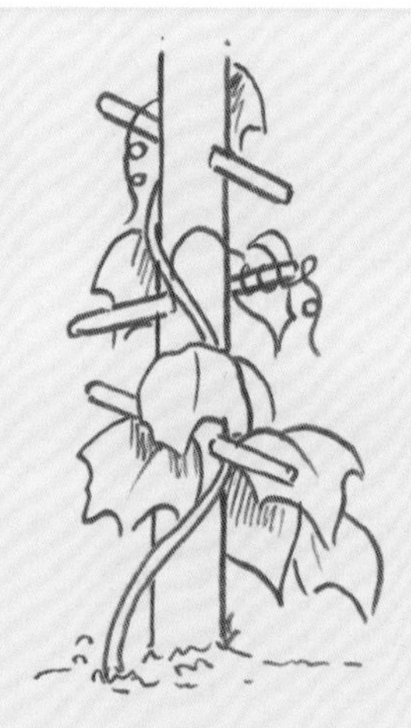

猴　梯

►木棒表面太过光滑，黄瓜卷须会找不到受力点。

在木棒中平行地面的方向插上一排小棒，可方便卷须抓牢，尽情施展它的攀爬天性。

柠檬雪葩还是百香果雪葩？

● 小黄瓜其实只是未成熟的黄瓜。黄瓜家族里不缺特立独行者：就拿柠檬黄瓜来讲吧，其果实个头、颜色都酷似柠檬，可惜欠香气。其果肉较厚，但清脆爽口，就跟普通黄瓜差不多。可贮藏数月。

● 刺角瓜又名肯尼亚黄瓜，原产肯尼亚。这种瓜表面呈棘突状，犹如一只水雷，里边藏着绿色果肉，满布瓜子，有点像百香果。它几乎没有香气，只有香蕉刺角瓜储藏几月后才有香气。糙皮剥去后的果肉可拌入水果沙拉，还可以将它摆在雪葩周围，说它是黄瓜都没人相信。

借力攀爬

苦豆的枝蔓善于缠绕，攀爬容易。黄瓜跟它不一样，卷须需要网格才能攀附。搭建好羊圈网或大网眼的网子就可以了。

牢固的爬架

阿尔萨斯省的韦塞兰（Wesserling）花园里可以欣赏到这种支架，它能让人联想到晾衣绳的支架。它的绳子也是垂直拉伸的，引导黄瓜向着光照的方向生长。爬架附近也可以播种若干大花旱金莲、金鱼花，为这片绿意增添一抹色彩。

苦瓜的秘密

表皮光滑的杂交黄瓜一般都不苦，古老的品种却可能给人带来不愉快的惊喜。这跟苦瓜比起来可谓小巫见大巫。苦瓜又名凉瓜，是一种表皮满布疙瘩的小黄瓜，它的苦味太重，西方人吃不习惯。

► 中国人却非常喜欢像苦瓜猪肉这样的菜肴。留尼旺烹饪里也会用到苦瓜，不过用量很小，而且还会事先挖去种子，并用盐水冲洗果肉若干次。

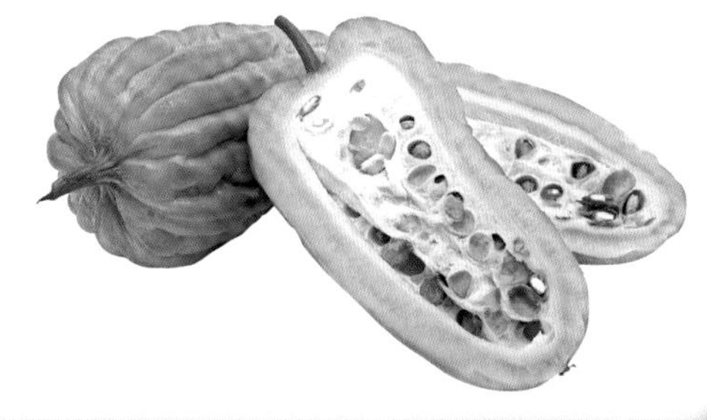

用芸豆织一面帷幕

不少传说、神话里都不乏芸豆的角色，这并不是巧合。芸豆的生长速度令人惊叹，这种旺盛的生命力真是非常难得。我们暂且先不谈花园栽种的矮生型芸豆，搭起支架来吧！

“福尔特克斯”品种

试用过一回“福尔特克斯”，其他品种就都是浮云啦。

寻本思源

如今我们偏爱矮生的芸豆品种，它性情更顺从，也更易种活。但攀爬还是芸豆的天性。别忘了芸豆也有攀缘品种，攀缘芸豆又称“架豆”，因为其生长需要木杆作为支撑。

不是所有人都能轻松弄到一把竹竿，所以找不到竹竿的话钢筋网也行。将一张 3.2m×2.4m 的钢筋网对折两次，就成了一座边长 80cm 的铁塔，很雅观，是支撑大型菜豆的理想选择。这样支撑后芸豆的收成非常可观，但注意最好选择粒用品种，否则采摘长在 2m 高处的豆荚可真是一项体力活。

攀缘型芸豆生长速度非常快，用来充填比较空旷、一眼看去尽收眼底的新修花园空间，是一种理想的选择。搭一座支架，再拉上几条细绳，就够它自由伸展的了。芸豆根须的根瘤菌可固定大气中的氮元素，所以只要好好松土，就算是在贫瘠土壤中芸豆也能存活，再追加一层堆肥或草屑盖土就更好了。大暑时节，频繁大量浇水可避免植株打蔫儿，8 月暴雨后芸豆焕然一新的样貌更是非常喜人。

荷包豆与豇豆

● 芸豆又名红花豆，花期也花枝招展！它其实上是一种不同于传统芸豆的品种，开美丽红花，嫩荚如同四季豆，可食用。种粒不可食用，除非是产自比较稀有的白花品种的种粒。

● 早在芸豆之前，豇豆就已经成了盘中餐，那时名为短豇豆，但现在已经很少种植了。只有一种装饰性品种还值得一提：扁豆。它会开一串一串的美丽紫花，结出的豆荚就好像是直接从黑色皮革上切割下来的。

美丽的“福尔特克斯”（Fortex）品种

这种攀缘芸豆品种来自农艺学国立研究院于博尔·斑讷罗的努力，能够跟亚洲种植的长豇豆一比高下。长豇豆是豇豆属，也是豆科植物，生长需要高温。“福尔特克斯”品种在法国气候下极易栽种，连续数周即可产出长度超过 30cm 的多肉豆荚，豆荚中不含任何纤维，很快就能摘满一篮，这真是一种享受，能让人暂时忘记种子的价格：每 100 克要卖 10 欧元！鉴于该品种产量极大，一袋种子完全可以 3 人分享，让几家人都享受到丰收的喜悦。

单层帘

很适合用作屏风。将长 3m、直径 4cm 的木条插入土中。横向的木条用角铁固定住。每隔 20cm 拉上一根细绳，任其一直垂落到地面，每根绳下方播种 4 粒芸豆。接下来就顺其自然吧。

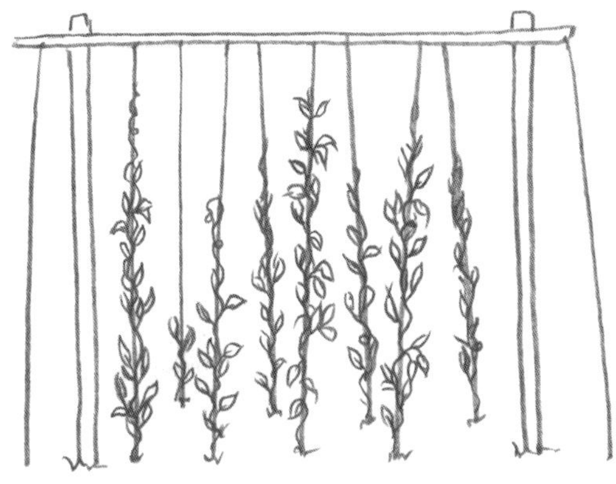

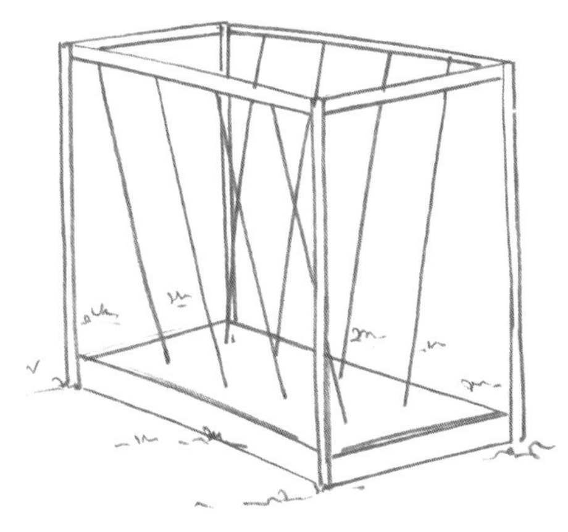

双层帘

就地搭建一只木框，树起倾斜的立柱，牢牢固定住几根水平横向木条，再安上两排细绳，就成了攀缘型芸豆最理想的支撑物。这样的设施，若是种上“福尔特克斯”品种，几平方米的面积就可产出大量豆荚，种植炖什锦砂锅必备的白豆也能产出几千克。

三脚架

用几根较长的竹竿或是一年生榛树枝条，光滑的那种，可以搭成一只三脚型支架，高度可超过 2.5m。播种前装好更实用。

绿塔

混凝土用的钢筋网可以折成高达 2.4m 的塔形。每座塔都可以种上不同的粒用品种，收成保证非常惊人。晒干后可以用来炖什锦砂锅。

菜园知识小测验

准备经营一片新式或传统菜园？想法不错！不过请先通过如下若干测试来检验一下吧，随着自身经验的增长，会逐渐学会分辨是非对错。怎么样？有判断了吗？

❶ 蔬菜应种植在较深的土壤中。

►**不一定**。栽培季结束时可以拔起一株番茄检验一下：大部分根须都是向四面八方生长，长约10cm，有的可伸展到50cm深处。提倡给菜园松土是为了保持其整洁，跟土壤本身没有太大关系。土壤的肥力主要是通过土表施堆肥来改善的。

❷ 每年都应给蔬菜更换位置。

►**正确**。这属于常识：植物不同，偏好也不同。要是每年在同一地方种植同一种植物，就有可能会导致土壤中某些元素缺失，而某些元素过剩。叶用蔬菜与根茎蔬菜交替轮作，可以使资源利用保持均衡。

❸ 香草植物的需求都比较低。

►**要看情况**。原产自法南石灰质荒地的植物的确具有骆驼的气质：百里香、风轮菜、红花百里香跟海索草都非常喜光照，要想让它们在卢瓦尔河一线以北顺利越冬的话还应配备多石土壤。其他来自夏天雨水充沛地区的香草，例如罗勒，则喜勤浇水、多施堆肥。

❹ 九宫格菜园并不适合种植所有的蔬菜品种。

►**正确**。九宫格菜园优先适用于小规模种植与生长周期短的蔬菜，尤其适合一些生吃菜蔬，例如生菜、小红萝卜。九宫格菜园不适合种马铃薯，因为它在扩张过程中会妨碍周边蔬菜生长。至于疯长的西葫芦那就更糟糕了。即使种植西红柿也有待商榷：方圆1m的九宫格菜园里种一株番茄就占满了。

❺ 圣女果没有大果番茄那么容易开裂。

►**错误**。开裂跟表皮弹性有很大关系。大果番茄，特别是古老品种，表皮一般都比较柔软，而圣女果的果皮则比较绵软——这也是它口感上的一种缺点。正常情况下表皮可能没事，但下一场暴雨就会导致果实开裂。

❻ 孩子们自己亲手种的蔬菜也更易接受。

►**现实较有争议**。将亲手种出的小红萝卜端上饭桌的喜悦和骄傲，有时的确能让孩子们忘掉萝卜的辛辣口味。但是如果只有一个孩子喜欢种菜，家里别的孩子可能也会故意搞破坏。另外，有的

混合生菜的魔力

是头一回开辟菜园吗？多幸运哪！别急于尝试种植小红萝卜跟番茄，还是先播种一点混合生菜吧。这种混合生菜怎么种都能成功。新手播种下手往往容易太重导致出苗后密度太高，但以后每次采收时用厨用剪刀收割也能起到间苗的效果。在原地留下几株幼苗，几周就能长成常见个头的生菜。相对收成来说，它的种植很划算。要知道这种沙拉一千克价格在20欧元上下呢！

尊重各人的节奏

无论是跟孩子们一起种菜还是种花，都别忘了最基本的法则：避免重复同一种劳动，避免一次劳动时间过长。要保持一种游戏中工作的气氛。

蔬菜虽然种起来很有趣味，吃起来却并不可口，例如蚕豆、罗马花椰菜。通过参与种菜，孩子们也能更好地认识四季。但是，5 月份采摘长到小腿肚高的四季豆放入冰柜储藏，这可不是一件清闲差事。

❼ 浇水过多的蔬菜味道寡淡。

►**正确**。市售的蔬菜（与水果）味道寡淡，部分原因就是因为跟园栽蔬菜比灌溉过于频繁。这一点应理性看待：蔬菜迅速生长的确需要水分，但到了成熟前一周这个关键时期，最好还是减少浇水量。三伏天，以及番茄、茄子、甜椒这样还能多撑几周再成熟的蔬菜除外。

❽ 家有菜园就别想出门度假了。

►**这要看怎么安排**。暑期出门度假少于两周的话菜园损失不大。如果出门前再事先铺覆土壤覆盖物，把水浇得足足的，或是给盆栽植物安上滴灌装置，那就更不用担心了。超过两周的话浇水的确是个问题，但传统的“求助邻居法”一般都能解决问题。出门前十天应避免播种、移栽。否则回来之后就等着接受必然的失败结果吧，到时候可别抱怨啊！

❾ 菜园里的走道跟下脚处纯属浪费空间。

►**既对也错**。可供独轮车通行的小道在面积超过 100m^2 的菜园里是很实用的。鉴于光照是刺激植物生长的最强大因素，蔬菜种在路边也有利于其生长。而且，如果菜园里某些角落得施展柔术表演技艺才能够得到，那里种的蔬菜多半也疏于照料，杂草疯长。正所谓：菜蔬近在眼前，收成近在篮边。

❿ 几年后，菜园里的杂草会减少。

►**既对也错**。牵牛花与蓟科植物喜欢生活在不受干扰的地方，需要靠规律锄草、拔草来根除。另一方面，规律施用的堆肥也会带来丰富的氮肥，能够刺激像琉璃繁缕、马齿苋这样的投机分子生长。幸好这些杂草属于较易拔除的种类。

轻松园艺巧**布置**

对乱七八糟的家说“不”

不是所有的人都像您一样热爱园艺。园艺若是意味着布满泥沙的玄关，就更少人喜欢了。是时候动手整理工具了。

下定决心

工具房通常是收纳剪草机的场所，各种日常使用的小工具呢，我们往往会另找地方来放，于是通往花园的门廊很快就成了堆放零乱杂物的地方。趁战火没有波及家人之前，还是尽快收拾收拾吧：下两季用不着的工具先放回工具房；所有的零碎工具用篮子或是实用储物架收捡起来。这期间一般能翻出一两把本以为丢了的小手铲、整枝剪，如果它们生锈了的话可以先收起来，等到哪天下午，趁雨天开展大型整顿时再做处置。生锈部位可以用钢丝刷擦一擦，拿三角锉把刀刃磨快（很实用的三面锉刀），再给金属部分上一层油脂。有人喜欢用抹布蘸机油给工具上油，顺便也用机油涂一下木柄，这样既能给木头染上颜色，也会赋予它一种特殊的气味。

有时其实用不着占地甚多的工具棚，一间小耳房就够了。进深并不需要太大，能够将东西收拾好就行。

要想让手柄重现往日的光泽，可用砂纸沿着木头纹理打磨，再用石蜡块涂抹，最后用一块布用力摩擦，使石蜡熔化，填入木头表面坑洼处。

防止家庭危机之利器

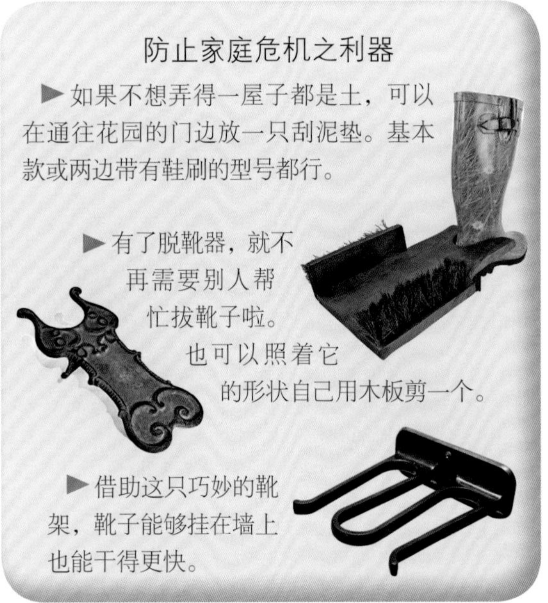

► 如果不想弄得一屋子都是土，可以在通往花园的门边放一只刮泥垫。基本款或两边带有鞋刷的型号都行。

► 有了脱靴器，就不再需要别人帮忙拔靴子啦。也可以照着它的形状自己用木板剪一个。

► 借助这只巧妙的靴架，靴子能够挂在墙上也能干得更快。

工具挂起来

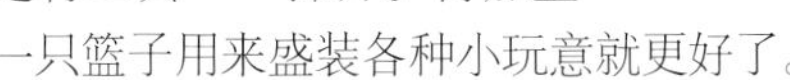

有的工具储存装置看似巧妙，实际却一点也不实用。就拿储物架来说吧，要想够到后边的工具就得先把挂在前边的工具一一摘下，还得提心吊胆害怕工具掉下来砸到脸。最理想的工具储存还是将工具一一摊开。再加上一只篮子用来盛装各种小玩意就更好了。

这种挂墙式储物袋可以用来装所有的顺手小工具。将袋子缝在一面结实的帆布上，然后将帆布整个钉在一面木板上，再将木板挂起来就可以了。

最酷英伦风

这种高尔夫球袋式的工具推车模样很潮，放在乡村别墅玄关处也毫不逊色。不过小心别被锄草铲打到头……

多合一收纳

这种储物木架在工具房里占地极少，安全性又很高。注意工具上端距天花板距离要留够，否则扫叶子的长扫帚会抽不出来。存放小型工具的腰带可以挂在架边。还有一种更为简便的做法是在地上放一些空心水泥砖，用于竖直插放工具。

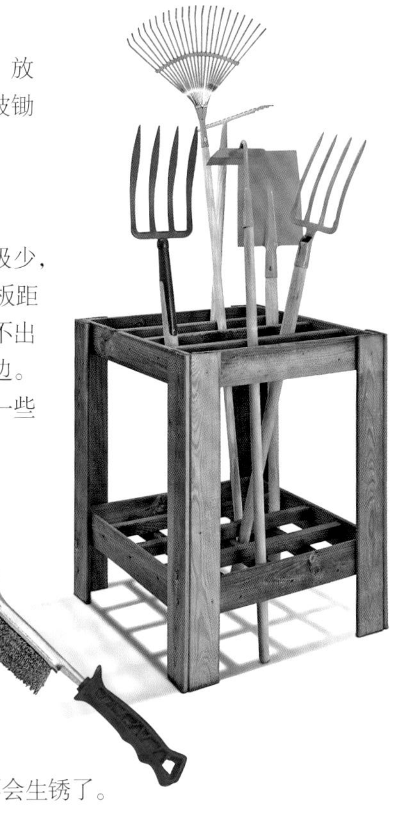

灵验方法

► 带泥的工具先别急着收起来。

► 用一截木棍或收获后田里剩下的玉米棒子将大点的泥块扒掉。

► 用钢丝刷仔细擦净。

► 再用抹布蘸油脂擦拭，工具就不会生锈了。

营造私密空间

要是觉得花园太过空旷，一眼望去，整个花园尽收眼底，想做出改善；改善途径不一定就是用树篱围合空间。树篱不仅占空间，日后还会带来无尽麻烦。

隐蔽却不封闭

大花园里要找一个不受旁人视线侵扰的角落，读读书，睡睡午觉，还是比较容易的。可有时咱们花园只有几平方米，住宅区又规定不许栽种大型树篱，这时候该怎么办呢？考虑到一年中大部分时间里树篱会投下阴影，住宅区不让种树篱的规定也不无道理。

花窗这样的临时、半透明的可移动式防护物，既可遮挡视线，又不至于树起一座牢壁。最常用的解决方案是各种网。各种网不一定非得靠墙，可以排成几扇屏风，也可以插在木质大花槽里。10cm 大小的网眼的网就能营造出一种私密感。

若是暂时不想买好点的篱笆，又想加固临街栅栏，可千万别买那种可怕的绿色塑料障子，它不仅会松脱，还会烂成丝丝缕缕的模样。最好是趁附近花园剪枝的时候捡一些树枝，比较光滑的大树枝，除去树叶、分杈，横着安放在栅栏上，用电镀铁丝或黑色塑料绳绑紧。这样的树枝绑一层就够，再根据长度需要锯掉两端多余部分。这种临时搭建的篱笆能用上好几年。要是事先剥掉树皮的话还能用得更久，因为树皮与木头之间会有虫子乘虚而入，之后树枝很快就会腐烂。

过滤旁人视线

就算是没有植物攀爬的网栅也能营造出一种私密氛围。

●最简单的方法莫过于将栗树枝条扎成束，再用电镀铁丝连成支架。铁丝是工地上用的，但横着拉直了也非常洋气。

●喜欢动手的人还可以自行设计双层、方形、菱形的网栅，跟实心板交替搭配使用。

有魔力的帐幕

一位好焊工会很高兴为您打造一面网眼直径8mm网眼的混凝土钢筋网。这样的网比较容易弯折。可以将它折成波浪形状，然后以网心为中心进行弯绕，形成一座供人休憩的小房间，这种小屋既具私密性，又不致有压抑感。

声东击西

有一种装饰技巧是用醒目的图案吸引人的注意力，要想在花园里制造出这种效果，可以用一排柱子来实现。柱子高度不一定非得一致。也可以用木条钉成一道正式的界限，就跟马栏一样，但木条间空隙更宽。这样一来，视线自然就不在背景上停留了。

可移动式篱笆

手巧的人用几只木条箱、几根弯管就能打造出一座带支脚的篱笆，好的篱笆还可以放在拖板上，搬动非常方便。市面上也有现成的半透明花窗出售。直接安装好就能给共享边界的花园增添一抹私密。

观景而不被人观

要想营造出私密空间，又不致有压抑感，选择镂花窗格要比选用实心板壁明智得多。花窗满足了你既不受打扰，又能享受花园景色的愿望。观景而不被人观，正是阿拉伯传统花窗跟尼斯式百叶窗的发明的初衷。

巧造花径

花园里的口号当然是：走马观花！这样一来花园小道就很重要啦，不仅要实用还得美观。舒适性与美观是可以兼顾的。

立足之地

不要急于下单购买拌合水泥用的沙子、砾石。未来花园小道的位置、走向、尺寸都得先好好规划，这方面若想做好，除了用"脚"思考别无他法。若花园是新修的，可以先放它个几周，看看花园里大人、孩子、猫狗的行走路径是怎样的。据此在裸露的草坪或土表上画出各种轴线、蜿蜒小道，接下来只需用硬质材质将道路具象化即可，免去了日后每次下脚都要提防扭伤的烦恼。

走到就讲到这里。道路宽度呢，就得在"喜欢宽阔大道"和"非小径不走"的人中间找一个折中点了：究竟哪一种在家里呼声最高？常识上来讲，宽走道应当用作主干道，数量有限，蜿蜒小径就可以随心所欲了。不过只要没必要经常过独轮车，整个花园道路都可以布置成蜿蜒小径。

废物利用也有限度

有的时候我们会一时头脑发热，想用附近建筑物拆毁后的砖瓦边角来铺花径。这样的诱惑千万要抵挡住。包裹着水泥的砖头要花费很多精力才能打理美观。

至于平板瓦片呢，就跟玻璃一样，底下藏有一粒小石子作为冲头，一踩上去它就会碎掉。

曲径通幽

可以观察一下猫在花园里是如何通行的：猫从来不走直线，除非是为了逃命。猫是走S形曲线的，就像某些地方对它而言吸引力更大一样。我们可以利用这个灵感将小径布置成正弦函数的模样。花园里效法自然设计的角落，比如说灌木树丛间穿行的小径，就特别适合这么布置。这样能使花园游览起来感觉比实际更大，曲折处弯度较缓也不会妨碍剪草机通行。

绰绰有余

走道实现了阳光一直透到土壤，促进了周边植物生长，因此不算浪费空间。若路边种植假荆芥、多年生天竺葵这样天性慵懒的花卉，还得考虑到它们早晚都会耷拉下来，虽说它们仍不失优雅，却会阻碍通行。另外，夹在两座栽有多年生草本、灌木花坛间的小道，若是第一年宽度刚好够剪草机通行，第二年肯定就太窄了，得耗去大量时间跟植物抢占地盘。反过来，若草坪上穿行的小道一开始就过宽，后期除非让草漫上石块，否则道路一直都还会过宽。

让植物参与

蓝花天竺葵、假荆芥这样的植物可以神在小径两边，装饰迷人的花径边缘。这种植物的缺点是它有时会匍匐生长，事先将走道布置得宽一些就可以避免这个问题带来的行走不便了。

适合装饰走道的材质中，石板的人气是最高的。不论是哪种石板，有一个性能参数非常重要，现实中很少标明购买前必须问清楚，那就是石板的雨后附着力系数。有的石板简直就是害人摔跤的罪魁祸首，木制品也不例外。因此要避免使用表面光滑或上过一层清漆的木头。

木头 = 打滑

电锯使用熟练的人喜欢将树干锯成一片一片的，拿来铺路又漂亮又省钱。问题是过几个月木头就会变得特别滑。

● 对策：木头表面罩上细格鸡笼网，用骑马钉固定。

物美价廉

有时买不起砌花径的石板，只买得起大批量工业生产用的砖、水泥板。没关系的，将砖铺成人字形效果非常优雅，看不出来原材料的廉价。水泥板呢，它表面很快就能被打磨光滑，跟几块人造石板搭配会产生特别好的视觉效果。

独辟蹊径

觉得花园里走道太过显眼，占地过多？没关系！还可以改！

发现其中的逻辑

买或租下一栋房子之后，我们往往会觉得别人的花园里小径安排得都有道理，应当保留原样。但事实往往并非如此。一代代住客对空间安排的品位未必跟您一样，花径也不例外。他们会在这里加一扇门，那里新建一间屋，唯有花径不动，这是不太可能的。

再过几个月，等到教训够了四处乱跑的小孩跟狗狗，哪条花径没用，哪条角度太陡，哪条边缘容易绊人，这些您就该都清楚了。有的地方看似平地实际却不平，这种地形该如何辨认呢？最好的办法是等到雨季，这些地方雨后自然会积水。还可以趁冬天安排行动方案。最常走的道路一般连接工具房或晾衣绳，它们最为关键。

如何从绿变棕

草皮铺成的过窄的小道中央部分容易秃，花坛里种的草却会向四周伸展。

- 将草剪短 5cm（修剪路径向着堆肥堆的方向），用耙子耙平，覆上撕去胶带的硬纸板。
- 接下来只需铺上 5cm 厚的碎木屑，一条无需打理的实用小径就等着您踏足啦。

几块石板嵌在沙地上，就是一条似有似若无的小道。

拆除无用的小道不算一桩美差，水泥浇筑的路面则更是费事，但是完事儿之后心里多轻松啊！要想扩宽现有道路，可剥去小道两边的泥土，铺上硬纸板，撒上碎木屑。几月后再根据实际使用情况判断新加的宽度是否足够，要是够，接下来就只需除去木屑，撒上一层沙，再铺上石板或是路砖就好了。不用费心让道路拓宽部分跟现有材质保持一致，因为道路不同部分磨损程度不可能一样，倒不如在颜色、形状的参差上下点功夫。

“卷土重来”

简单的土壤覆盖材料里，稳定砂无疑是最优秀的一种。稳定砂就是用黏结剂稳定的砂子，常用的黏结剂是石灰，拌和好的稳定砂整个倾倒在夯实的沙砾层上。这工作交给道路养护专业人士不消一会儿就能完成，但是稳定砂的颜色不要让他选，因为他中意的“赭石色”不一定就符合您的审美。稳定砂也很适合铺覆通往车库的行车道，但砂子路毕竟不如柏油路结实，因此砂子道路坡度不宜过大。

一座袖珍城市花园里，草皮铺就的一条小道。

统一花园外观

厌倦了轮廓分明的道路？可将园中现有的小径尽数拆除，铺上硬纸板、园艺毡，再撒上一层碎石、碎木屑。任现有植物蓬勃生长，再在花园中间零星点缀上一些新植物，随意就好，不用刻意填空。智者说得好：唯有空方能衬托出满。

走在绿毯上

选择用芳草铺满小径的话，注意道路宽度应足够让剪草机打个来回，这样草坪才承受得起频繁的踩踏。走道中央的草往往容易倒伏，可铺上一层两指厚（约 5cm）的堆肥，协助草皮更好地扎根。苜蓿是一种生命力非常顽强的植物，让它占了草坪上风真是一点也不奇怪。花园面积很小的话，每年春天购买草皮进行更换也不失为一种办法。

边沿决定一切

将树上落下的枝条交叉捆绑起来，或用竹竿编起来，就成了一分钱也不花的小径边缘篱笆墙。柔软的榛树枝条可以做成乡村风格的栏杆。

舒适的花园长椅

购买长凳之前千万记得先坐上去试一试。即使设计得好，也不能苦了尊臀呀。

腰椎最重要

长久以来，一提到长凳，人们都会想起修道院里粗陋的祷告席，后来它摇身一变，成了公园里的长椅。长凳自从落入设计师手里，虽然是变得更时髦了，舒适性却未得到真正提高。好的花园长凳应该让人一看就想试坐一下，然后再懒洋洋地坐着休憩。没有靠背的长凳只配作为慢跑中间坐下来喘口气的设施。不过那种拒人于千里之外的现代长椅，搭配贴合人体曲线的靠垫也能变得和蔼可亲。可这样一来，每次将靠垫搬进搬出也是个问题。只能在长椅附近配备一只箱子专作储存之用。

若是手上有榛木这种坚韧、不易腐烂的枝条，还可自己动手制作长椅。有栗树枝条的话就更好了。长椅支脚应嵌入土壤至少 30cm 深，保证良好的稳定性，最好是为它安上六只脚。椅面、靠背的设计则可任由想象尽情驰骋。有一条好建议是：第一回动手创作的话长椅落脚点最好选花园里一处不太显眼的地方；有了经验辅佐，第二条长椅多半能比第一条做得更好。

回收物资打造结实长椅

资源回收处和别的回收站里都常见电缆绞线盘、电线杆这一类物品。只消自己动一动手就能将其打造成一条具有西部风情的长椅。

与花园浑然一体

仿效安达卢西亚、葡式园林的做法，将一堵冷冰冰的矮墙打造成一条露天长椅。它的好处是入夜后许久石头都还是暖的。要想舒服那就垫上靠垫。

选　址

长椅的选址至关重要。安放在一条小径尽头的长椅欠缺私密性，不太理想。曲径通幽处布置一条长椅就浪漫多了，夏天午后，满椅荫凉，非常雅致。再来一条沐浴冬日阳光的长椅吧，大家都喜欢，让人尽享每一刻好天气，吸引人在花园里漫步，欣赏枝头元气淋漓的嫩芽。最后，水景周边也应配备一把长椅，供人欣赏蜻蜓与前来饮水的鸟儿的舞姿。

小空间，大用途

露台上一般放不下多少座椅，长椅又很占空间。

● 要学会利用边角处，以格子网为基础，做出既舒服又防风的椅面。

● 还有一种技巧就是用制作格栅板的木条拼成一张简单的椅面，平放在结实的长条花槽上，花槽就是长椅的底座。注意别在花槽中种刺人的植物呀！

这件漂亮的作品是电锯完成的。（园林设计师皮埃尔—亚历山大·利塞埃 Pierre-Alexandre Risser 创作）

似有若无

这条长椅以微微隆起的草丘作凳，圆木围成的曲线作靠背，适合坐而论道（蒂尔埃·德鲁伊 Thierry Drouet 作品）。

童子军式长椅之奢侈版

以洋槐木桩、栗木、榛木枝条为基础，将长凳脚牢牢插入土里，再钉上一条条长条板作椅面，最后用细细的枝条勾勒出椅背。它的使用寿命长达若干年（塞尔日·拉普热 Serge Lapouge 作品）。

吊床摇起来！

朋友家花园里，一转弯，看见一只吊床，顿时会露出会心微笑。是不是不敢流露出爬上去摇摇的愿望？勇敢点吧。

来自安的列斯群岛的馈赠

关于吊床（hamac）一词的起源，一直以来，有气无力的争执就从来没断过。有这么一群越来越势微的人相信，吊床一词是由德语单词hängematte变形而来，hängematte一词又是hangen（悬挂）与matt（席子）的组合。实际上，由于因为木制船舰上空间逼仄，海员只能睡在席子上。吊床一词更有可能是来自加勒比语里的amak，它指的是一种树，安的列斯群岛的原住居民会将树皮编织成网，人就睡在网里，吊在高处既能防蛇、也能防其他不怀好意的爬行动物。比起爬满臭虫的稻草席，吊床卫生得多，所以它很快就为海员所采纳。这样的床铺看似简单却很舒适，很快在世界各地风靡开来，尤其为游牧民族所青睐。墨西哥式吊床一定要亲身试过才知道它有多舒服。吊床越宽，躺得也越舒服：吊床一般都是斜着躺的，1.7m宽的吊床非常适合单人使用，个子大的人也可以用。棉线、尼龙材质的吊床在下雨天及时撤掉的话可以用上很多年，将它卷起来收进柜子里也占不了多少地方。

懒人吊床椅

吊床椅的创意来自吊床，却是用来坐的。它是一条撑棍，坠下若干绳索，绳索下端系着椅面。

► 选择宽一点的型号，可让你舒舒服服地蜷坐，蜷缩在帆布里带来的私密感及舒适度是无可比拟的。

小心事故

从吊床上摔下来可是常见事了，这事别人讲起来总有那么一点滑稽，有时还会摔得很疼。有一种明智的预防措施就是把吊床挂得矮矮的，摔下去没有那么疼，对小孩尤其适用。自带骨架的型号，如果是在吊床下方直接形成一道梁的模样，不宜选用。

巧系吊床

讲一讲吊床的系法：安全最重要，这一点不言而喻。但也不能因为这个就往树上乱钉乱绑。系绳子之前可以先往树干上套一只车轮内胎，避免频繁摩擦伤到树皮。您肯定也知道，树皮和边材是树木唯一的保护层，边材是生长层，水分就通过这里，向生长点流动。

各人吊床大不同

据称，早在新大陆发现之前200年，吊床就已经从安的列斯群岛传到了尤卡坦[1]，在那里，玛雅人的后裔接受了吊床，但改变了它躺的方向。加宽式吊床对背部的支撑性很好，人在里面几乎是平躺的，可以舒舒服服地读书，舒适性无可比拟。墨西哥的美丽达城（Mérida）更将吊床出口到世界各地。其他传统吊床也有它的拥趸，不过只集中在一两个地方。

① 尤卡坦（Yucatan）：位于墨西哥东南部的半岛，是玛雅文明的摇篮。

支架与遮阳棚

几只吊床挂在结实的柱廊下，很适合躺在上面聊天，聊着聊着就睡着了。木板草草搭成屋顶，多少将阳光过滤了几分。牵牛花可以自由自在地在架子上攀爬。

横躺也舒服

加宽的吊床可以斜着躺，可以横着躺，怎么舒服怎么躺。

特为安全而设

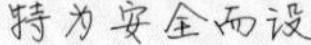

吊床贴近地面，即使摔下来也不会太疼。这句箴言有益健康，要时时提醒孩子们铭记。

冥思角落

虽然有“从事一回园艺抵得上看一次心理医生”这种说法，但是简单地待在花园里什么也不干也是值得的。

园地守护神

我们都见识过这股用小矮人摆设装饰花园的潮流。除非是为了好玩，或是为了让孩子们一展潜在的艺术天分，花园里可千万别再摆什么妖精啊，妖怪的了。

● **任君选择**：用各种废旧物做成的小图腾柱啦，抽象动物模样的鸡笼网雕塑啦，还可以是花了整整一个夏天的时间，用普通泥土塑成的头像……

身心舒坦，值得分享

多数人都相信承认园艺能给人带来身心平静。园艺是简单的动作，不急不躁，专注细节，聚精会神，特别是在绿色幽静的环境中。这简直就是我们日常生活的对立面。话虽如此，不是所有的花园都能达到这种宁神效果的。具治愈疗效的花园在实际生活中是不存在的。

我们观察到，病房面对一座美丽花园的住院病人恢复情况似乎更为良好，但这也是因为治疗人员会带着更加愉悦的心境去履行工作。病人没有学过冥想，无法放松身心，即使置身花园这么有启发性的环境，也无法倾听自己的内心。

一年中有一些时候，花园需要人投入更多精力悉心照料，因而似乎就连抽出几分钟的休息时间也成了一种奢侈。这种想法是错误的。累了可以在自己平日最喜欢的长椅上坐下，观察花园境况，任思绪飞扬。这样有利于你理清事情的轻重缓急，想清楚计划好的修剪工作有没有太过，又或者过于谨慎。俯身去观察一片树叶，去跟随一只蜗牛不疾不徐的步履，这些都能让我们的生命与花园相通，使我们对大自然油然而生一种敬意。

为何是花园而非别处？

花园里每个偏僻角落都对应着一种氛围，有的令人兴奋，有的令人放松。这些感觉都是很独特的，不可一概而论。哪些对您的状态有助益就只能靠您自己去发掘了：有些人的情绪调节非水不可，而有的人却对原地残留的一截树桩情有独钟——尽管年深日久，树桩早已爬满苔藓。一个近乎“空”的场所也有助于冥思，可以仿效禅院做法，每天清晨用耙子耙沙地。

一条冥想长凳镶嵌在矮墙内，就如停泊于海湾之中。置身此处，能感受到精神无比安宁。

时间的印记

有时，只需几块石料、铺路石这样的物质，就能绘出一道螺旋，让花园里由于树根竞争而寸草不生的花园一角改头换面。

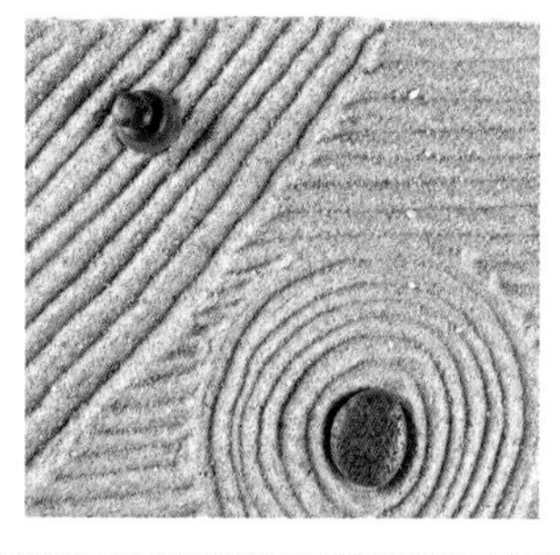

矿物之睦

日本园林最擅长“空”与“满”的搭配，在沙地上放上几颗精心挑选的石头，就是有一种力量。这是装饰庭院的好创意。

水与石

水能倒映天空，加上本身充满生命力，能给花园带来一抹诗意，水环境很适合冥思，给人带来自省的空间与难得的宁静。

身兼两用

在禾本植物间摆上一只给鸟儿洗澡用的大皿，或是浅口盆，也就足够了。

极简风雕塑

普通花盆一个个叠起来就足以引人遐想。其间再加上一株牵牛花或是常春藤那就更好了。

即兴池塘

水给花园带来生命，这是众所周知的。但是请扛住诱惑，不要在浑水里养鱼，否则会给你带来无尽的烦恼。

鱼难养也

我们都见过花园里的池塘，水一般不太干净，里面养的若干尾红鱼，不停游来转去。其实这些鱼饿着肚子，又深受养殖密度过大之苦。只等哪天来一只苍鹭自告奋勇解决这个问题。更优雅的版本是锦鲤池。锦鲤是日本一种鱼的品种，胃口极佳，鱼身有花斑。上网浏览一下专门介绍装饰鱼类的网站，或与养鱼人聊一聊，都能成功打消您养鱼的念头。您会发现养鱼这事儿真不轻松。原因很简单：鱼的排泄物中含有大量有机物，它所置身的环境又有利于水藻生长，于是维持这个小型生态平衡就需要永无止境的努力。如果你想享受水生生物的美景可又怕麻烦，那最好还是忘了养殖这回事儿吧，舶来鱼类更不要养。

水生版放任主义

水景不一定要大。不予照顾水中生物也会自生自长，即使在城市，鸟儿也会带来足够的卵和种子。您的任务就是帮助有净化能力的水生植物生长，沉水植物的净化效果尤其好。岸上也可以种几株大型植物，岸边还应留出一道平缓斜坡，供蜜蜂、昆虫，包括夏天前来饮水的鸟儿通行，剩下的一切生物自己都会慢慢就位的。这个过程为您也提供了非常精彩的观察机会。搭一座浮桥是很有用的，它能让人尽量贴近观察水中生物。

两种水栗

除水芹之外，西方人很少食用水生植物，但可别忘了菱角，又称水栗（学名 Trapa natans），饥荒时期是它挽救了先祖的性命。其果皮很厚，因此得名“水栗”，内有富含淀粉的果肉，得煮上一个多钟头才能消去毒素，这也解释了这种植物不受欢迎的原因。中国人吃的其实是荸荠，是一种水生植物的球根，很脆，嚼着很有趣，但淡而无味。

鱼类与自然净化作用

池塘里若是养有鱼，水中很快就会充盈有机物，助长水藻的长势。针对这个问题有不少对策，

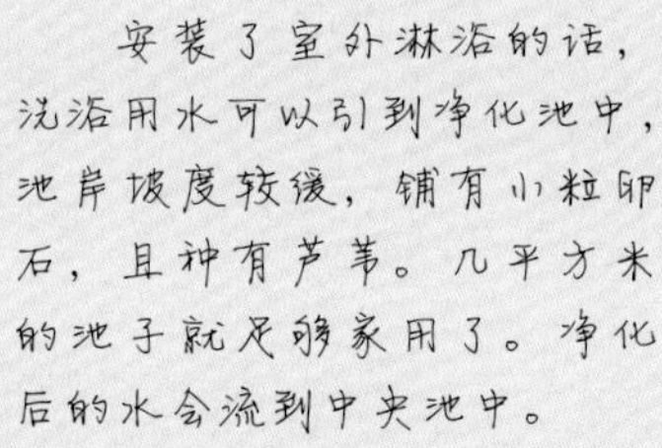

净化池

安装了室外淋浴的话，洗浴用水可以引到净化池中，池岸坡度较缓，铺有小粒卵石，且种有芦苇。几平方米的池子就足够家用了。净化后的水会流到中央池中。

最简单的方案莫过于开发一口接壤的池塘，塘里种上天胡荽、狐尾藻这样专门吸收氮、磷的浮游植物。之后再收割（叫做水草收割）送去堆肥，最佳收割季节是秋季。鱼塘和净化池之间应设一道活水渠，往往还需配备一过滤隔层。好一番兴师动众，就为了养这么几尾鱼！

平缓坡度

压抑住想用石块掩盖池塘边缘防水苫布的冲动吧。这种自然与人工的对比在大自然里是见不着的，除了激流处。池塘边缘坡度应平缓，用直径大小不一的细小沙砾铺覆。

水上漂花园

如果池塘足够大，可以仿效漂浮花园（西班牙语 chinampas）的创意，在池塘里放一只迷你小菜园。

当年，西班牙殖民者来到墨西哥古城特诺奇蒂特兰时，发现了这种漂浮花园。它是用通船水道里挖出的泥污堆成的一些小型人工岛屿，矗立在芦苇编成的排筏上。

❶采取比较简单的做法，拿几只装马铃薯用的网袋，里头塞上装矿泉水的大空瓶子，瓶口记得封上哦。瓶子挨个系起来，做成一只大救生圈的模样。

❷底部用竹篾条编织加固，再铺上一层空网袋。

❸中间填入捡来的软木塞，高度约 10cm。测试浮力。剩下的空间用花土填满。栽上喜欢的蔬菜。

❹系上一根缆绳方便收菜。这里面的蔬菜生长在远离蛞蝓的地方，也不会出现缺水问题。

搭片海滩晒太阳

“巴黎海滩”这一类活动大家都已经见怪不怪了：即使置身远离大海的地方，也能营造出海滩气氛。自家打造一片私人海滩，想到就能做到！

阳光暴晒有好处

经营花园氛围是令人乐此不疲的，既然平地上能够堆起假山，陆地上为什么不能造海呢？要想达成这种效果只需在视觉符号上下点功夫。将地面布置成浅色，但千万别铺雪白的大理石砂，否则眼睛就遭殃了，而且这种砂子非常锋利，脚趾头也容易扎伤！然后再种上几株精心挑选的植物，一般应选择生命力顽强的地被植物，呈现抵御浪花冲击貌。中间留出空地，夏天可供人赤足平稳通行。这也是海滩的赏心乐事之一。

接下来，就只消挑选一些自然材质的花园家具来完善气氛啦。阳伞是必不可少的。选一把大号花阳伞，找个花园里阳光最灿烂的地方，将其好好安置下来，阳光少的地方不适合安放阳伞。在几根插成“之”字形的桩子上覆盖一面帆布，可以挡住北风，也能挡住邻居的视线，方便你彻底放松地做个全身日光浴。有条件的话，帆布的花色选用与阳伞一样的，相同布料还可以用来装饰躺椅、靠垫等，也保证良好的舒适性。

园艺用品商店里还卖一种特大号懒人沙发，它能防水，整个观赏季节扔在室外都没事。唯一的不便是：用上这种沙发，盛夏时节伺弄园艺就愈发困难啦，这个位置也往往人气非常旺！

装饰性沙池

夏天，比起水池来，沙池其实更适合小孩子们游戏。它的好处是过几年很容易被改装成九宫格菜园。

► 考虑到舒适性，沙池边缘最好包上，并将其做成一条小长凳的模样，让孩子们可以面对面地坐着玩。

► 准备一只箱子用来储放铲子、小桶这样的配件。再配上一方苫布，免得有猫过来扒沙子。

► 夏天可将其安放在屋顶，免去孩子们受太阳暴晒。

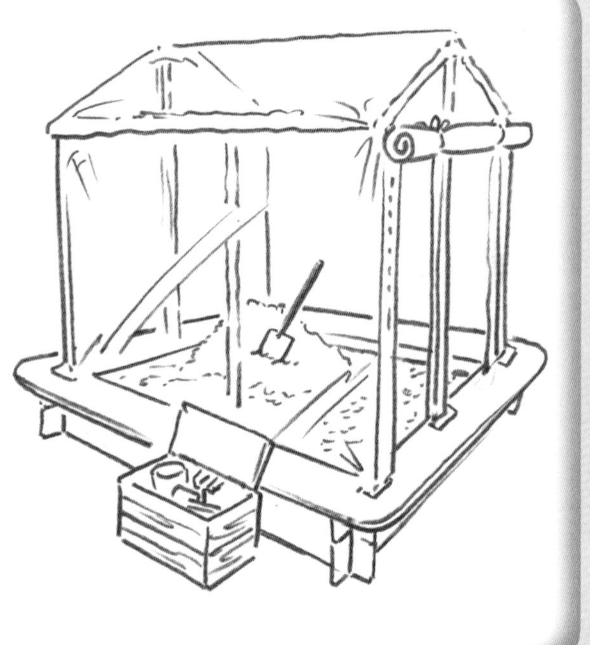

蓝色，必须是蓝色

重新漆过的工具房能让人想起海滩（上图是位于阿尔萨斯省的韦塞兰花园）。再来一座浮桥。桥梁止步于染成蓝色的锯末，整体上就如一片潟湖。

海滩氛围

几平方米的面积就足以营造出海滩氛围，这个区域即便在阴天也令人神往。一把条纹阳伞，几张配套风格的躺椅，最重要的是再在土工毡上铺上一层沙子，季末撤去。仿效海滨经营商的做法将砂耙平。

亦可设计一片沙砾地，沙砾最好选择圆粒的，圆粒砂手感更好（我们管这种沙砾叫“美人砂”）。再来几块卵石，配上相衬的植物，留出适当活动空间，整个环境就齐全了。

海岸风情植物

● 灌木可以温柔地装点边缘地带。就算株距较大，也能带来很好的私密性，如欧石楠、六道木、鼠刺、常青美洲茶、红千层、灌木苜蓿（海滨苜蓿）、酒神菊等。

● 将通往海滩的路上常遇见的芳香植物栽种在沙地制高点上营造海滨香氛，薰衣草（法国薰衣草）、白岩蔷薇、蔓生迷迭香、蜡菊（意大利蜡菊，又称咖喱草）、牛至、墨角兰等。

薰衣草

● 云雾般的植物，轮廓就跟海岸一样游移不定，如假荆芥、疗伤花（绒毛花）、针茅、兔尾草（学名 Lagurus ovatus）、海滨薰衣草（欧洲补血草）等。

荆芥

● 矮生花卉大杂烩，控制生长，使其成为一片绵延不断的花海，如海滨香雪球、双距花、蓝旋花、矮生石竹、黄化斑纹半日花、马齿苋、冰菜（雷童）等。

● 火箭式植物，种子能够快速生发，景色可观，如日光兰、普通黄花蓟（洋蓟）、虎眼万年青、海滨百合（全能花属）、紫茴香、莎草等。

牵牛花

● 几种异域美丽花卉，具广适性，可尝试营造热带氛围，不过要经常替换植物并高度不同的三株一组栽培，如丝兰、澳洲朱蕉、新西兰麻、日本芭蕉、海桐花等。

淋浴和洗脚池

夏天种完花，在植物环抱中就地冲个澡，洗洗脚，真是一件令人舒心的事，保证能让辛苦劳作后的你放松下来。

环保淋浴

或许是因为气候变化，或许是因为热带地区旅行的影响，更不用提《宝云尼车站》里爱娃·加德纳（Eva Gardner）的一场出浴戏[①]，反正现在越来越向往在花园里冲澡了，至少在夏天。其他季节又另当别论了……现在市面上能买到全套花园淋浴设备。从价格来看，它其实更适合装点印度总督的泳池。

大部分情况下，一根浇水用的管子，加上一只废弃的淋浴花洒，就够花园淋浴用了。大夏天的也不用热水。聪明人还可以在高处放一只刷成黑色的塑料壶，用水管连接花洒，或者将一段水管盘起来装进箱子，箱子上装一面玻璃，置于太阳下暴晒。不小心的话，人甚至会被太阳烧出来的水烫到。

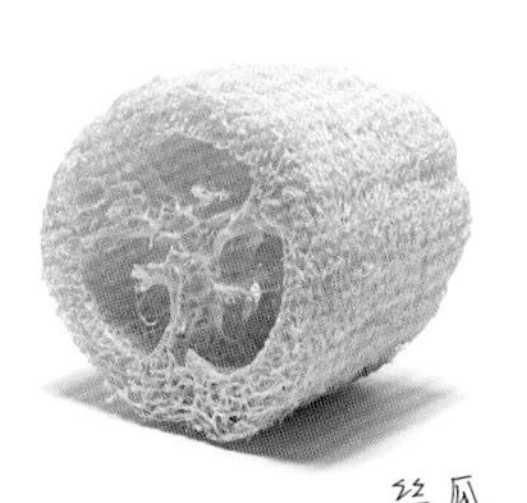

丝瓜

植物海绵用来擦澡非常合适。丝瓜是黄瓜的近亲之一，喜高温，种在花房里比栽在园中合适。果实完全成熟后摘下，任其风干，待果肉完全风化后会露出纵横交错的纤维骨架，质地轻盈，非常适合擦澡。沐浴液呢，用肥皂草熬的水就可代替。200g 草叶丢入一升开水中，开锅煮一分钟，再盖上锅盖待其澄清。

您的双足值得拥有

洗脚池可以是一只足够大的浅口盆，也可是半只木桶，钉上一块木板作为坐椅。种花的辛苦工作完成了，卷起裤脚管，坐下来泡泡脚，能让身心得到彻底的放松。还可以趁机思考未来，欣赏辛苦劳作的成果。

① 爱娃·加德纳（Eva Gardner，1922-1990）：著名美国女演员。

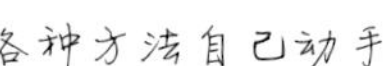

各种方法自己动手

给固定在墙面上的露天水管安上莲蓬花洒这种活儿，不需要水管工执业资格证（CAP）。夏天，用刷成黑色的塑料桶储存雨水可以大幅度提高水温。还可以将粗竹管架成 2m 高的引水管，将水从几米外的雨水储存处引来，做成简陋的淋浴设备。

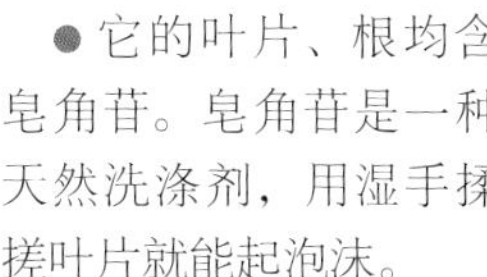

肥皂草：天然香皂

肥皂草开簇状淡粉色花，观赏性与福禄考相当，是一种多年生植物，多见于路边、沟边，生长繁茂，耐旱能力非常惊人。

- 它的叶片、根均含皂角苷。皂角苷是一种天然洗涤剂，用湿手揉搓叶片就能起泡沫。
- 肥皂草长势不容易控制，时时采收可限制其生长。它可以熬水装瓶储存，不过别忘了贴上标签。

咱们的瑞士近邻从来都很讲究，这不，他们用两只大瓶打造出了一座太阳能加热的露天淋浴器。

从简入繁

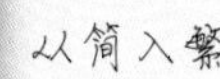

淋浴的形式不尽相同。害羞的人会在四周安装一些屏蔽物，多少能遮挡一点。无论哪种情况都应考虑到下水，沐浴后的水应能流到低洼处聚集，不要带来其他问题。强烈建议使用无香的天然肥皂。

如何打造价廉的太阳能淋浴

用木框固定遮阳网，遮阳网下端垂至地面，一根水管安上淋浴花洒，水管在阳光下摊开，一座即兴露天淋浴房就建好啦。它比较简陋，但不会冒犯到别人，还具有提神效果哦，因为刚开始沐浴水非常烫，到后来又特别冷……

室外厕所

室外厕所与藏污纳垢的旧式厕所完全不是一回事。认为它们一样的人都没用过真正的旱厕！

美观一隅

若能结合舒适性与美观，露天旱厕可赢得全家人的欢心。将周边精心布置好，为怕羞的人准备好遮蔽物，并将一应配件（锯末、长柄勺、厕纸等）装在一只漂亮的柳条箱里。

极其“方便”

在下一代人看来，浪费 10L 水只为冲走一次小便，真是我们这个时代最不可思议的反环保恶习之一。改用旱厕并非极端环保分子的做法，而是一种常识……再加上对自己制造的垃圾的反省。

旱厕的原理很简单：尿液中含的氨是气味的主要来源。因此可以用干燥含碳物质将其固定，传统做法一般是选用锯末。容器满后倒入专门的堆肥机，几月后就能做出优质堆肥，过程中没有任何异味。

虽说经堆肥后，有害微生物传播的风险几乎为零，但出于常识顾虑，粪尿做出的堆肥还是只应用于非食用植物。

旱厕完全可以在花园实现，在家自造旱厕无需多大花费。这种做法看似奇怪，但是如果园子够宽敞，离家又远，你还需要大量时间在园里种花、午睡、跟朋友聊天的话，旱厕也未尝不可。除外你不是有花园淋浴吗，还有花园卧房呢，你可以凝望星空，带着美梦入睡……

这种旱厕可以是季节性的，仅供气候宜人的季节使用。其他季节就只能将其搬迁到温室里去了。不用担心，它不会招致苍蝇。将厕所设在堆肥场附近是个好主意。不过也别剥夺了自己如厕时欣赏花园美景的机会。还要记得尊重邻家花园哦！

百分百环保厕纸

经过无数尝试，俄罗斯糙苏的叶子被证明是最好用的一种天然厕纸，它既柔软又坚韧。这种多年生植物长势繁茂，春末还会开花。

多合一型

将旱厕与保证旱厕良好运作的生物生产结合起来，这是个好主意。设想种

奇岗生命力旺盛，栽下后短短一段时间就能营造出厕所周边的私密性。注意了：不是所有的芒属植物都能达到同样效果。

一圈厚 1m 的奇岗，围出一小块地方，里边放上马桶。5 月至 11 月，奇岗丰厚的枝叶能起到良好的遮挡作用而成为一道绝佳的帷幕，非常好用。第一年奇岗枝叶不够厚，还是得准备一些芦席。到第二年，这道天然屏障就很好用了。3 月份，可将采收的枯干枝茎用机器粉碎，细细的锯末能装满几只垃圾袋，放心地将它们堆放在工具房后面，不用担心，它是绝不会自行发酵的。

良好条件下，奇岗高度能长到 4m 呢，旱厕堆肥应优先给这一批奇岗施用，保证它们的迅速生长。这种物质循环是直接从生产者到消费者了！也无需担心它们疯狂繁殖，因为奇岗结的种子是不育的。这种植物也跟竹子不一样，不喜欢旁生。到第三年末就能剪下外围嫩枝，送给那些羡慕您家旱厕装置的人。新枝最好是等到 3 月份植株生长期开始时剪枝，剪下后立刻移栽。也可暂时用育苗盆栽种，等待移植。

旱厕使用说明

❶每次如厕完毕，撒上三大把 / 三大勺干燥锯末，将粪尿全数盖住，便于吸收尿液水分。

❷锯末可以在锯木厂找，但不要使用经过处理的木料的锯末，否则会阻断堆肥过程。尽量使用无色、无香的中性厕纸。

❸积满一桶后倒入堆肥机，并盖上 10cm 厚的锯末。

❹堆肥机满后，等内容物腐熟半年后再使用。这样做出来的堆肥质量一般都非常好：材质松软，呈深棕色，且无任何异味。

现在网上能买到许多种旱厕，但爱动手的人还是喜欢自己做。

两点注意事项：

► 桶最好是不锈钢的，别用塑料桶。不锈钢桶不吸收气味。

► 选择圆形或椭圆形桶。原因：男性站着撒尿这种习俗根深蒂固。用圆形桶能站得更近些，小便时洒到桶边也少一些。这么解释简单易懂吧。

易打理的**花园**

自生树篱

植物是动物生命的基础，因此凡是有原生动物群的地方，就有原生植物群。我们来看看真正的圈隔用灌木。

随手织出的一角自然。鸟儿们可喜欢了。

复古创新也有好处

铁丝网发明以前，为避免牲畜四处游荡，人们都是用植物绿篱来圈围草场的。牛跟人一样也不喜欢刺，所以当时用得最多的绿篱灌木一般都是带刺的。这种灌木的浆果很受鸟儿青睐，于是鸟儿就成了种子传播的媒介。今天，法国乡村地区仍零星散布着英国山楂、黑刺李树篱，绵延数公里。要是您家花园正对着一片乡村景色，选择柏树之外的植物做树篱是一个不错的主意。就算是较城市化的环境，栽种可食用的果实树篱也不为过，它可以给鸟儿提供食宿。树篱幼苗可以去林木苗圃买。这一类树苗价格往往便宜，包括有利于动物栖生的灌木……猎人一般会用它来养野鸡。不怕麻烦的话，也可以去附近无人照料的树篱转转，看能不能找到英国山楂、冬青、蓝靛果忍冬、甚至是黑莓幼苗。将幼苗间隔 1 米栽种，枝条应按曲枝布篱方法编织起来（见左图）。几年后，树篱就会长得相当茂密，给您带来随四季而变的美景，侧柏跟这些种类的绿篱完全没法比，对吧……无需施肥，用细细的碎木屑铺一层盖土就很好，但也别铺太厚，给紫罗兰、野芝麻生长的余地。

佩尔什式编篱

为了搭一条防牲口的绿色篱笆，农民会在菜园边界每隔一米插上木桩，并将篱笆树木、灌木枝条编起来。树篱宽度变窄了，但枝条也变密了，枝条可以用来生火取暖，也可以用来编篮子。佩尔什地区的圣戈比日修道院开设了该类培训课程，教授这门古老的手艺。

多样动物群落

从食物链金字塔底端的昆虫一直到鸟儿等小型动物，自生树篱都能为它们提供再适合不过的栖身之所。看到美丽动人的珠蛱蝶、卡灰蝶，被毛虫咬去的几片黑莓叶子算得了什么呢。更不用说将侧柏树篱换成本土树篱后，一到晴天，就会有许多蝴蝶四处飞舞。

树篱组合形式

基础植物：多刺灌木

多刺是灌木树种明显的缺点，但也可说正是这缺点成就了灌木的不可或缺，它为多样动物群提供了栖身之处。学会与它们共处吧。

■**金雀花**（欧洲荆豆）　这种植物界的“刺猬”很厉害，是布列塔尼与中央高地酸性土壤的典型植物。用粉碎机打碎后可作为含氮丰富的土壤覆盖物。

■**英国山楂**　又称白花山楂，5 月开花时是整座树篱的亮点，整座园子充满香气。鸟儿很喜欢它的浆果，它们在进食的同时传播了种子。即使土壤贫瘠又杂乱，山楂树也一样长得很好。

■**小檗**　又名刺葡萄（欧洲小檗），得名于一串一串的红果，跟葡萄同时成熟。可以将红果熬成微酸的果酱。用指尖触摸花朵时的雄蕊即会弯曲。它是把您误认作传粉昆虫啦！

■**犬牙玫瑰**（*Rosa canina*）　花果都值得称道，用来做果冻、泡花草茶都很好。如有必要，可于 8 月修剪、疏枝。

■**黑刺李**（*Prunus spinosa*）　又称刺李，浆果可以酿成烧酒。4 月起即开花，是花期最早的浆果类树木之一。易抽发根蘖，一定要小心看管，如果任枝条贴地生长，新生枝条上的刺会扎到剪草机轮胎。

素净的灌木植物

它们大多数时候都不引人注目，但占地较多，可用来填补空白。

■**鼠李**（欧鼠李）　枝条柔软，经常用来编藤。叶片有点像桤木。较喜酸性土壤。

■**蓝靛果忍冬**（学名 *Lonicera xylosteum*）　以前人们会用它分杈很多的树枝做扫帚。开白色小花，花谢后结红色浆果。切勿让儿童摘食。

■**鼠李**（银边意大利鼠李）　果实青翠可爱，轻触时有甜香。较适宜石灰质土壤。

■**雪果**（毛核木属）　即使在浓阴下也能生长。结果时间较晚，冬天，白色或粉色浆果挂满了枝头。

■**女贞木**（欧洲女贞）　虽然是常绿，但过比它的日本近亲还是差远了。黑色浆果是鸟儿的美餐。

天然藤本植物

少了这些天性顽强的攀缘植物，您的树篱也会少一抹幻想，少一分大气。

■**圆盾状忍冬**（学名 *lonicera peryclymenum*）　果实味道极甘美，生命力比可怕的金银花要差得多。这一类树篱中应禁用金银花。

■**常春藤**（学名 *Hedera helix*）　花期较迟，受蜜蜂喜爱，因此很珍贵。结的黑色浆果是鸟儿们冬日的食粮。

■**黑莓**（学名 *Rubus*）　既怕刺，又扛不住黑莓果的诱惑？缚蔓时戴上手套就没有问题啦。

装饰性灌木

从春天开花到秋日结果，它们都是一场视觉盛宴。

■**沙棘**（学名 *Hippophae rhamnoides*）　勿与野草莓树混淆。沙棘的浆果呈橘黄色，大小如豌豆。野鸡才不会把它弄混呢。果实繁多，富含维生素 C，但只有雌株才会结果。浆果可以做果酱。贫瘠土壤亦可生长。

■**欧洲红瑞木**（学名 *Cornus sanguinea*）　植株会长成大簇大簇的模样。枝条在秋天呈紫红色，冬天呈红木色，包含各种细微色调。

■**欧洲卫矛**（学名 *Euonymus europaeus*）　外观轻盈的落叶灌木，跟日本卫矛很不一样。果实呈四角形，犹如老式主教帽，开裂处呈粉色，露出里边的红色浆果。

■**香茶藨子**（学名 *Ribes odoratum*）　果实没有什么可食用的部分，但开的黄花香气浓烈，值得给它安排一席之地。等到 5 月，整座园子里都是石竹花的香气。

■**西洋接骨木**（学名 *Sambucus nigra*）　可以成树，要注意时时将主枝截短。白花晒干后泡茶可治喉咙痛，鸟儿吃不完的黑色浆果可以用来熬果酱，味道微甜。

新式美味树篱

树篱能给鸟儿提供口粮，这是好事。能否也给种植者提供点果子呢？用来做果冻和独一无二的甜点。

层层皆美味

在现代果园里走一走，您会发现苹果树栽种间距都是1m，行与行之间的距离很小，整个果园看起来就像一排排平行的树篱。能实现这样的效果，一方面是多亏了砧木品种叶不多，另一方面是滴灌限制了树木间的水分竞争。所以，可以仿效这种模式打造一道水果树篱，取代平凡的侧柏。使用“千层面”法可保证树木、灌木享有优质的营养基质。与其将树篱整齐排成乏味的行列，不如利用植物拼出层次感。从最小的树木入手，引导藤本植物在树上攀爬。需要的话还可利用直线状绿廊的骨架作支撑物，它的柱子可以作为树木、藤本植物的支柱。间隙处栽上1～2行灌木植物，间或让一株覆盆子从边缘跳脱出来，最后以地被植物的布置作为结点。整片树篱宽1.5～2m，但一点也不浪费空间，因为从5月到12月这段时间一直不间断的有美味供人采摘。若树篱位于园地边缘，可以沿着邻家院墙开辟一条小道，铺上硬纸板、碎木屑，免去除草的苦差。夏天再用草皮盖土追肥一次，一切就圆满了。

最理想的地被植物

野草莓的匍匐茎四处攀爬，是首当其冲的选择，但若是作为地被，“皇家卡普龙”草莓品种还要更胜一筹。这种草莓味美，但白色果肉品种的外观不一定就诱人。闭上眼，任芳香在口中炸开，享受它无可比拟的口感吧。

“全水果”千层面

要想给这一排果园持久地供给养分，最理想的办法莫过于制作一层稍微厚实点的“千层面”（35cm）。用一卷展开的灌溉用水管将它的边界圈定，同时记得，各种弯折、边角都是可以标记出来的。接下来填充内容物，将它堆高：用硬纸板、粗粗切碎的枝条，再往上铺细一点的枝条碎屑、荆棘、腐烂稻草、半腐熟堆肥，然后铺上腐熟堆肥与花土的混合物。最后保持适当株距栽种灌木，根据树篱大小种上1～2行不等。拨开“千层面”物料挖栽植穴，穴应够深，保证足够容下土坨。接下来用熟堆肥回填，并留30cm直径的火山口状土堆。大量浇水。第一年应坚持频繁浇水，有必要的话还可使用渗水管帮忙减轻浇灌工作量。盖土夏天用草屑，冬天用木屑。

中间层灌木，株距 1.5m

■**覆盆子** 应种在树篱光照较充足的一侧，这样结出的果子才甜。若新生枝条有逸出树篱的趋势，可扩展树篱以保留新生枝条。

■**黑加仑树与醋栗树** 用“千层面”法栽种的话生长速度极快，与别的灌木应保持 2m 距离。

■**枸杞**（学名 *Lycium barbatum*） 这种浆果具抗氧化特性（可防止细胞老化），且富含维生素，当下非常时兴。它具广适性，几年就可结果。

■**牛奶子** 跟树篱植物胡颓子是近亲。落叶植物，春天开花，夏末结果，但要等到果实烂熟才能享用，因此果实的采收时往往已被鸟儿抢了先。果汁可以做果冻，风味微妙。

枸杞

小生长规模型果树，株距 3m

寒冷气候版

■**酸樱桃** 比真正的樱桃树小巧许多，结果规律，果实非常适合做果酱。

■**黄香李** 自花授粉型，不是所有的李树都是这种类型的。高度和宽度都能达到 5 ~ 6m，但是整株看起来很轻巧。

南部地区版

■**无花果** 对基质营养要求很高，但“千层面”法也可满足。北部地区靠墙栽植也能成活。

■**石榴树** 生长缓慢，最后会长成一株伞状小树，开满火红花朵，其中有一部分会结成非常好的果实。

用来搭绿廊的藤本果树，株距 6m

■**猕猴桃** 经过一两年的沉寂期，生长突然爆发。别忘了至少需要一棵雄株来保证若干雌株的授粉。枝叶受风面积很大，需准备好结实的支撑架。

■**无刺黑莓、杂交黑莓（罗甘莓、泰莓）** 木桩间拉上铁丝，引导枝条在铁丝上攀爬。藤长可超过 3m，将枝条引蔓至水平方向上后收获就容易了。

■**葡萄** 古罗马人也种葡萄。可以效仿他们的做法，引导葡萄在支架上攀爬，并任它在小树枝干间穿梭。

猕猴桃

葡萄

石榴

樱桃

黄桃

树丛与桩蘖

喜欢柯罗[1]？喜欢浪漫主义氛围？那小树丛肯定也讨您喜欢。

旨在复古创新

在乡间走一圈，你会发现很少有单独生长的树木。独木一般是以前的树篱或森林剩下的最后一棵树，现在孤零零地矗立在田间、草地上；要么就是专门栽一棵树在夏天给奶牛遮阴用的。树木的天性是成林，一棵棵彼此靠近，组成一支团结的队伍。这是因为背阳处杂草会凋亡，成片生长有利于与杂草竞争。枯叶一年又一年堆积，形成富含腐殖质的落叶层，成了无数真菌的殖民地。真菌会在树木根须周围形成一层保护层。根须会分泌糖分滋养真菌，作为回报，真菌的菌丝会深入每一微小空隙，吸取矿物质、养分并将其送给树根。这真是兼具可持续性与自给自足的绝佳案例，树丛正是效仿了这种自然群落配置，它不是栽一棵，而是栽几棵，植株间留出 2 ~ 3m 的距离。一开始树木生长非常迅速，后来互相折中后，稳定下来。可以定期给某几株枝条短截，剪下的树枝可用作支柱，也可以用作它用。几个不同树种同植，还可以欣赏到一片随季节而变的风景，多幸福啊！

单独的树丛

种竹又时兴起来了，但不是所有的竹子都容易栽种。不少竹子品种都喜欢疯长侵占地盘。要想清静就种丛生竹，它根蘖抽生不至于太厉害。

- 以下几种应避免下午日晒：缺苞箭竹、华西箭竹、神农箭竹、青川箭竹、粗节筱竹“裘园美人”。
- 以下几种喜阳（土壤宜深，且应使用草屑覆土）：拐杖竹“平武”、九寨沟箭竹“红熊猫”。不管卖家怎么打包票说别的竹子是匍匐生的您还是应将它们深植，这里可是提醒过您了！

重现桩蘖的艺术

短截就是将一棵树截到非常短，迫使它重新蓬勃生长。被下过这么一次狠手，树木为何反而更乐于生长呢？这是因为树汁是集中在直接与根连通的新枝里。一般来讲有个枝条会占上风，这样短截出来的结果就是几个桩，一簇枝条。自第一年起可优选位置好的枝条，协助重新蓬勃生长的进程。一般每十到十五年可短截一回。

---

① 柯罗（Corot，1796—1875）：法国风景画家，蚀刻画家。巴比松画派领军人物。

短截时截下的枝条除用作传统支柱，还可用来搭建雅观的结构物。

古法织锦

较传统的树丛树木更稀疏，林下可种植林中空地花卉：毛地黄、琉璃草、紫罗兰、熊葱、紫堇、暗色老鹳草、银叶老鹳草、桃叶大戟、莲香报春花、肺草、耧斗菜、所罗门印草……除了欧洲仙客来，这些花卉将汇成一曲春日交响乐，春季过后则进入休憩。

树丛“配料”一览
优势树种，应通过频繁截短来压制其长势
■花楸树（*Sorbus torminalis*，这种树周身无一不美）、花白蜡树（*Fraxinus ornus*，6月开白花，香气甜美）、桤木（喜爱潮湿土壤）、欧洲甜樱桃。
每年时令装饰性树木
■桦树（冬季观赏树皮）、唐棣（春季赏花）、北美红栎、刺槐“红帽”（花期5月）、欧洲花楸（*Sorbus aucuparia*，秋季结浆果）。
可填补树木和灌木丛间的留白
■茶条槭（*Acer ginnala*）、稠李（*Prunus padus*）。冬青、千金榆、红豆杉三样树种生长缓慢，很容易维持在高度3m以下。
实用型（枝条光滑、柔软，适宜扎篱、藤编）
■榛树、栗树（每5年短截一回）、刺槐（用作木桩不易腐烂）、柳树（白柳、灰柳、紫柳、蒿柳）、欧洲红瑞木、白蜡树、欧鼠李、女贞等。

细枝怎么办?

每年给树丛疏枝时会剪下许多细细的枝条，这些细枝用途很广。

- 可以用来编织固定的或移动的篱笆，用于遮蔽、挡土、给攀缘植物搭三角架，还可搭成乡村风格的栅栏。
- 细枝打碎后可送去堆肥，也可用于旱厕。细枝本身还可以扎扫帚。

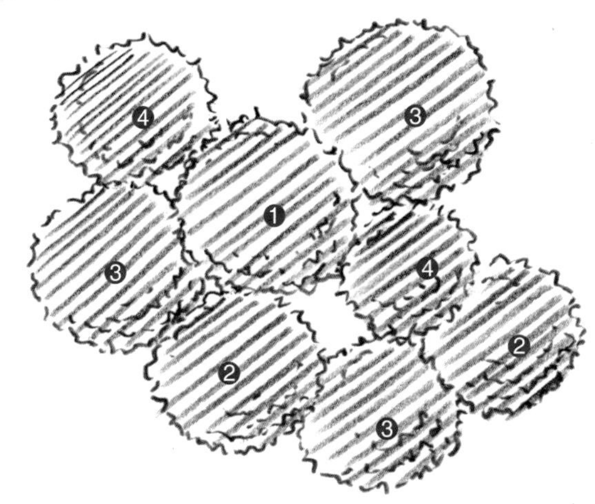

树丛 = 用树木拼成花边

一座树丛可以结合使用三四种不同的植物，其中生命力最旺盛的树种所占数量比例也小。举例如下：

❶ 1株花楸树（学名 *Sorbus torminalis*）

❷ 2株稠李（学名 *Prunus padus*）

❸ 3株唐棣

❹ 4株茶条槭（学名 *Acer ginnala*）

株距2m。用硬纸板和枯叶覆盖土表，以后再种上喜阴的地被植物。

大树底下好乘凉

树木，尤其有一定年份的古木，是值得敬重的。有时促使您买下这栋房子的原因，没准儿就是一棵树呢。

学会共处

就算是非常小的花园里，也常常能见到一株独特树木的美丽身影。有时候是一株日本漆树，有时候是一棵不请自来、多它不多少它不少的刺槐，还有的或许是哪年遥远的圣诞节种下的一株冷杉。这样的树木能给花园带来锦上添花的效果，但由于它们的根系占据大量空间，也可以说它们是花园的主宰者。对树木要尊敬，但是也不能永远生活在它的阴影之下。通过修去几根生得较低的树枝，再稍微疏疏枝，生活在阴影下的局面就能得到改善。这种处理方法比粗暴短截要好，短截只能加剧树木生长，几年后，树冠会比原来更加浓密。

要想跟树木和谐共处，应注意打理好树冠的投影区，同时还一定要考虑到根系状况。注意树下不要铺混凝土。因为什么都抵抗不住树木的上浮力，混凝土不消几年就会分崩离析。应使用一层硬纸板，其上铺柔软木屑，还可在土工毡上洒一层白砾石、沙子。这么做既是为了整理出摆放桌椅的空间，也是为了利用浅色平面提高光线反射率，改善树木整体光照条件。树基边缘可种植生命力顽强的地被植物，例如常春藤或是小叶长春花，为控制地被植物长势，8 月份可行适当修剪。

舒适又环保的秋千

吊索、秋千这类索具时兴那会儿是 50 年前了，然而将它们放到现代花园里却也毫不逊色。

● 前提是无碍花园美观，并且要保证小家伙们的安全。用一根粗绳拴住一只轮胎，并系在一根结实的横向树枝上。

● 为避免摩擦伤到树皮，可在绳索和树枝间绑一条车轮内胎。等到大家都玩厌了秋千，拆除过程也可以变成孩子们的游戏。

搭好座椅

以自制的拐角长凳为基础，在树下安放座椅可以有很多种方案；曲线状长凳就留给擅长使冲击锯的能手来制作吧；平台式长凳能让人想起海盗船上的甲板；半边太阳模样的座椅也是一种创意。还有一种做法是将一半圆形格栅板扣在树干边。这样既能避免踩踏树根，又能根据季节挪动长椅，寻找最佳位置。

大树大树，你的根藏在哪里？

直根（racine pivotante）[①]这种说法直到今天仍流传甚广。可是现在我们知道，树木的根系大部分都位于土表层 20 厘米范围内，这样一来，比起树根仅仅在数个较深的点上得到固定，土壤抓力和更重要的养分都能得到更好的保证。树根分布的广度会大大超过全体树枝也即树冠的总和。矛盾的是，容纳树根最少的土壤正是根颈处的土壤。但是，根颈处是粗大根须的生发处，对树木存活至关重要，因此这些土壤不能就随便乱挖。

① 直根（racine pivotante）：发达的主根，粗而长。

这样的平台绝对能成为一座花园的亮点。

浪漫主义自有其拥趸。亲爱的娜迪亚，要不要再来一杯茶？

地面和长凳形成了两重螺旋。尽情享受漩涡带来的活力吧。

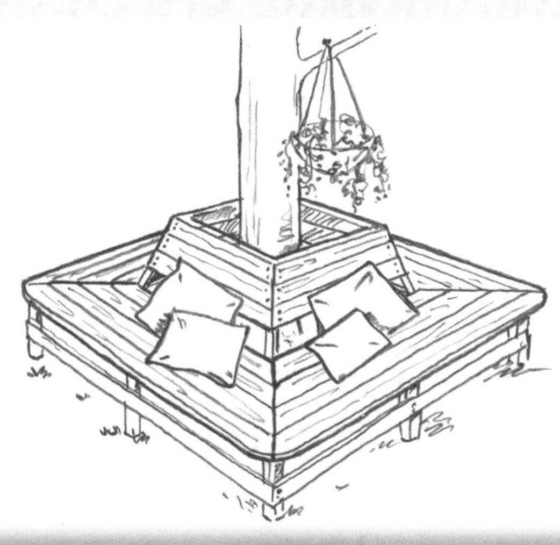

多人版午睡凳

绕树造一圈长椅非具备一手好木工活的工匠不能为。比起六角形和圆形，方形做起来要轻松得多。

► 角落摆上防水的大号靠垫，作为夏日午睡的枕头。也可以摆放凤仙花一类的喜阴盆栽花卉。

天然草坪

高尔夫球场式绿地与剪草式草坪，孰优孰劣？在法国，要做出这样的选择真是太容易了。因为英式草坪实在是太不自然了。

草会随着树木生长而退化，这是正常的。是时候将草换成喜阴地被植物啦。

减少草坪对环境的影响

草坪和草坪养护这个题目太大了，相关书籍汗牛充栋也写不完，如果再加上草屑送往垃圾处理站回收这个话题，再来几架书也说不明白。自从社区开展剪草草屑收集服务以来，送往堆肥平台的草屑量简直超出了堆肥站的承接能力。为减轻堆肥站的负担，可以尝试通过如下几条渠道来实现。

● 限制草坪面积。小孩子们的确爱在草坪上玩球，但玩上十分钟也就转身进屋了。若花园本身面积较小，最佳做法是将草坪全数扒掉。

● 降低剪草频率，留出一部分草任其长长，夏末还可使用镰刀、长柄大镰刀刈草。租一架灌木剪除机也行，它虽说欠缺点诗意，但使用起来非常高效。适合大型花园使用。

● 选择带有覆土功能的剪草机。它的机身是封闭式的，刀头经过专门设计，可割草屑数次。剪下的草屑会掉入草丛间，就地腐烂，腐烂后的草屑是最理想的土壤改良剂。

● 收集剪下的草屑，给菜园、生长迅速的多年生植物作覆土，这么做很有好处。一次不要加太多草屑，最好是一点点追加。

秋天宜施用堆肥，但也无需过多。

不毛草坪如何翻新

一片打理良好的草坪能够很好地衬托花坛、花卉、灌木，也具有很高的观赏价值，这是理所当然的。如何将一片现有的、粗放的自生草地打造成赏心悦目的草坪呢？

● 一切源自土壤。10 月份，趁草坪草养分储备完成的机会进行最后一次剪草，随后施用腐熟堆肥滋养植物根茎。一桶 10L 的堆肥够 2m^2 的草坪用，施肥动作就跟播种时一样。

● 春天，将剪草位置调整到较高处，离地约 7 ~ 8cm，剪一次草。这次剪草可帮助维持草叶生机，有利于糖分向根须输送。

● 6 月末将剪草位置提高一格再剪一次，至天气变热前都无需再剪。即使不浇水草坪也不会干枯，它们始终保持碧绿。

● 秋天，收集剪下的草屑与枯叶，切细后做成优质堆肥用来给菜园施肥。

球根花卉：不一定总是可取

为了打造一片五颜六色花朵点缀的草坪而大量埋植球根花卉，这种做法不一定总是可取的。球根花卉优先选用叶片短小纤细的早熟品种，例如番红花、阿让奈郁金香、矮水仙等，不恰当的品种选择可能导致它们五月份开花一点也不美观。

草坪修剪

从今往后照样能享受一片奢华的草坪，但剪下的草再也不用收集后拿去扔掉了。这是做梦吗？粗剪下的草留在原地不易分解，反而会造成当地禾本科植物变黄。

► 有了带覆土功能的剪草机，就能将草剪成细细的草屑，被细菌完全分解，及时提供大量氮元素。

► 唯一的不便是：这种剪草机容易堵塞，草一高过 8 ~ 10cm 就必须修剪。

草 = 底肥

青草含水、纤维素、氮，这些都能恢复土壤与植物根须活力的要素。青草可用于覆土，厚度不宜超过5cm，要不然马粪气味肯定难免。

长势好的草坪不生苔

若草坪某些角落被苔藓占了上风，不用惊慌，也不用花钱购买那些效果可疑的药品。

这种现象只能说明草的生命力比苔藓弱。苔藓特别喜欢半阴凉环境，也要求土壤每年至少有一部分时间有水分储备。

要是邻近有树木或是人员过往太频繁的区域，青苔是肯定会占上风的。这种情况，不如干脆将最后几簇草拔去，着意打造一片苔藓园吧。

手工地毯

爱逛二手市集的人说不定能淘到一两台这种老掉牙的机器：手动剪草机。要知道剪草机还是所谓的“卷轮式”更适合剪出平整的高尔夫球场式草坪，因为它剪草的方式不是粗暴的镰刀式切割，而是像剪刀一样剪割。因为不排放 CO_2（园丁的呼吸不计），又不产生噪音，小型手动剪草机又时兴起来。

● 草含二氧化硅，会腐蚀刀刃。要想剪草干净利落，开工前可以先把刀片磨一磨。

原生态草地

不管您偏爱莫奈还是……，高草都很讨人喜欢。如果地方够大，园丁又热爱锻炼，原生态草地不一定是个坏主意。

有草坪就有干草

“孩子是别人家的好”，同理我们经常会遇见这样的园丁，明明只有巴掌大的一块地，却梦想着拥有一片开满花的草原。这种情况下梦想最好让它一直是梦想。反过来呢，如果您觉得每隔十天就得给 1000m² 以上的草坪剪草是一件苦差事，极其耗费精力，那么，将离住宅最远的那一部分草原打造成一片开花草原，说不定是个好主意。你无需为此大张旗鼓，只消让大自然重新在草坪上打下它的印记。刈草推迟到 8 月下旬，并将割下的大量青草送走。为什么要推迟呢？这是为了让大量昆虫能够尽情享受花粉、花蜜，顺便给花卉传个粉，并且留出时间让种子成熟。割下的草就地搁两天，给昆虫一点时间来搬家。剪下的草为什么要送走呢？是为了逐渐剥夺土地的养分。土壤中过多的氮只有利于大叶片植物和恬不知耻的机会主义者生长，是生物多样性的天敌。最后介绍一种技巧：模仿大猫走的猫步路线，在草坪中央开辟一条 1.5m 宽的小径，将草剪得短短的。

恙螨来袭?

小个头的敌人往往比大个头更可怕，恙螨就是明证：对这种蜱螨目昆虫过敏和吸引这类昆虫的人，在乡间散步简直就是受难，散完步会发现身上大片叮咬伤口，伤口还会瘙痒。它们潜伏在高草丛间、树枝上（特别是柽柳）和四季豆间，一有温血生物经过就飞身而下，连猫狗都不能幸免。

● 要是感觉自己被恙螨咬了，请找医生确认。医生会开出止痒药膏。预防措施最好是用薄荷或新鲜薰衣草摩擦小腿肚，或者擦一点含樟脑的酒精，还有就是每次出门后冲个澡。再不行就只能穿长衣长裤了。

天然草地

这里草占上风，但因为土壤不算肥沃，草生得较低矮。四月至九月，野花烂漫，有时还能惊喜地发现野生兰花。

懒人草坪

一片新开辟的土地上不要播撒草籽，太麻烦了，

开花的休耕地

要打造出这样的效果就得与撒播草籽前一样翻地，先翻土，再平整，然后撒上混合种子，这些种子价钱一般不便宜。几月后出来的成果很能虚张声势，但却持续不了多久。

最好还是采用“懒人草坪”。这是从“土壤本身已经含有一批种子”的理论出发，其他的种粒则指望鸟儿与风带来。我们只负责最表面的工作，稍微翻松浅层土壤，接下来就等着野花野草发芽。时不时可用凿子除去一丛趁机侵入的大叶植物（特别是酸模）。春季剪草三回，稍迟点再收割一回，割下的草送走，逐渐削减土壤中多余的氮，剩下的工作就留给大自然去完成。这一切都需要耐心，大约 2 ~ 3 年会慢慢呈现理想的效果。

食草动物

若草坪面积超过了 $200m^2$，雇上几名剪草助手似乎是个好主意。

● 矮种羊炙手可热。以布雷顿矮种黑羊为例，它身高不过 45cm，适应力却好得惊人。这种羊冬天几乎不需喂养青饲料，而且它天性友善亲近，非常讨孩子们喜欢。一对羊售价约 200 欧元。夏初剪一次毛足矣。要注意保护菜园不受它们侵袭。

● 鹅曾经风光过一时，但养鹅真不能算是一桩美差：鹅天性好攻击，且排泄物量极大。

剪草：最流行的锻炼方式

高尔夫球已经过时啦！还是来剪草吧，剪草跟挥球杆的动作也很像嘛。注意剪下的短草屑不要撒得到处都是，经过整个夏天的灌溉它们会危害到地下水层，造成环境污染。

►长柄镰刀　需要经过学习才能掌握正确的用法：为避免工作时腰酸背痛，应优先选择可调节型号。趁清晨凉快时割草，这时草上有露水，更易倒伏，好收割。刀要经常磨，特别是镰刀尖端。大部分切割都是由它完成的。

►短柄镰刀　适合小面积草坪，也可用于清理草坪边缘，防止灌木侵入。使用前应用专门的磨刀石磨刀。使用时一定要戴上皮手套，穿上靴子，否则等割草时发生事故就为时已晚了。

对灌木剪除机的热爱

戴上防噪音头盔、防护眼罩、再系上安全带，灌木剪除机就变成一架友好而有效的机器啦。很适合用来为高高的草丛里开辟一条道路，也适合夏天割草。使用时以右向左移动，使割下的草堆成整整齐齐的一堆，这种草堆又叫条垛。条垛耙拢了就可以送堆肥场啦！

尝试北美式草原

花园不缺地方，光线又非常充足，您是不是动心了？可以选择来自大西洋对岸的美丽植物，打造一片巨大的开花草原。

一场有预谋的巧合

咱们最熟悉的花坛用多年生花卉，大部分的原产于美国与加拿大阿帕拉契亚山脉地区的草原，这一点有时可能有时会忽略。因此，著名的英国园林景观设计师罗素·佩吉说过，混合花境可不止是一堆草上开点花那么简单！

这些花卉生长在没有树的环境里，沐浴充足的阳光，一旦集中栽种它们肯定就会生黄化病，它们还受不了风吹，得用支柱支撑，非常麻烦。同样的花卉，间距 50cm 种在充足光照处就能恢复天然的生命力。可是如果株间空白处不填满，岂不是等于门户大开，欢迎杂草入侵吗？尤其是狗牙根草入侵能力极强。解决对策是……多年生花卉下种时，同时栽种其他禾本科植物。

采用 50% 禾本植物 +50% 多年生花卉的巧妙“花毯”体系（见本书第 58 页），打造出一种人为的随机栽种效果，各植株间留出 40cm 的距离，即每平方米 6 ～ 7 株，这样的话，若将植物品种限制在 5 ～ 7 种按株数购买，会是一种比较经济的做法。第一年可用 9 月份割下的草做成的青堆肥覆盖土壤。

印第安帐篷

第一批欧洲探索者初次登陆时，他们眼前是一望无垠的北美大草原，延伸于阿帕拉契山脉与洛基山脉之间。这里是野牛、羚羊与草原土拨鼠的王国，还有最著名的美洲居民——苏族人。尤其是马匹引入后，游牧民族的生活方式结合了狩猎与耕作，与野牛牧群的转场紧紧联系在一起。

► 于是，他们主要的居住场所是圆锥形梯皮帐篷，又称帐篷屋：轻巧，组装方便——但试过的人都表示找到准确方向需要一定的技巧，也需要协助组装的人之间进行配合。

一层厚厚的根

跟咱们的牧场一样，北美大草原也是禾本植物跟多年生植物的结合，只是多年生植物分量要重得多。土壤深厚，夏天雨水充足，造就了植被的繁茂。

这样的竞争，剥夺了灌木丛和树木的生长机会，因此这种地方的阳光一般都非常充沛。

夏末的草原大火，无论是野火还是牧人放的火，都能迫使草与多年生植物的地上部分更新换代，但是不会伤到地下根系。

花园里的草原当然不能放火焚烧。九月份剪短即可。

侯氏堆心菊

竹叶菊

来自大西部的美人

这些原产大草原的花卉都很适应法国气候：

平光紫菀、澳大利亚野靛草、竹叶菊、轮叶金鸡菊、侯氏堆心菊、麒麟菊、灌木月见草、草本象牙红、草夹竹桃、齿叶金光菊、天蓝鼠尾草、一枝黄花、一枝黄花 / 紫菀杂交品种、北美腹水草。

禾本植物：

拂子茅“卡尔·福尔斯特”、柳枝稷“印第安少女”

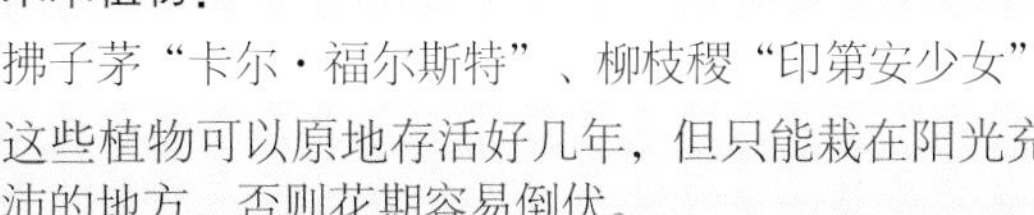

这些植物可以原地存活好几年，但只能栽在阳光充沛的地方，否则花期容易倒伏。

一枝黄花

澳大利亚野靛草

麒麟菊

轮叶金鸡菊

柳枝稷“印第安少女”

拂子茅“卡尔·福尔斯特”

北美腹水草

草本象牙红

金光菊

紫苞泽兰

潮湿地区土壤栽种

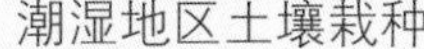

夏天雨水充沛的话还可以加上这些植物：

偏斜蛇头花、紫苞泽兰、红花蚊子草、药用半边莲、金光菊。

禾本植物：

小盼草、狼尾草。

偏斜蛇头花

狼尾草

“零打理”式假草坪

既能有一片贴地的绿意，又不用时时动用剪草机。还不用破费给它浇水。您是否动心了？

绿植地毯的艺术

这其实是个常识问题：大多数郊区独栋住宅区里的花园面积都不足 200m²，要维护一片草坪绿地太荒唐了。草坪自播种开始就需要照料，需要经常剪草，如果不喜欢草坪焦黄的模样，夏天还得经常浇水。诸多麻烦只为换来几平方米的绿意！还有呢，一旦哪里有一棵树、一片稍微高点的树篱或者是一堵墙，过多的阴凉就会使得苔藓在与草的竞争中占了上风……

对此有两种解决方案：要么干脆将草皮（或者说名不副实的草皮）扒掉，选择用各种零星散布的植物覆盖土壤。如果你无论如何都要一片平坦绿地呢，那就选择地被植物吧。地被植物的选择面很广，但是必须求助于专门做多年生植物的苗圃。多年生植物不一定就比别的草贵，买得多的话能更便宜，而且绿地上需要的地被植物数量多半不会少（每平米 10 ~ 40 只营养钵），这样几个月就能初具成效。不急的话可以用扦插法培育幼苗，第一年起也可以使用分株法合理增加植株数量。

栽种可以是分类片植，也可以是混合式种植，两种方法都自有其拥趸。但有时会出现难以预料的情形，生命力较强的品种会占了其他品种的上风，这时就说明你的尝试失败了。

小心基库尤草①

法国南方地区的园艺用品店里能买到一种禾本植物的种子，据说这种植物很耐炎热，即使炎热也能保持绿意。它的名字听起来就很非洲：基库尤草，跟肯尼亚著名的基库尤族同名。

▶ 您不会被告知的是，这其实是一种入侵种，它会迅速占领一切可占领的土壤，尤其是灌溉频繁的花坛。可不是疯了吗！但是不应将它与百慕大草混淆（*Stenotaphrum secundatum*）。百慕大草成板出售，天性比较恬静，但不耐寒冬。

蓝雪花铺地，银香菊点缀。

夹棉草坪

细叶结缕草下种后基本无需剪草，是法国南部地区最受欢迎的一种假草坪植物。按每 15cm 一只营养钵进行移栽，约合每平米 30 ~ 40 营养钵。要等一年地面才能全部被草盖住，中间需要手工除几次草。

● 也可以种一块块的草皮或是将一卷草皮摊开，但这就得靠专业人士来完成了。它最奇特的是过一段时间，草皮会变得凹凸不平。这一点有的人讨厌，有的人喜欢。

① 基尤库草（Kikuyu 草）：又名铺地狼尾草，东非狼尾草，学名 *pennisetum clandestinum*。

金钱草

匍匐筋骨草

喜阴与喜半阴植物

- **匍匐筋骨草** 地面覆盖能力卓越，春天开迷人的蓝色花朵。但有时凋亡毫无预兆。
- **拟紫草** 叶片粗糙，花先是红色，后变蓝。
- **蛇莓** 一种其实不是草莓的小草莓，开黄花，结红果，果实淡而无味。有时较具入侵性。
- **金叶过路黄** 在地面覆盖非常薄的一层（3cm），可随意铺覆。
- **西伯利亚春美草** 自播能力很强，始终不灭。6月中旬开粉花。
- **金钱麻（又称婴儿泪）** 是背阴花园里的明星。枝叶逸出边界时下手修剪不用留情。也有金叶品种，但叶片颜色常常会褪成全绿。
- **林石草** 有点像矮株的草莓，生命力顽强，开黄花。适合种在灌木下层。

喜阳，夏喜干燥：特别适宜法国南部地区

- **海菜叶蓍** 叶灰绿，花奶白色。
- **绵毛蒿** 为保持植株紧凑，花期后应进行修剪。
- **罗马洋甘菊（白花春黄菊“盛放”）** 不仅美观，泡茶也好喝。
- **丽晃** 多肉植物，整夏开花。
- **过江藤** 地被覆盖力强，5—6月开满一簇簇圆圆的粉白色小花。大暑时节可能会被晒枯萎，但绿意很快就能恢复。
- **春委陵菜** 其实不是杂草。是一片开满黄花的绿毯（4月）。
- **密集菊蒿** 地被，植株细密，有银色光泽，触摸有香气。
- **西里西亚百里香** 地被，质地柔软，5月开满粉红花朵。
- **细叶结缕草** 矮草型，耗水极少，海滨地区易成活，但无法适应卢瓦尔河以北的气候。必须移栽，不可播种，因此种植成本比传统草坪更贵。

较喜阳（也适合做屋顶绿化）

- **无瓣蔷薇** 是地被植物里最可爱的一种，花朵有时呈红铜色泽（“铜毯”品种），有时带蓝绿色泽（麦哲伦刺果）。绿猬莓是最贴地的一种。
- **朝雾草** 非常美观的银色花边。
- **夏雪草** 银色地被，花期整株满布白花（5月）。
- **蓝雪花** 再生较迟（5月），但9月叶片会变成猩红、紫红色，衬托着蓝花，非常引人入胜。扩张速度很快。
- **蓝羊茅** 很适合给单调的地被植物增添一抹立体感。
- **海石楠** 适宜海滨环境。花期5—6月，粉花很漂亮。天气干燥时不宜踩踏。
- **糙叶益母草** 新西兰地被植物，叶片呈橡叶状，边缘有精细花纹。花黄色（5月），似绒球。
- **玉米石** 匍匐多肉植物，耐力极佳。‘铜毯’品种冬季会呈现红晕。匍匐景天属还包括如下品种：吕底亚红景天、婴儿景天、垂盆草、六棱景天、轮叶八宝。

罗马洋甘菊

丽晃

蓝雪花

拟景天

模糊花园

花坛种花目前正时兴。但花坛种花难在打理，尤其是边缘植物的处理。除外，人也没法迈进花坛去触摸一片嫩叶和欣赏花朵那色彩对比令人惊讶的纹理，真是太没劲啦！还是自由栽种的植物好！种成拼图或迷宫式样的花园，中间也掺杂着一份感情。

从“模糊地带”到花园

城市规划术语中的“模糊地带”指的是靠近城市，但无具体用途的荒地，有的位于形成中的街区。总之，算是某种待用的空地。这里生长着乘虚而入的植物，也散落着一些不值钱的钢筋骨架，除了臭椿之外没有树木生长，一眼看去毫无可取之处。

那还提它做什么呢？“模糊地带”其实包含了轻松园艺的一应要素：这里根本没有园丁，播种的是鸟，翻土的是狗，偶尔割草的是兔子。这里的竞争也非常剧烈，而且土壤往往都相当贫瘠。但是因为不受松土的侵扰，这里活动着各种生命，土里的蚯蚓往往比一般花园要多得多。我们一般婉转地管这种地方叫“荒地”，它证明了没有人的干预，大自然中各种生命反而适得其所。一如其名，这种地块是相当变化无常的，这也赋予了它一种独特的魅力。如果有机会邂逅这样的一块地，你可以沿着猫路或孩子们骑山地车压出的痕迹开辟出一条小路，接下来就以大自然为鉴吧，不要再惧怕自生植物了。别忘了，让－雅克·卢梭正是跨过了美丽城那道栅栏才成了植物学家的。

拿对比做文章

对比、淡入淡出、撞色，这一切效果都能以植物为画布来实现。这里，光滑的叶片姿态不一地反射着日光，一株匍匐着的马鞭草上，款冬花正舒展着它丰腴的叶片。

城市园丁处理花坛时也加进了一抹随意。摄于法国麦兰市（Marans）。

写意花园

在一片海洋般禾本植物的衬托下，就连矮大丽花这样平庸无奇的植物也绽放出了珠玉般的光彩。四季变换，唯有恬静永驻。

铺上沙砾，花坛里的留白就成了一条暗香涌动的漫步小径。

种在一片无人海滩上的天竺葵和牛皮菜……

地势造型

与其动用推土机，倒不如干脆打造一片丘陵沟壑起伏之地？要不就借用些许沙砾来模仿海滩的模样，间中夹杂生性节制的植物，或者在终于空出来的花坛边缘造出波浪的效果。

混搭花园

从厨艺到园艺，装饰艺术（Art-déco）的精神风靡了各项娱乐活动。它放飞幻想，调动创意才能，其中有些创意更令人耳目一新。21世纪初的花园是创意与改造的产物，因此也打下了创造的烙印。现在的花园已经成了一种前所未有的，兼具娱乐性与个人成就的场所，这简直就是一种福音！

一个摩登感十足的露台。

栽培奇想

只要有机会，人们总是更愿意待在花园里，而不喜欢宅在家中。花园里的生活场景非常随意，场地、外观都会随着年份、季节发生变化，其中最重要的是人待在花园里，一定要觉得自在、舒服，如果还能趁机施展才能当然就更好了。比如简单的一面混凝土墙，种上几株藤本植物，借它的繁茂枝叶来让混凝土改换新颜。借此，构筑物、植物之间能够建立起一种饶有趣味的对话。还可大胆地使用木条盘布置园中烧烤一角。跟小孩子们一起将木条盘涂成石榴红色，就成了一个下午快乐的艺术消遣，能让人感受到颜色的妙处。

多年生植物和景天科植物的摆配相得益彰，呈现出一幅生动的画面。

本书还多次提到废品利用。这样一座具有诙谐气质的花园中，废品利用当然有着属于自己的一席之地，而且还恰如其分。菜农用的木条盘竖起来就成了一道篱笆，布置成Z形，外形就更滑稽了。还有各种破铜烂铁，简直就是各种古灵精怪的务农工具的集合，对动手能力强的人来讲这真是一座创意的宝库。不过身边的人肯定会提出一个条件：千万可别把花园一隅也打造成破铜烂铁呀！

大胆配色

虽说白、灰两色最为时髦，但是这两种颜色作为主色的话单色花园的日子也走到了尽头。太无聊了！大家都喜欢绿色，植物绿色始终应占主流，但中间可插入大胆配色，还可按期更换。

改造物件

刷洗一遍，再上一道漆，一只大号木条箱就成了一座水生植物园；至于装农用的木条箱呢，铺上一卷农用织物，再安上底座，蜿蜒的大地艺术品就落成啦。

我的花园我做主

两年前，我有幸主持了一座花园的新生。园子在郊区，地方不算大。我的职业生涯也是在郊区起步的。“千层面”法啊，九宫格小菜园啊，炫彩式种植啦，这些您都还记得吗？

第一年

杂草、荨麻等锄去后（锄下的草堆在花园边缘），园里会自行绘出神秘的螺旋形状。给荨麻特意留出一方小天地。剩下的地方种满多年生和一年生花卉，还有蔬菜。

第二年

冬天一过，九宫格菜园和方形花袋就可播种了。多年生花卉长势喜人。小路铺有碎木屑，因此除草几次即可。园子深处，圣女果直直爬满了2.5m高的铁丝网。就连邻家一只猫也闻风而来，在此安营扎寨。这是个好兆头！

日本畅销杂志《Garden&Garden》国内唯一授权版图书，充满了时尚、精美的图片和实用经典的案例，并邀请国内资深园艺师、花友分享适合国内花友的园艺知识，是一套不容错过的园艺指导图书！

来自德国的资深园艺设计师携手国际著名摄影师，合力打造了这套精美绝伦的花园设计系列丛书。无论是风格独特的现代花园，还是自然纯朴的乡村花园，抑或充满异域情调的地中海式花园，都能在本套丛书中找到创作的灵感，帮你实现梦想中的“完美花园”。

携手英国皇家园艺协会，拥有最强大的园艺专业团队，，用最详尽的步骤搭配最精美的图片，解说最简单的种植方法，帮你打造一个完美的“绿色天堂”！